Crowd Simulation（Second Edition）

人群仿真

[瑞士]丹尼尔·塔尔曼（Daniel Thalmann）

[巴西]索拉亚·劳普·穆塞（Soraia Raupp Musse）　著

丁刚毅　梁　栋　黄天羽　译

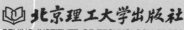

北京理工大学出版社
BEIJING INSTITUTE OF TECHNOLOGY PRESS

图书在版编目（CIP）数据

人群仿真／（瑞士）丹尼尔·塔尔曼（Daniel Thalmann），（巴西）索拉亚·劳普·穆塞（Soraia Raupp Musse）著；丁刚毅，梁栋，黄天羽译. —北京：北京理工大学出版社，2020.6

书名原文：Crowd Simulation（Second Edition）

ISBN 978 - 7 - 5682 - 8566 - 7

Ⅰ. ①人… Ⅱ. ①丹… ②索… ③丁… ④梁… ⑤黄… Ⅲ. ①计算机仿真 - 虚拟现实 - 研究 Ⅳ. ①TP391.98

中国版本图书馆 CIP 数据核字（2020）第 098137 号

北京市版权局著作权合同登记号 图字：01 - 2016 - 0609

Translation from the English language edition：
Crowd Simulation（2nd Ed.）
by Daniel Thalmann and Soraia Raupp Musse
Copyright ⓒ 2013 Springer London
Springer London is a part of Springer Science + Business Media
All Rights Reserved

出版发行／北京理工大学出版社有限责任公司
社　　址／北京市海淀区中关村南大街 5 号
邮　　编／100081
电　　话／（010）68914775（总编室）
　　　　　（010）82562903（教材售后服务热线）
　　　　　（010）68948351（其他图书服务热线）
网　　址／http：//www. bitpress. com. cn
经　　销／全国各地新华书店
印　　刷／雅迪云印（天津）科技有限公司
开　　本／710 毫米 ×1000 毫米　1/16
印　　张／20　　　　　　　　　　　　　　　　责任编辑／张海丽
字　　数／295 千字　　　　　　　　　　　　　　文案编辑／张海丽
版　　次／2020 年 6 月第 1 版　2020 年 6 月第 1 次印刷　责任校对／周瑞红
定　　价／152.00 元　　　　　　　　　　　　　　责任印制／李志强

图书出现印装质量问题，请拨打售后服务热线，本社负责调换

前　　言

　　本书为研究生、研究人员和专业人士提供人群仿真算法和技术。计算机动画研究人员、开发人员、设计师和城市规划师将从中受益良多。2007 年我们出版了第 1 版，第 2 版介绍了自 2007 年以后出现的新技术和新方法。

　　作者于 1996 年开始研究人群仿真时，关于此主题的相关文献很少。Daniel Thalmann 在 1997 年开始指导 Soraia Raupp Musse 的博士论文，之后在该领域发表了诸多论文。许多其他研究团队也相继在该领域开展研究工作。作为这项研究的先驱者，作者于 2005 年在洛桑组织召开了第五届人群仿真研讨会（V - Crowds）。如今，新加坡南洋理工大学的 Daniel Thalmann 和巴西南大河天主教大学（PUCRS）的 Soraia Raupp Musse 仍然在研究人群仿真。当前人群仿真是一个很受欢迎的领域，尤其是娱乐行业发现了群体动画的潜力，从而促使该领域技术日臻成熟。但是为什么人群仿真如此吸引人呢？

　　群体运动的美妙和复杂值得我们思考。其美妙之处在于该类运动的同步性、相似性和一致性；其复杂之处在于需要处理许多参数以实现上述特性。一直以来，人们对理解与控制人群的运动和行为充满兴趣。心理学家和社会学家已经对人的行为进行了长期研究，主要研究人们因为相同目标聚集成为群体时的效应。当这种情况发生时，人们可能会失去其个性，而表现出群体性行为，这不同于他们独处时的行为方式。

　　大规模人群的实时仿真需要实例化很多相似的角色，因此需要一种算法使人群中的每个个体都是独一无二的。本书提供了一些角色生成和个性化可能用到的方法；强调了人群建模，包括模型的形状、大小和颜色；论述了添加配件（诸如书包、眼镜、手机）的重要性，以及它们对动画的影响。这是一个重要的主题，其意义在于实现了人群动画的视觉真实感，像本书在第 3 章中所讨论的那样。

群体动画实质上是基于个体虚拟人的动画。第 4 章论述了个体动画的实现方法，特别是运动动画；阐述了基于不同方法的行走模型，比如主成分分析法（PCA）；强调了动画多样性在现实的人群行为中是必不可少的。

在研究人群时会出现一些问题。例如，群体行为有一定的智慧，同时可以观察到个人的智慧和行为。在低密度人流中能够感知到个体、团体和群体之间的互动（言语或非言语）。导航应该是计算机人群仿真中最关键的行为。本书详细讨论了路径规划的技术：结合导航图、基于势的方法后的新方法。同一区域大规模人群之间与两个个体之间的避障问题的解决策略不同。在现实生活中，人们会因为没有足够空间走路而停下脚步，甚至因为同一空间内人的密度过高而不幸死亡。本书还介绍了关于"注视"的新内容，因为个体对环境和其他人的感知是很重要的。人和环境之间的关系取决于文化、知识、经验、记忆等方面。计算机可以实现这些交互的行为模式。第 4 章和第 5 章展示了一些有助于解决这一问题的内容。

此外，人群不仅可由众多个体组成，还可由多个个体构成的团体组成。处理团体层次结构的人群行为时，还存在其他行为动作。团体行为可用于指定团体的移动、行为和动作。个人能力也是必要的，用于提高虚拟人群的自主性和智能性，例如感知、情绪、记忆、沟通等状态。但是，涉及大规模个体时，由于硬件和计算速率的限制，不能为每个个体设置复杂行为。进一步的问题是如何在实时系统中提高虚拟人的智能性并为大规模人群赋予自主性。本书在第 6 章介绍了人群仿真的可视化，并为解决这个问题提供了新的视角。

第 7 章讨论了人群渲染的技术，特别是当需要实时仿真构建虚拟环境时所用的渲染技术。本章引入了一个用于快速渲染的管线，其渲染的内容包含精细程度、可变形人物和不可变形人物，即视图载体。同时阐述了如何使用人群补丁来生成具有无限个体的高密度人群环境。

人群仿真取决于环境，即环境必须以特定的方式建模。第 8 章讨论了如何对包括地形和建筑物在内的已知环境进行建模，也展示了本体论在人群仿真中的重要作用。

最后一章主要对虚拟遗迹和安全系统中的人群仿真应用和案例进行研究。第 2 版新增了庞贝古城与重建和人群沉浸的部分。

本书介绍了用于解决人群仿真问题所采取的群体需求策略和技术，部分涉及人群建模、虚拟角色动画，重点在于用于人群控制和人群渲染的计算机视觉技术，并且对一些应用进行了分析。

作者要感谢 Springer 和 Matheus Ruschel 在文本编辑中的支持。

目　　录

第 **1** 章
引 言

　　群体动画应用于许多领域，包括娱乐（电影和游戏中大规模人群的动画）、沉浸式虚拟环境的创建，以及对群体管理技术的评估（比赛后人群离开足球场的场景模拟）。目前已有一些动态人群建模方法，但人群仿真的关键方向仍需要进一步探索。具体来说：①现有方法往往关注紧急情况下的人群疏散，而不是一般情形下的人群行为；②行为通常是作为个体处理，而不是低耦合或高耦合群体；③使用预编译技术来分别校准低密度或高密度群体中人的行动，而这影响局部和全局的运动规划；④现有的人群建模方法通常是复杂的，而且需要精准的参数以获得令人信服的视觉效果［TM07，UdHCMT06］。

　　过去的 20 年来，来自各个领域（例如建筑学［SOHTG99，PT01，TP02］、计算机图形学［Rey87，HB94，BG96，MT01，TLC02b，UT02，BMB03］、物理学［HM95，HFV00，FHV02］、机器人［PJ01］、安全科学技术［TM95a，Sti00，Sim04］、训练系统［Bot95，Wil95，VSMA98］和社会学［CPC92，TSM99，JPvdS01］）的研究人员已经创建了个体集合的仿真。尽管人群仿真涉及领域广泛，但跨学科交流却很少，一个领域的研究人员通常不太了解其他领域的工作成果。

　　为了开发可信服的虚拟环境人群应用，必须处理仿真的多个问题，包括行为动画、环境建模和人群渲染。如果渲染效果不佳，即使是最好的行为模型也不够真实。如果没有良好的行为模型，即使是使用最佳渲染方式也会很快就看起来很呆板。如果没有恰当的环境模型，虚拟人行为真实感差，因为他们将不执行指令或在错误的地方执行指令。

大多数方法使用不同的建模技术针对特定的应用，着重于群体行为的不同方面。其使用的技术涵盖了从不区分个体的仿真到被各种准则约束的个体仿真［TT92］。不区分个体的仿真包括疏散撤离时的管网模型等；被各种准则约束的个体仿真则受控于各类复杂规则，这些规则基于物理法则［HIK96，HFV00］、混沌方程［SKN98］、训练系统中的行为模型［Wil95］或者社会学仿真［JPvdS01］。

人群仿真可划分为两个较大的方面。一方面是通过简单的 2D 可视化实现现实主义行为，2D 可视化方法包括疏散模拟器、社会学人群模型、人群动力学模型等。在这一领域，一个仿真行为范围通常从可定量验证结果的小而可控的情境（如人群正在逃离或者人群构成环状结构）到真实世界特定的可观测情境［TM95b］。理想情况下，仿真结果与收集的数据集一致，数据集来自人类观测结果［SM99］或对视频录像进行某些图像处理得到的结果［MVCA98，CYC99］。可视化有助于理解仿真结果，但不起决定作用。在大多数情况下，使用彩色圆点或贴纸代表虚拟人即可，有时这种方式优于其他方法，因为它可以突出重要信息。

另一方面，主要目标是呈现高质量的可视化效果（例如电影制作和游戏开发），通常并不优先考虑行为模型的现实性。最重要的是令人信服的视觉效果，一部分通过行为模型实现，另一部分通过人为干预制作实现。虚拟人群不仅视觉效果好，而且其行为具有真实感，因此研究的重点在于渲染和动画方法。作为具有生命力的三维角色，群体成员应该具有与环境光照相匹配的纹理［DHOO05］。其中，行为模型并不一定要在数量上与真实世界完全匹配；其目的主要是减轻动画师的工作，并能在交互应用中根据输入进行反馈。

■ 1.1 人群建模的需求和约束

无论是对包括少量互动角色的实时应用（例如主流电脑游戏），还是非实时应用（如电影中的人群或经离线模型计算后人群疏散的可视化场景），实时人群仿真都带来了不同的挑战。与单 agent 仿真模型相比，主要不同在于：无论是可视化、运动控制、动画，还是声音渲染，每个方面的多样化都需要有效的管理。由日常经验可知，组成人群的虚拟人之间应该有外表差异、运动差异、反应差异、声音差异，等等。即使可以完美模拟单个虚拟人，但模拟多个虚拟人仍将是一项艰巨而乏味的任务。现在需要对多个虚拟人进行控制的简易方法，在这种方法中仍需保留对单 agent 的控制。此外，行为应该与现实相一致。

与非实时仿真相比，无论在 CPU 性能、显卡性能，还是在内存空间上，实时仿真的主要技术挑战是增加了计算机的资源需求。实时人群仿真的最重要限制因素是人群渲染。现在需要快速可扩展的方法，这一方法不仅可以考虑事先未知的输入来完成行为计算，也可以渲染大规模和多样化的人群。非实时仿真能够预先获知整个仿真过程（因此，可以通过反复运行来选择最佳解决方案），而实时渲染必须对当时的情况做出反应，因为它正处于当时情境中。

■ 1.2　人群仿真领域

为完成虚拟环境下的群体仿真，需要解决许多问题。相关领域和相关问题包括：

虚拟个体的生成：如何生成多样化人群？如何创建具有所需特征分布情况的人群？［GKMT01，SYCGMT02，BBOM03］第 3 章讨论了这些方面的问题。

群体动画：虚拟实体应如何移动、如何避免与静态环境和动态对象的碰撞？如何让群体运动看起来更协调？［ALA＊01，GKM＊01，AMC03，LD04，BBM05］第 4 章介绍了解决这些问题的一些技术。

群体行为生成：虚拟人群如何应对周围环境的变化？agent 应如何回应其他 agent 的行为？多 agent 感知建模的适当方式是什么？［Rey87，TT94，HB94，BCN97，BH97，Rey99，Mus00，UT02，NG03］第 5 章介绍了解决这些问题的一些方法。

虚拟群体的交互：用户怎样控制虚拟人？什么是最有效的指挥虚拟人群的方法？［FRMS＊99，UdHCT04］第 6 章探讨了有关这些方面的一些问题。

虚拟人群渲染：如何快速绘制大量动态角色？如何绘制各种不同的外观？
［ABT00，LCT01，TLC02a，WS02，dHSMT05，CM05］第 7 章阐述了人群渲染的
细节问题。

虚拟人群与环境的整合：需要对环境的哪些部分建模？环境物体的哪种表现
形式最适合快速行为计算？ ［FBT99，BLA02a，KBT03，LMA03，PVM05］第 8
章介绍了这些方面的一些内容。

上述方面相互关联，互相渗透。例如，渲染的效率限制了外观和行为的多样
化；高层行为限制底层的运动行为，但是在运动过程中也要对碰撞进行适当的反
馈；行为模型影响交互的可能性；环境建模方法影响行为的可能性；允许用户控
制虚拟人实现复杂行为的处理和环境的呈现，等等。

本书旨在讨论这些方面，共分为 9 章，包括研究现状以及作者开发的相关
应用。

参考文献

[ABT00]　AUBEL A., BOULIC R., THALMANN D.: Real-time display of virtual humans: Levels of detail and impostors. *IEEE Transactions on Circuits and Systems for Video Technology 10*, 2 (2000), 207–217.

[ALA*01]　ASHIDA K., LEE S., ALLBECK J., SUN H., BADLER N., METAXAS D.: Pedestrians: Creating agent behaviors through statistical analysis of observation data. In *Proceedings of IEEE Computer Animation* (Seoul, Korea, 2001), pp. 84–92.

[AMC03]　ANDERSON M., MCDANIEL E., CHENNEY S.: Constrained animation of flocks. In *Proc. ACM SIGGRAPH/Eurographics Symposium on Computer Animation (SCA'03)* (2003), pp. 286–297.

[BBM05]　BRAUN A., BODMAN B. J., MUSSE S. R.: Simulating virtual crowds in emergency situations. In *Proceedings of ACM Symposium on Virtual Reality Software and Technology—VRST 2005* (Monterey, California, USA, 2005), ACM, New York.

[BBOM03]　BRAUN A., BODMANN B. E. J., OLIVEIRA L. P. L., MUSSE S. R.: Modelling individual behavior in crowd simulation. In *Proceedings of Computer Animation and Social Agents 2003* (New Brunswick, USA, 2003), IEEE Computer Society, Los Alamitos, pp. 143–148.

[BCN97]　BOUVIER E., COHEN E., NAJMAN L.: From crowd simulation to airbag deployment: Particle systems, a new paradigm of simulation. *Journal of Electrical Imaging 6*, 1 (January 1997), 94–107.

[BG96]　BOUVIER E., GUILLOTEAU P.: Crowd simulation in immersive space management. In *Proc. Eurographics Workshop on Virtual Environments and Scientific Visualization'96* (1996), Springer, London, pp. 104–110.

[BH97] BROGAN D., HODGINS J.: Group behaviors for systems with significant dynamics. *Autonomous Robots 4* (1997), 137–153.

[BLA02a] BAYAZIT O. B., LIEN J.-M., AMATO N. M.: Better group behaviors in complex environments using global roadmaps. In *Proc. Artificial Life'02* (2002).

[BMB03] BRAUN A., MUSSE S., BODMANN L. O. B.: Modeling individual behaviors in crowd simulation. In *Computer Animation and Social Agents* (New Jersey, USA, May 2003), pp. 143–148.

[Bot95] BOTTACI L.: A direct manipulation interface for a user enhanceable crowd simulator. *Journal of Intelligent Systems 5*, 4 (1995), 249–272.

[CM05] COURTY N., MUSSE S. R.: Simulation of large crowds in emergency situations including gaseous phenomena. In *Proceedings of Computer Graphics International 2005* (Stony Brook, USA, 2005), IEEE Computer Society, Los Alamitos, pp. 206–212.

[CPC92] MCPHAIL C., POWERS W., TUCKER C.: Simulating individual and collective actions in temporary gatherings. *Social Science Computer Review 10*, 1 (Spring 1992), 1–28.

[CYC99] CHOW T. W. S., YAM J. Y.-F., CHO S.-Y.: Fast training algorithm for feedforward neural networks: Application to crowd estimation at underground stations. *Artificial Intelligence in Engineering 13* (1999), 301–307.

[DHOO05] DOBBYN S., HAMILL J., O'CONOR K., O'SULLIVAN C.: Geopostors: A realtime geometry/impostor crowd rendering system. In *SI3D'05: Proceedings of the 2005 Symposium on Interactive 3D Graphics and Games* (New York, NY, USA, 2005), ACM, New York, pp. 95–102.

[dHSMT05] DE HERAS P., SCHERTENLEIB S., MAÏM J., THALMANN D.: Real-time shader rendering for crowds in virtual heritage. In *Proc. 6th International Symposium on Virtual Reality, Archaeology and Cultural Heritage (VAST 05)* (2005).

[FBT99] FARENC N., BOULIC R., THALMANN D.: An informed environment dedicated to the simulation of virtual humans in urban context. In *Eurographics'99* (Milano, Italy, 1999), Brunet P., Scopigno R. (Eds.), vol. 18, pp. 309–318.

[FHV02] FARKAS I., HELBING D., VICSEK T.: Mexican waves in an excitable medium. *Nature 419* (2002), 131–132.

[FRMS*99] FARENC N., RAUPP MUSSE S., SCHWEISS E., KALLMANN M., AUNE O., BOULIC R., THALMANN D.: A paradigm for controlling virtual humans in urban environment simulations. *Applied Artificial Intelligence Journal—Special Issue on Intelligent Virtual Environments 14*, 1 (1999), 69–91.

[GKM*01] GOLDENSTEIN S., KARAVELAS M., METAXAS D., GUIBAS L., AARON E., GOSWAMI A.: Scalable nonlinear dynamical systems for agent steering and crowd simulation. *Computers & Graphics 25*, 6 (2001), 983–998.

[GKMT01] GOTO T., KSHIRSAGAR S., MAGNENAT-THALMANN N.: Automatic face cloning and animation. *IEEE Signal Processing Magazine 18*, 3 (2001), 17–25.

[HB94] HODGINS J., BROGAN D.: Robot herds: Group behaviors for systems with significant dynamics. In *Proc. Artificial Life IV* (1994), pp. 319–324.

[HFV00] HELBING D., FARKAS I., VICSEK T.: Simulating dynamical features of escape panic. *Nature 407* (2000), 487–490.

[HIK96] HOSOI M., ISHIJIMA S., KOJIMA A.: Dynamical model of a pedestrian in a crowd. In *Proc. IEEE International Workshop on Robot and Human Communication'96* (1996).

[HM95] HELBING D., MOLNAR P.: Social force model for pedestrian dynamics. *Physical Review E 51* (1995), 4282–4286.

[JPvdS01] JAGER W., POPPING R., VAN DE SANDE H.: Clustering and fighting in two-party crowds: Simulating the approach-avoidance conflict. *Journal of Artificial Societies and Social Simulation 4*, 3 (2001).

[KBT03] KALLMANN M., BIERI H., THALMANN D.: Fully dynamic constrained Delaunay triangulations. In *Geometric Modelling for Scientific Visualization* (2003), Brunnett G., Hamann B., Mueller H., Linsen L. (Eds.), Springer, Berlin, pp. 241–257.

[LCT01] LOSCOS C., CHRYSANTHOU Y., TECCHIA F.: Real-time shadows for animated crowds in virtual cities. In *Proceedings of the ACM Symposium on Virtual Reality Software and Technology (VRST'01)* (New York, 2001), Shaw C., Wang W. (Eds.), ACM, New York, pp. 85–92.

[LD04] LAMARCHE F., DONIKIAN S.: Crowds of virtual humans: A new approach for real time navigation in complex and structured environments. *Computer Graphics Forum 23*, 3 (September 2004), 509–518.

[LMA03] LOSCOS C., MARCHAL D., MEYER A.: Intuitive crowd behavior in dense urban environments using local laws. In *Proc. Theory and Practice of Computer Graphics (TPCG'03)* (2003).

[MT01] MUSSE S. R., THALMANN D.: A hierarchical model for real time simulation of virtual human crowds. *IEEE Transactions on Visualization and Computer Graphics 7*, 2 (April–June 2001), 152–164.

[Mus00] MUSSE S. R.: *Human Crowd Modelling with Various Levels of Behaviour Control.* PhD thesis, EPFL, Lausanne, 2000.

[MVCA98] MARANA A. N., VELASTIN S. A., COSTA L. F., LOTUFO R. A.: Automatic estimation of crowd density using texture. *Safety Science 28*, 3 (1998), 165–175.

[NG03] NIEDERBERGER C., GROSS M.: Hierarchical and heterogenous reactive agents for real-time applications. *Computer Graphics Forum 22*, 3 (2003), 323–331. (Proc. Eurographics'03.)

[PJ01] MOLNAR P., STARKE J.: Control of distributed autonomous robotic systems using principles of pattern formation in nature and pedestrian behavior. *IEEE Transactions on Systems, Man and Cybernetics B 31*, 3 (June 2001), 433–436.

[PT01] PENN A., TURNER A.: Space syntax based agent simulation. In *Pedestrian and Evacuation Dynamics* (2001), Schreckenberg M., Sharma S. (Eds.), Springer, Berlin.

[PVM05] PAIVA D. C., VIEIRA R., MUSSE S. R.: Ontology-based crowd simulation for normal life situations. In *Proceedings of Computer Graphics International 2005* (Stony Brook, USA, 2005), IEEE Computer Society, Los Alamitos.

[Rey87] REYNOLDS C. W.: Flocks, herds and schools: A distributed behavioral model. In *Proceedings of the Annual Conference on Computer Graphics and Interactive Techniques (SIGGRAPH'87)* (New York, NY, USA, 1987), ACM, New York, pp. 25–34.

[Rey99] REYNOLDS C. W.: Steering behaviors for autonomous characters. In *Game Developers Conference* (San Jose, California, USA, 1999), pp. 763–782.

[Sim04] Simulex, 2004. Evacuation modeling software, product information, http://www.ies4d.com.

[SKN98] SAIWAKI N., KOMATSU T., NISHIDA S.: Automatic generation of moving crowds in the virtual environments. In *Proc. AMCP'98* (1998).

[SM99] SCHWEINGRUBER D., MCPHAIL C.: A method for systematically observing and recording collective action. *Sociological Methods & Research 27*, 4 (May 1999), 451–498.

[SOHTG99] SCHELHORN T., O'SULLIVAN D., HAKLAY M., THURSTAIN-GOODWIN M.: Streets: An agent-based pedestrian model. In *Proc. Computers in Urban Planning and Urban Management* (1999).

[Sti00] STILL G.: *Crowd Dynamics.* PhD thesis, Warwick University, 2000.

[SYCGMT02] SEO H., YAHIA-CHERIF L., GOTO T., MAGNENAT-THALMANN N.: Genesis: Generation of e-population based on statistical information. In *Proc. Computer Animation'02* (2002), IEEE Press, New York.

[TLC02a] TECCHIA F., LOSCOS C., CHRYSANTHOU Y.: Image-based crowd rendering. *IEEE Computer Graphics and Applications 22*, 2 (March–April 2002), 36–43.

[TLC02b] TECCHIA F., LOSCOS C., CHRYSANTHOU Y.: Visualizing crowds in real-time. *Computer Graphics Forum 21*, 4 (December 2002), 753–765.

[TM95a] THOMPSON P., MARCHANT E.: A computer-model for the evacuation of large building population. *Fire Safety Journal 24*, 2 (1995), 131–148.

[TM95b] THOMPSON P., MARCHANT E.: Testing and application of the computer model 'simulex'. *Fire Safety Journal 24*, 2 (1995), 149–166.

[TM07] THALMANN D., MUSSE S. R.: *Crowd Simulation*. Springer, London, 2007.

[TP02] TURNER A., PENN A.: Encoding natural movement as an agent-based system: An investigation into human pedestrian behaviour in the built environment. *Environment and Planning B: Planning and Design 29* (2002), 473–490.

[TSM99] TUCKER C., SCHWEINGRUBER D., MCPHAIL C.: Simulating arcs and rings in temporary gatherings. *International Journal of Human–Computer Systems 50* (1999), 581–588.

[TT92] TAKAHASHI T. S. H.: Behavior simulation by network model. *Memoirs of Kougakuin University 73* (1992), 213–220.

[TT94] TU X., TERZOPOULOS D.: Artificial fishes: Physics, locomotion, perception, behavior. In *Computer Graphics (ACM SIGGRAPH'94 Conference Proceedings)* (Orlando, USA, July 1994), vol. 28, ACM, New York, pp. 43–50.

[UdHCMT06] ULICNY B., DE HERAS CIECHOMSKI P., MUSSE S. R., THALMANN D.: EG 2006 course on populating virtual environments with crowds. In *Eurographics 2006* (2006), ch. State-of-the-art: Real-time crowd simulation.

[UdHCT04] ULICNY B., DE HERAS CIECHOMSKI P., THALMANN D.: Crowdbrush: Interactive authoring of real-time crowd scenes. In *Proc. ACM SIGGRAPH/Eurographics Symposium on Computer Animation (SCA'04)* (2004), pp. 243–252.

[UT02] ULICNY B., THALMANN D.: Towards interactive real-time crowd behavior simulation. *Computer Graphics Forum 21*, 4 (Dec. 2002), 767–775.

[VSMA98] VARNER D., SCOTT D., MICHELETTI J., AICELLA G.: UMSC small unit leader non-lethal trainer. In *Proc. ITEC'98* (1998).

[Wil95] WILLIAMS J.: *A Simulation Environment to Support Training for Large Scale Command and Control Tasks*. PhD thesis, University of Leeds, 1995.

[WS02] WAND M., STRASSER W.: Multi-resolution rendering of complex animated scenes. *Computer Graphics Forum 21*, 3 (2002), 483–491. (Proc. Eurographics'02.)

人群行为建模的最大应用领域之一是安全科学和建筑领域，主要使用了人群疏散模拟器。这类系统模拟了常见的封闭且明确定义的空间（建筑物内部［TM95a，BBM05］、地铁［Har00］、轮船［KMKWS00］或机场［OGLF98］等）中大规模人群的运动，其目的是帮助设计者理解环境与人物行为之间的关系［OM93］。

疏散模拟器最常见的使用是对受到威胁时（火灾或烟雾）从指定环境中强制疏散的人群行为进行建模。在这种情况下，许多人必须从相对少的固定出口撤离到指定区域。仿真试图解决如下问题：能否在规定时间内完成该区域的人群疏散？何处会发生人流拥堵？何处可能发生严重的踩踏挤压事件［Rob99］？这一区域最常见的建模方法是使用元胞自动机表示个体和环境。

Simulex［TM95a，TM95b］用于模拟人群从大型复杂结构的建筑空间中的逃离运动，该空间由楼层平面和相连的楼梯组成。每个个体都具有以下属性：位置、体型、方位角和步行速度等。用于计算疏散仿真（模拟建筑内的用户走向出口并离开）的算法有很多，如距离映射、寻路、赶超、轨迹偏差及由于群体成员距离较近造成个体速度改变。

G. Still 开发了一个名为 Legion 的程序集，模拟和分析了受限的复杂环境（如体育馆）中动态人群疏散［Sti00］。动态人群使用运动的元胞自动机建模。将人群中的每个人作为个体处理，通过扫描局部环境来计算个体位置，并为其选择一个合适的动作。

Helbing 等人［HM95，HFV00，WH03］提出了一个基于物理和社会心理因素力的模型，用于描述恐慌情况下的人群行为。模型由粒子系统搭建，其中每个质量为 m_i 的粒子 i 预定义速度为 v_i^0，即期望速度。在某个时间间隔 τ 的某个方向 e_i^0 上，期望速度往往逼近其瞬时速度 v_i（方程（2.1）的第一阶段）。同时粒子尽量与分别由相互作用力 f_{ij} 和 f_{iw} 控制的其他实体 j、墙体 w 保持速度相关距离（即方程（2.1）的第二和第三阶段）。以下动力学方程给出了速度随时间 t 的变化：

$$ m_i \frac{\mathrm{d}v_i}{\mathrm{d}t} = \boldsymbol{F}_i^{(H)} = m_i \frac{v_i^0 \boldsymbol{e}_i^0 - \boldsymbol{v}_i(t)}{\tau_i} + \sum_{j \neq i} \boldsymbol{f}_{ij} + \sum_w \boldsymbol{f}_{iw} \qquad (2.1) $$

Braun 等人［BMB03，BBM05］扩展了 Helbing 模型（$F_i^{(H)}$），亦用于处理复杂环境中不同个体和团体的行为。这项工作中，agent 种群可由具有不同属性的个体异质组成。

本章介绍了人群领域的若干工作，包括动态人群和人群仿真。

2.1　动态人群

文献［Hen71，Hen74，Fru71，Hel97，Sti00 ］中分析了真实人群的行为。分析结果对人群仿真和人群动画具有较高的参考价值。引导真实人运动的两个重要方面是：目标（每个个体的目的地）寻找；最小代价策略（人们沿路径到达目标点所需的最小代价）［Sti00］。由于人们沿平滑路径行进无须经常改变速度和方向，因此所耗能量更少，特别是为了避免碰撞所造成的速度和方向的改变降到了最低。最小代价策略进一步的影响是路线生成和速度降低。"路线生成"是指方向相同的人们通过彼此紧随降低代价，"速度降低"是指在密集人群中降低速度。

个人空间是人际交往中研究的主题［Hal59］，在动态人群中也起到了重要的作用。个人空间可被视为在每个个体周围不可见的边界，为了确保舒适的人际交往，其他个体不应进入该空间。此区域的大小取决于环境以及种族文化，会随着人群密度的增加而减小。在仿真环境中，个人空间决定了 agent 之间应保持的最小距离。

2.2　人群的社会学模型

尽管这个领域主要研究集体行为，但人群仿真在社会学方面的相关工作完成较少。

McPhail 等人［CPC92］研究了个体和集体的临时聚集行为。他们的人群模型基于感知控制理论，每个个体试图管理他（她）的体验，以保持与他人的特定关系。这种情况下，团体中的人与人之间是一种空间关系。仿真程序 GATH-ERING 图形化地显示了人群的运动、惊跑和结构化涌现。Schweingruber［Sch95］之后使用该仿真系统研究集体行为协调性的参考信号的影响；Tucker 等人［TSM99］使用该系统研究临时聚集行为中弧和圆环的形成。

Jager 等人［JPvdS01］模拟了两队人的群聚和战斗行为。一队人根据定义对冲突避免规则的元胞自动机的多 agent 仿真方法进行建模。仿真由两队具有三种不同类型的 agent 组成：领导者、追随者和旁观者，他们之间的区别包括扫描周围环境的频率。仿真的目标在于研究团体大小、对称性规模，以及基于群聚和"战斗"的团体构成的影响。

2.3　人群仿真

虚拟人群通常建模为具有交互性的 agent 集合，虽然也会将其视为连续统一体（例如遵循流体动力学定律）［TCP06］。在行为模型中一组 agent 的运动具有个体的突发性，因此个体既会被影响也会影响他们的邻近个体。这些个体的行为使用一套简单的目标导向规则定义，如"随邻近个体的平均速度移动"或"与邻近个体保持最佳距离"。行为动画由 Reynolds 首创［Rey87］，他模拟了鸟群和鱼群，假设每个 agent 可以直接访问其他 agent 的运动特性（位置和速度）。Tu 和 Terzopoulos 通过赋予人工鱼合成视觉和环境感知的能力，改进了此项工作的真实性。Reynolds 实践的原始结果与 Tu 和 Terzopoulos 的模型仅限于对数量少、密度低的动物群体仿真。

为了管理人群，Musse 和 Thalmann［MT01］提出了一种具有不同水平自主权的团体构成的层级群体组织。Ulicny 和 Thalmann［UT01］也提出了一个模型，可在个体、团体和群体级别管理 agent。

行为模型中 agent 的运动规则可被视为仿真个体"心理"的抽象表示。相反，在力场模型中，agent（在这种情况下，通常称为粒子）之间的相互作用是基于物理学中的类比。例如，Bouvier 等人［BCN97］模拟了高密度人群中的个体，个体像电场中的电荷一样移动。Helbing 等人［HM97，HFV00］引入了吸引力和排斥力用于恐慌情况下的人群仿真。Braun 等人［BMB03］扩展了该模型，赋予 agent 个体特征并且融入团体概念，提高了仿真的真实性。

在数据驱动模型中，使用真实人群的运动校准仿真。例如，Musse 等人［MJJB07］运用计算机视觉技术追踪视频图像中的 agent 个体，然后利用所得数据驱动基于物理的模拟器。Lee 等人［LCHL07］使用航拍图像进行相同的工作。Lerner 等人［LCL07］提出了一种避障模型，用到了手动构建的行人视频数据库。这项工作的目的在于运用真实世界的数据提高碰撞处理的真实性。

还有若干混合方法。例如，文献［PAB07］和［vdBPS * 08］提出的方法整合了行为技术和力场技术，以改进人群控制，旨在减少上述两种技术的缺陷。但这些方法的缺点是增加了实现的复杂度。

每一类的模型都有一个折中方案。行为模型适用于个体化规范的 agent，但由于运动的突发性，全局人群的控制更难实现。相反，力场模型提供了高密度情况下良好的全局人群控制，但往往会造成非常不真实的个体运动，这表明力场模型具有简单的物理基础。数据驱动模型可以提高仿真的真实性，但真实生活中数据的采集和解释通常很困难。这为我们的方法设定了一个阶段，在该阶段遵从简单行为规则的 agent 受到全局控制，同时无须模型突发性的冗余参数即可获得相对真实的运动。

2.4　团体和群体的行为动画

人类是已知最复杂的生物，因此也是最难仿真的生物。人群行为动画是基于众多简单实体的团体仿真，主要是鸟群［Rey87，GA90］和鱼群［TT94］。电影中展示的第一个虚拟鸟群程序动画叫作 Eurhythmy，它是由 Amkraut、Girard 和 Karl 完成的［AGK85］，该概念于 1985 年在 SIGGRAPH 的 Electronic Theater 首次提出（最终版于 1989 年在 Ars Electronica 提出）。群体运动的实现归功于全局力$_e$ld［GA90］。

Reynolds 的开创性工作阐述了一种模拟鸟群所有运动的分布式行为模型［Rey87］。该论文基于名为《斯坦利和斯特拉：破冰》（*Stanley and Stella in：Breaking the Ice*）的动画短片，短片在 1987 年的 SIGGRAPH Electronic Theater 展出。这一工作的创新点是，演员团体的复杂行为可由团体成员的简单局部规则得出，而非某些强制的全局条件。群体被模拟为一个复杂的粒子系统，其中将鸟（称为 boids）作为粒子。每个 boid 是一个独立的 agent，其导航根据对环境的局部感知、模拟物理学定律和一组行为实现。boids 尽量避免与环境中其他 boids 及其他物体碰撞，与附近群体成员速度相匹配，并向群体中心运动。仿真群体聚合运动是鸟类个体相对简单的行为交互的结果。Reynolds 后来融入多种转向行为扩展了他的工作，如目标追寻、避障、寻路或逃离［Rey99］，并且还引入了一种简单的有限状态机、行为控制器和空间查询优化，用于实现团体成员之间的实时交互［Rey00］。

Tu 和 Terzopoulos［TT94］提出了一个人工鱼动画的框架。除了基于环境感知的复杂个体行为外，虚拟鱼类似 boids 群，已表现出自发的集体运动，如训练和逃生。Bouvier 等人［BG96，BCN97］使用一种类似 boids 的方法来模拟人群，他们结合粒子系统和转移网络来实现城市人群的可视化。在较低层次，吸引力和排斥力使人们能够在周围的环境移动。目标物产生吸引力场，障碍物产生排斥力场。更高层次的行为被建模为转移网络，转移取决于时间、访问点、局部人群密度的变化以及全局事件。

Brogan 和 Hodgins［HB94，BH97］模拟了具有显著动力学系统的团体行为。相比 boids，通过考虑运动的物理特性（如动量或平衡）实现了更为真实的运动。他们的算法分两步控制生物运动：第一步，感知模型决定了每个个体可见的生物和障碍物；第二步，给定被感知生物和障碍物的位置和速度，根据放置算法确定每个个体的预期位置。仿真系统包含单腿机器人团体、骑自行车团体和点 – 质量系统。Musse 和 Thalmann［Mus00，MT01］提出了一种实时虚拟人群仿真的分层模型。他们的模型基于团体而非个体：团体是更智能的结构，其中个体遵循团体规范。团体可由不同程度的自主权控制：运行时被引导的群体遵循用户指令（如去某个地方或播放一个特定动画）；程序控制的群体遵循脚本行为；自主控制的群体使用事件和反馈创造更复杂的行为。环境由一组兴趣点（目标点和路线点）和一组动作点（动作相关联的目标点）构成。agent 在两个路线点间的运动依照 Bezier 曲线。

最近，另一项工作探索了基于层次结构的团体建模。Niederberger 和 Gross［NG03］提出了一种分层异构 agent 的体系架构。行为通过现有行为类型的规范定义，同时使用多重继承来定义新类型。使用递归和基于模的模式定义团体。行为引擎要考虑每次运行的最长时间，以保证最小且恒定的帧速率。

Ulicny 和 Thalmann［UT01，UT02］展示了一个具有模块化架构的群体行为仿真，该仿真用于支持多种自主控制和脚本控制的多 agent 系统。该系统中的行为是分层计算的，决策由行为规则制定，执行由层级有限状态机处理。最近，文献［TCP06］提出了一种基于连续统一体动力学的实时人群模型。该模型中一个动态势场在全局导航中集成了移动障碍物，有效解决了大规模人群的运动（无须明确避障）。使用层次细节（LOD）会增加人群仿真的感知复杂度。O'Sullivan 等人［OCV＊02］描述了一个具有几何、运动和行为 LOD 的群体和团体仿真。在几何层次，使用细分技术实现 LOD 变化的平滑渲染。在运动层次，使用自适应的 LOD 模拟运动。不同复杂度的动画子系统（关键帧或）基于启发式算法来激活和停用。在行为层次，LOD 用于降低不重要角色更新的计算成本。更复杂人物根据他们的动机和角色行动，不太复杂的只是随机行动。过去几年在人群仿真领域，自主性的行为已被广泛研究。大多数人群仿真模型具有合理的宏观行为，但管理自主行为的能力有限。决策系统一般适用于如避障等简单的反馈行为，因为实施现有虚拟人群合理模型的计算成本过高。为了应对这些挑战，Paris 和 Doni-kian［PD09］提出了一个人群仿真认知模型，可用于为多虚拟人实时开发复杂的目标导向行为。该模型集成了一个决策过程，提供了一个完整的四个层次之间的双向连接：生物力学，反馈，认知和理性（见 Allen Newell 的认知统一理论）。每个层直接告知上层施加限制的明确信息，同时直接控制下层。每一层都是独立构建的，并且只交换一组特定数据。

Shao 和 Terzopoulos［ST07］的人工生命方法将动力源、感知、行为和认知整合成为一个行人综合模型作为个体。他们声称，该模型可以在一个大型城市环境中的全自主多人仿真中得到前所未有的保真度和复杂性的结果。随后 Tu 和 Terzopoulos［TT94］采用了一种自下而上的策略，使用基本的反应行为作为构建模块，从而支持更复杂的动机行为，所有的行为通过动作选择机制来控制。行为模型包括基本反应行为、导航行为、动机行为、心理状态和行为选择。在自主虚拟人的情况下将感知连接到适当行动的现实行为建模是一个很大的挑战。即使是 3 个行人，任何实质性行为指令表的复杂性都很高。除了计算机图形学，心理学、行为学、人工智能、机器人技术和人工生命技术等许多相关的领域都致力于这方面的研究。有了这些行为模型，虚拟人可以在某些情况下互相影响。这里的行为模型受限于行人的应用。认知和感性的成分有助于提高人群仿真的合理性，例如行为建模可以避免局部碰撞问题。然而，对于实时大型人群仿真，复杂的行为模型通常过于昂贵。但在交互人群仿真中行为模型是必要的，我们必须权衡行为建模的精度和计算时间之间的关系。

■ 2.5　人群训练管理系统

在警察和军事仿真系统中，人群建模也必不可少，它用于训练如何处理群众集会事件。

CACTUS［Wil95］是一个来协助规划和训练治安事件的系统软件，如大型游行示威活动。该软件是基于一个全局模型来设计的，人群和警察单位被放置在一个数字化的地图中，他们的互动行为遵循一定的概率规则。仿真模型将小群体表示为离散对象。以有向图来进行行为描述，其中节点描述行为状态（对应于行为和表现出的情绪），而转换则是代表这些状态之间合理的变化。转换依赖环境条件和概率权重。仿真运行作为一个决策训练，包括事前合理规划、事件管理和活动评价。

非致命性小单位领导训练系统［VSMA98］是美国海军陆战队的训练模拟器，它可在维和、人群控制等环境中使用非致命弹药操作时进行决策。学员学习约定的规则、处理群众和暴民的程序、根据控制失控人群和暴民需求而决定使用不同武力等级的能力。人群沿着预定义的途径在模拟的城市环境中行动，并且对受训者的行动和其他模拟人群的行动做出反应。每个人群由于不同的属性具有不同的特点，如狂热人群、唤醒状态人群，有非致命弹射击经验的人群和倾向海军陆战队的人群。在训练中，人群行为的计算机模型根据专家定义的一组布尔关系，实时响应学员的行动（和不作为）与适当的模拟行为，如游行、庆祝、示威、骚乱和疏散。

▪ 2.6　机器人与人工生命的群体行为

在人工生命领域工作的研究人员都在探索如何从本地群体行为产生群体行为［Gil95］。研究人员设计了软件模型和机器人组并进行实验，以了解在系统中简单的规则如何产生复杂的行为。灵感的主要来源是大自然，例如，社会性昆虫可有效地解决问题，如寻找食物、建巢，或在没有全局控制的前提下只通过个体间的简单交互进行劳动分工。其中促成行为分布式控制的一个重要机制是协同机制，通过环境改变实现个人之间间接的相互作用［BDT99］。

Dorigo 介绍的蚂蚁系统，其灵感来自真实蚁群的行为［Dor92］。蚁群算法已成功用于解决各种离散优化问题，包括旅行商问题、序列求序、图着色和网络路由［BDT00］。除了昆虫，我们还研究了更复杂的生物群体（如鸟群、哺乳动物群、鱼群），以了解它们的组织原则。最近，Couzin 等人提出了一个模型，用于当群体中仅有少数个体了解情况时，动物如何做出决策觅食或行进［CKFL05］。

生物系统原理也用于设计自主机器人团体的行为控制器。Mataric 研究了基于行为控制的机器人团体，其实验采用 20 个行为，包括安全漫游、跟随、聚集、分散和归巢的机器人［Mat97］。Molnar 和 Starke 受到行人行为的启发，在制造业中使用图形构造为机器人单元分配目标［PJ01］。Martinoli 将群体智能原则用于自主集结的机器人，实验中机器人可以收集散落物品及合作从地面拉出零件［A.99］。Holland 和 Melhuish 基于蚂蚁行为试验了一组机器人的物体排序能力［HM99］。使用机器人控制动物行为是一项有趣的工作，Vaughan 等人开发了一种移动机器人，它能够聚集一群鸭子并让鸭子安全到达指定的目标位置［VSH＊00］。

2.7   人群环境建模

2.7.1   环境模型

环境建模与行为动画有着密切的关系。构建环境模型有助于对环境周围居住实体的仿真。如果虚拟生物的行为与周围环境相符，其可信度会提高。相反，如果虚拟生物的行为在真实世界中不可能发生（如穿墙或水上行走），其真实感会大大降低。因此表现方法和算法需尽量防止不真实行为的发生。最近游戏行业主要关注的两个人工智能问题是：避障和路径规划［Woo99，DeL00］。当今大多数人都居住在城市，人们的活动也都发生在城市，因此大多数的研究已经完成了虚拟城市建模。Farenc 等人引入了“知情环境”用于城市环境中的虚拟人仿真［FRMS＊99］。知情环境是一个整合了虚拟城市语义信息和几何信息的数据库。它基于一个城市场景到环境实体（如宿舍、街区、路口、街道等）的层次分解。实体可以包含对其中 agent 适当的行为描述；例如，人行道的描述为应该在其上行走，长椅的描述为应该坐在上面。此外，环境数据库可用于根据客户端请求的路径类型定制路径，例如，行人会获取人行道的路径，但汽车会获得车道的路径。

Thomas 和 Donikian 提出了另一个用于行为动画的虚拟城市模型［TD00］。该模型设计的重点在于车辆和行人的交通仿真。环境数据库分成两部分：①包含一个多边形区域树状图的层次结构，类似于知情环境数据库；②一个道路网络图的拓扑结构。区域包含信息的流通方向，以及交叉路口可能的路线变化，然后agent使用数据库在城市中漫游。最近 Sung 等人提出了一种控制人群行为的新方法，它使用名为“situations”的结构在环境中存储行为信息［SGC04］。与之前的方法相比，环境结构（situations）可以重叠，这些重叠"situations"的相关行为使用概率分布合成。行为函数依据环境特征的状态或 agent 的先前状态，定义状态转换（触发动作片段）概率。

2.7.2　路径规划

路径规划是人群仿真中一个重要且具有挑战性的任务，这有助于每个 agent 找到通往自己目标的路径。机器人社区已广泛探讨了路径规划问题。虽然多 agent 路径规划已经解决了多机器人协同工作的问题，但人群（特别是大规模人群）的实时路径规划仍然是一个挑战。用于机器人的方法通常是机器人数量的指数倍，因此在人群仿真中采用这些方法代价过高。

机器人运动规划算法的优势在于，概率路线图（PRM）的几何表示也可用于人群仿真中的路径规划。PRM 用于确定机器人初始位置和目标位置之间的无碰撞路径 ［KSLO96］。Arikan 等人使用可视图对大量虚拟 agent 进行路径规划 ［ACF01］。当且仅当虚拟 agent 彼此可见时，可视图将环境的顶点连接起来。通过整合其他技术 ［BLA02a，BLA02b，SKG05］，基于 PRM 的方法得以改进。Kallmann 等人提出了一种快速路径规划算法，该算法基于完全动态约束的 Delaunay 三角剖分 ［KBT03］。Bayazit 等人使用全局路线图改善了复杂几何环境中的团体行为 ［BLA02a］。通过使用嵌入在个体成员和路线图中的规则，生物团体表现出诸如归航、目标搜索、掩蔽或引领的行为。Tang 等人使用改进的 A *算法在附有高度图的网格上生成地形 ［TWP03］。其他环境几何表示方法具体探讨了多 agent 系统的路径规划。Lamarche 和 Donikian 依据虚拟环境的几何数据库构建了一个精准的分层拓扑结构 ［LD04］。他们执行以下步骤完成了最终导航：空间细分、拓扑抽象、路线图生成和三角网构建。据悉，该方法可实现数百个 agent 的实时导航。Kamphuis 和 Overmars 定义了一个步行走廊，同时确保该走廊有足够间隙供给定单元通过 ［KO04］。Voronoi 图可用于细分基于点集的自由空间，其中边可生成路线图。Sud 等人提出了一种基于 Voronoi 图的数据结构，该结构用于每个 agent 实时的路径规划和距离计算 ［SAC *08］。Pettré 等人受到 Voronoi 图的启发，提出了一种自动提取几何场景拓扑结构并使用导航图处理路径规划的新方法［PLT05，PdHCM＊06，PGT08］。在势场方法中通常将环境离散为一个精细的规则网格。Kapadia 等人介绍了可变分辨率信息表示自我领域的离散化方法［KSHF09］。Helbing 社会力模型是基于 agent 的运动规划中最具影响力的模型之一［HM95］。该模型把每个 agent 视为一个受制于个体社会行为引发的远程力的粒子。agent 运动可使用确定了物理力和社会力（类似牛顿力学）的主函数描述。社会力模型可以描述若干观测到的行人行为集体效应的自组织。但由于缺乏预判，当角色足够接近时才会产生交互。因此生成的运动往往看起来不自然且有一定程度的抖动，在大而混乱的环境中问题会更加显著。可以扩展该模型用于实现更真实的人群行为［HBJW05，LKF05］。Karamouzas 等人引入回避力改进社会力模型［KHBO09］。他们的方法基于这样的假设，即个体尽可能早地适应其路线，试图最大限度减少与其他个体相互作用的数量以及这些交互所消耗的能量。在该模型中，agent 不会互相排斥，而是在预测未来的情况下以最小的代价提前避免碰撞。但由于规则复杂，社会力模型的应用受限于计算效率。Treuille 等人类比势场提出了人群的真实运动规划［TCP06］。他们的方法是从静态场（目标）和动态场（对其他人建模）中生成一个势场。每个行人沿梯度反方向移动到空间中下一个适当位置（一个路线点），从而避免了所有的障碍。相比基于 agent 的方法，这些技术允许数千个行人的实时仿真，也能够展示紧急行为。但其结果不可信，因为需要假设不处理每个行人的个性特征。例如，只可为行人集定义和分配有限数量的目标。其性能取决于网格单元的大小和行人集的数量。集合不同方法的优势探索出一种混合架构。Pelechano 等人在社会力中融入心理、生理和几何规则，模拟密集的自主 agent 群体［PAB07］。Morini 等人提出了一种混合结构用于处理数千个行人的实时路径规划，同时确保动态碰撞规避［MYMT08］，该方法详见 5.4.4 节。为了处理不同的兴趣区域，使用不同的算法控制运动规划。应特别设计混合路径规划以确保在不同算法间切换时 agent 的运动连续性。

2.7.3　碰撞规避

除了环境的拓扑模型和路径规划外，碰撞规避是另一个亟待解决的挑战性问题。避障技术应能够预防大量 agent 之间的实时碰撞。其最大困难在于没有其他

agent 的当前速度信息。此外，agent 间无法沟通协调他们的导航。解决该问题的常用方法是假设其他 agent 是动态障碍，使用这些 agent 的当前速度线性外推其未来运动。接下来 agent 选择一个速度以避免与其他 agent 外推轨迹的碰撞。这就是"速度障碍"的观点。由于每个 agent 独立导航时与其他 agent 没有明确的沟通，van den Berg 等人提出了一个名为"相互的速度障碍"的概念［vdBPS＊08］，这一概念考虑了其他 agent（隐式假设使用相似的避障方法）的反馈行为。同时这一概念可用于包含静态和动态障碍的人口密集环境中数百个 agent 导航的实时仿真。Ondrej 等人探索出一种基于视觉的满足人群仿真交互需求的行人之间的避障方法［OPOD10］。在模拟具有认知科学知识的虚拟人时，视觉刺激用于检测未来碰撞和危险等级。运动反馈是双重的：重定位策略可预防未来碰撞，减速策略可预防即将发生的碰撞。一些仿真结果表明，使用该方法强化了步行者自组织模式的出现。同时行人通行的效率整体提升并且不真实的锁死状态得以避免。

2.8 　人群渲染

大量 3D 角色的实时渲染是一个相当大的挑战，即便使用最先进的系统、最大的内存、最快的处理器和最强大的显卡，它也会迅速耗尽系统资源。适用于少量角色的"Bruteforce"方法，无法用于数百、数千甚至更多的角色。很多工作都一直试图巧妙运用图形加速器来规避这些限制，但采用的有利于我们对整个场景感知的方法是有限的。

我们只能看到大量角色中相对较小的一部分的细节情况。简单计算表明，均等处理每个成员会造成很大的浪费。现在的屏幕可同时显示大约 200 万像素，其中一个相当复杂的角色可能包含大约 10 000 个三角面。即使假定每个三角面投影到一个像素并且没有重叠的角色，屏幕也只能同时显示群体中 200 个角色。事实上这一数量会更少；更合理的估计是几十个完全可见的角色，其余角色要么隐藏在可见角色后，要么占据了较少的屏幕空间。因此只需充分关注最重要的 agent，并用一些不太复杂的近似物体替换其他 agent。根据观察者的位置和方向，使用 LOD 技术切换视觉效果。例如，Hamill 等人最近研究了心理物理学（确定人类视觉系统的感知限制）这一学科［HMDO05］。在运动如何影响对 impostor 表示或几何结构表示的虚拟人的感知测试中，他们能够定义切换模型表示时最不明显的距离。

Billboarded impostors 是一种加速人群渲染的方法。impostors 是附有半透明纹理的多边形，包含一个完整 3D 角色的快照，并且总是朝向摄像机。Aubel 等人介绍了动态生成 impostors 用于渲染带动画的虚拟人的方法［ABT00］。该方法中，impostors 的生成和全 3D 仿真（渲染的 3D 角色的快照）并行运行。之后若干帧中使用这些缓存的快照代替完整的几何结构，直到摄像机或角色的运动触发另一快照，从而更新 impostor 纹理。

另一个运用 impostors 的主要工作中，Tecchia 等人提出了一种在虚拟城市中动态人群的实时渲染方法［TLC02a］。与之前方法相比，impostors 不是动态计算，而是在预处理步骤中创建。快照采样自分布角色周围分布的球形时点。动画中每帧重复这一过程。运行时，从距真实相机位置最近的视点拍摄的图片用于 billboard 的纹理。此外，impostors 的轮廓用于投影到地面的阴影。多纹理通过调制 impostors 的颜色来增加多样性。在之后工作中，他们还使用法线贴图添加光照［TLC02b］。使用预先计算 impostors 的方法比动态 impostors 更快，但它对纹理内存的要求非常苛刻，同时每个角色的和每帧动画的纹理尺寸必须保持足够小，因此降低了图像质量。

快速人群显示的另一方法是使用基于点的渲染技术。Wand 和 Strasser 提出了一种多分辨率渲染方法，它统一了基于图像和基于多边形的渲染方法［WS02］。他们根据动画中每帧的八叉树表示创建了一个视图，其中节点存储于多边形或顶点中。这些表示也能从一棵树线性内插到另一棵树，从而计算中间帧。当观看者位于远方时，使用点渲染方法渲染虚拟人；当近距离观察时，使用多边形技术渲染；而位于两者之间时，使用两种技术混合渲染。

获得新虚拟人的一种方法是几何烘焙。Ulicny 等人通过顶点位置和法线的快照为每帧动画存储完整的描述［UdHCT04］。由于目前的台式电脑有大量的存储空间，可以存储和回放很多这样的帧。I3d 提供了几何烘焙和 billboard 的混合方法，其中只有少数演员完全使用几何表示，而大量的演员由 billboard 构成

［DHOO05］。文献［CLM05］中介绍了类似的方法。近期使用几何渲染人群的方法是通过动态网格，如 de Heras 等人的工作，其中动态网格使用系统缓存重用骨骼更新会造成很高的代价［dHSMT05］。文献［YMdHC＊05］介绍了动态网格和烘焙网格的混合方法，图形编程单元（GPU）得以充分利用。

上述所有方法的共性在于通过改变纹理、颜色、大小、方向、动画、动画风格和位置，实例化模板虚拟人。需要认真考虑从一种表示到另一种表示的平稳过渡，以免产生表示的突变。在 billboard 场景中，通过为整个区域（如躯干、头部、腿部和手臂等）应用不同颜色来实现。这样由于模板更加灵活，纹理内存的使用效率也得以提高。因为人与人之间太接近而无法改变整个区域的基本颜色，在几何方法中通常使用完全不同的纹理表示这些差异［UdHCT04］。

■ 2.9　非实时生成的人群

特效是最近几年人群模拟发展最快的领域之一。10 年之前，还没有数字人群，但现在几乎每个大片中都有应用，同时音乐视频、电视连续剧和广告也开始采用。与使用众多实际演员相比，虚拟人群让人们大大降低了制作人数众多的场景的成本，并因为他们的灵活性而使创作更加自由。不同的技术（真实人群录像的复制、粒子系统、行为动画等）被用于添加虚拟演员群体到众多的电影拍摄中。粒子系统或行为动画的复制将大量的虚拟演员添加到电影中，如历史剧[1,2,3]、科幻故事[4,5,6]和动画漫画[7,8,9]等。

确定所选择技术的主要因素是项目所需的视觉效果和项目的制作成本。即使

1　http://www.titanicmovie.com.

2　http://www.dreamworks.com.

3　http://troymovie.warnerbros.com.

4　http://www.starwars.com.

5　http://www.lordoftherings.net.

6　http://whatisthematrix.warnerbros.com.

7　http://www.pixar.com/featurefilms/abl.

8　http://disney.go.com/disneyvideos/animatedfilms/lionking.

9　http://www.shrek2.com.

在单镜头中也通常使用不同的技术，以获得最佳的视觉效果；例如，主角使用真实演员而使用 3D 角色代替配角作为背景。

虽然在电影中完成了相当数量和人群相关工作，只有相对较少的信息是可用的，特别是考虑到更多的技术细节更是如此。大多数知识的来源不同，例如，从讲解"制作"的纪录片特辑，特效演员的采访或行业记者的描述。大成本制作，最常见的方法是使用影棚拍摄，其使用的工具是通用工具或者一系列制作特定电影的工具。因为动画的质量是至关重要的，所以通常使用通过对真实演员动作捕捉获得的动作库来满足要求。在电影中所有的生产都是以拍摄为中心的，大多数的时间只有几秒。相反，实时仿真中很少需要在较长的时间内保持仿真的连续性。不同的团队负责镜头的部分工作，然后再后期合成。

最先进的人群动画非实时生产系统是 Massive；Massive 用来创建《指环王》三部曲大规模战斗场景[1]，每一个 agent 具有由数千个逻辑节点组成的大脑，agent 根据大脑的感官输入决定自己的行为［Koe02］。根据大脑的决策，从包含众多预先计算好的动作捕捉剪切库中选择动作。例如，在第二部中使用了超过1 200 万个动作捕捉帧（相当于 55 小时的动画）。Massive 也采用刚体动力学，以基于物理的方法提高特技动作真实性，如坠落或动画配件。例如，基于物理的仿真和传统动作捕捉剪切的组合用以创建"艾辛格洪水"场景，其中兽人从一堵水墙逃离然后坠落悬崖［Sco03］。

与实时应用相比，非实时制作的动作和视觉的质量更高，但其成本很高。例如，在《魔戒之双塔奇兵》中所有数字角色渲染使用了上千台电脑，花了 10 个月的时间计算渲染［Doy03］。

■ 2.10　游戏中的人群

在目前的电脑游戏中，虚拟人群仍然相对少见。主要的原因是，人群在实时计算资源需求和制作成本上是昂贵的。然而，情况开始发生变化，随着军队规模

1　http://www.massivesoftware.com.

的增加，即时战略的推进对游戏玩法也有了直接的影响［Rom04，The04］。

游戏主要关注的是渲染和行为计算的速度。与非实时制作相比，动作和渲染的质量往往为流畅性做出牺牲。同在电影制作中一样，电脑游戏通常使用大规模动作捕捉库将现实主义注入虚拟世界中。渲染使用带标题（应用有动画的 impostor）的 LOD 技术［Med02］。

为了提高对涉及大量误码模拟实体游戏行为的计算成本，详细的仿真技术水平对已具有大量仿真实体的游戏来说，为了改善其行为计算的开销仿真，LOD 技术被采用［Bro02，Rep03］。在这种技术中，只为可见或即将可见的角色计算行为。角色以参数集创建在玩家周围的空间，参数集是根据一些期望的统计学分布获得的。玩家生活在一个"仿真泡沫"中。然而，处理仿真 LOD 比渲染 LOD 更复杂。不计算不可见 agent 的可视化是非常正确的，但是不计算隐藏 agent 的动作可能导致世界不连贯。在一些游戏中可能经常出现玩家造成一些情况，如远眺后再看回来，情况就以一种超出预期的方式解决。如玩家造成交通拥堵，但是在远眺过后再回看交通拥堵就神奇地解决了。

假如脚本处理成百上千的实体，具有不同行为的可选择单元常常是一支部队，而不是单个士兵。在屏幕上呈现许多实体的确实是一个正在以各可见的分开部分被渲染的单元[1,2]［Med02］。

一个特殊的例子是运动项目，如足球、篮球或曲棍球的仿真，场景中有庞大的观众群，但只有非常少的细节。在大多数情况下，对每个观众（与战略游戏中个人 impostor 相比）来说甚至没有一个多边形。人群中的主要部分就是使用透明的纹理给球场上一行或多行做贴图，只有少数几个靠近摄像机的人群是 3D 模型。

2.11　人群场景创作

无论人群渲染或行为模型的质量如何，如果它很难实现内容制作，虚拟人群

1　http://www.totalwar.com.

2　http://praetorians.pyrostudios.com.

仿真就没有太大用处。特别是对人群仿真系统，当超越理论上场景可容纳的数量时，创作的可能性是影响可用性的一个重要因素。当增加参与个体的数量时，使用大量实体创建独特的、多变的场景内容变得更加困难。解决人群模拟中的一系列问题（如大规模人群的快速渲染和行为计算）产生了一个新的问题，即如何以高效的方式为人群场景创建内容。

最近，研究人员才开始探索如何创作人群场景。Anderson 等人研究了条件约束的群体动画，例如，可以创建群体运动使其按照某种形状移动，并通过向前和向后迭代的仿真，产生约束的群体运动［AMC03］。然而，随着实体数目和仿真时间的增加，这种算法的开销很大。

Ulicny 等人提出了一种利用 crowdbrush 工具以一个直观的方式创建复杂人群场景的方法［UdHCT04］。通过使用类似于图像处理程序中的笔刷工具，用户可以实时地分发、修改和控制人群成员并即刻呈现视觉反馈。这种方法对空间特性的创建和修改很有效；然而，脚本的时间方面的创作是有限的。

Sung 等人使用基于情况的分布式控制机制，该机制给人群中每个 agent 特定的细节，使其能基于其所处环境在任意给定时间做出反应［SGC04］。一个绘制界面，支持用户更轻松地通过直接在场景中绘制区域来描绘场景。例如，在画布上绘制一个图片。与之前用户添加、修改、删除群体成员的工作相比，用户可通过界面操作环境。

Chenney 提出了一种新的表示和设计采用流砖的速度场技术。他把这种方法应用到一个城市模型上，用瓦片来定义穿过城市街道的人流。流砖用速度来驱动人群，以确定每个成员的行进方向。使用散度自由的流定义人群运动，确保在合理的限制下，agent 不需要任何形式的碰撞检测［Che04］。

参考文献

[A.99] MARTINOLI A.: *Swarm Intelligence in Autonomous Collective Robotics: From Tools to the Analysis and Synthesis of Distributed Collective Strategies.* PhD thesis, EPFL, Lausanne, 1999.

[ABT00] AUBEL A., BOULIC R., THALMANN D.: Real-time display of virtual humans: Levels of detail and impostors. *IEEE Transactions on Circuits and Systems for Video Technology 10*, 2 (2000), 207–217.

[ACF01] ARIKAN O., CHENNEY S., FORSYTH D. A.: Efficient multi-agent path planning. In *Proceedings of the Eurographic Workshop on Computer Animation and Simulation* (New York, NY, USA, 2001), Springer, New York, pp. 151–162.

[AGK85] AMKRAUT S., GIRARD M., KARL G.: Motion studies for a work in progress entitled "Eurythmy". *SIGGRAPH Video Review*, 21 (1985) (second item, time code 3:58 to 7:35).

[AMC03] ANDERSON M., MCDANIEL E., CHENNEY S.: Constrained animation of flocks. In *Proc. ACM SIGGRAPH/Eurographics Symposium on Computer Animation (SCA'03)* (2003), pp. 286–297.

[BBM05] BRAUN A., BODMAN B. J., MUSSE S. R.: Simulating virtual crowds in emergency situations. In *Proceedings of ACM Symposium on Virtual Reality Software and Technology—VRST 2005* (Monterey, California, USA, 2005), ACM, New York.

[BCN97] BOUVIER E., COHEN E., NAJMAN L.: From crowd simulation to airbag deployment: Particle systems, a new paradigm of simulation. *Journal of Electrical Imaging 6*, 1 (January 1997), 94–107.

[BDT99] BONABEAU E., DORIGO M., THERAULAZ G.: *Swarm Intelligence: From Natural to Artificial Systems*. Oxford University Press, London, 1999.

[BDT00] BONABEAU E., DORIGO M., THERAULAZ G.: Inspiration for optimization from social insect behaviour. *Nature 406* (2000), 39–42.

[BG96] BOUVIER E., GUILLOTEAU P.: Crowd simulation in immersive space management. In *Proc. Eurographics Workshop on Virtual Environments and Scientific Visualization'96* (1996), Springer, London, pp. 104–110.

[BH97] BROGAN D., HODGINS J.: Group behaviors for systems with significant dynamics. *Autonomous Robots 4* (1997), 137–153.

[BLA02a] BAYAZIT O. B., LIEN J.-M., AMATO N. M.: Better group behaviors in complex environments using global roadmaps. In *Proc. Artificial Life'02* (2002).

[BLA02b] BAYAZIT O. B., LIEN J.-M., AMATO N. M.: Roadmap-based flocking for complex environments. In *Proceedings of the 10th Pacific Conference on Computer Graphics and Applications, PG'02* (Washington, DC, USA, 2002), IEEE Computer Society, Los Alamitos, pp. 104–113.

[BMB03] BRAUN A., MUSSE S., BODMANN L. O. B.: Modeling individual behaviors in crowd simulation. In *Computer Animation and Social Agents* (New Jersey, USA, May 2003), pp. 143–148.

[Bro02] BROCKINGTON M.: Level-of-detail AI for a large role-playing game. In *AI Game Programming Wisdom* (2002), Rabin S. (Ed.), Charles River Media, Hingham.

[Che04] CHENNEY S.: Flow tiles. In *Proc. ACM SIGGRAPH/Eurographics Symposium on Computer Animation (SCA'04)* (2004), pp. 233–245.

[CKFL05] COUZIN I. D., KRAUSE J., FRANKS N. R., LEVIN S. A.: Effective leadership and decision-making in animal groups on the move. *Nature 433* (2005), 513–516.

[CLM05] COIC J.-M., LOSCOS C., MEYER A.: *Three LOD for the Realistic and Real-Time Rendering of Crowds with Dynamic Lighting*. Research report, LIRIS, France, 2005.

[CPC92] MCPHAIL C., POWERS W., TUCKER C.: Simulating individual and collective actions in temporary gatherings. *Social Science Computer Review 10*, 1 (Spring 1992), 1–28.

[DeL00] DELOURA M. (Ed.): *Game Programming Gems*. Charles River Media, Hingham, 2000.

[DHOO05] DOBBYN S., HAMILL J., O'CONOR K., O'SULLIVAN C.: Geopostors: A real-time geometry/impostor crowd rendering system. In *SI3D'05: Proceedings of the 2005 Symposium on Interactive 3D Graphics and Games* (New York, NY, USA, 2005), ACM, New York, pp. 95–102.

[dHSMT05] DE HERAS P., SCHERTENLEIB S., MAÏM J., THALMANN D.: Real-time shader rendering for crowds in virtual heritage. In *Proc. 6th International Symposium on Virtual Reality, Archaeology and Cultural Heritage (VAST 05)* (2005).

[Dor92] DORIGO M.: *Optimization, Learning and Natural Algorithms*. PhD thesis, Politecnico di Milano, Italy, 1992.

[Doy03] DOYLE A.: The two towers. *Computer Graphics World* (February 2003).

[FRMS*99] FARENC N., RAUPP MUSSE S., SCHWEISS E., KALLMANN M., AUNE O., BOULIC R., THALMANN D.: A paradigm for controlling virtual humans in urban environment simulations. *Applied Artificial Intelligence Journal—Special Issue on Intelligent Virtual Environments 14*, 1 (1999), 69–91.

[Fru71] FRUIN J. J.: *Pedestrian and Planning Design*. Metropolitan Association of Urban Designers and Environmental Planners, New York, 1971.

[GA90] GIRARD M., AMKRAUT S.: Eurhythmy: Concept and process. *The Journal of Visualization and Computer Animation 1*, 1 (1990), 15–17. Presented at The Electronic Theater at SIGGRAPH'85.

[Gil95] GILBERT N.: Simulation: An emergent perspective. In *New Technologies in the Social Sciences* (Bournemouth, UK, 27–29 Oct. 1995).

[Hal59] HALL E. T.: *The Silent Language*. Doubleday, Garden City, 1959.

[Har00] HAREESH P.: Evacuation simulation: Visualisation using virtual humans in a distributed multi-user immersive VR system. In *Proc. VSMM'00* (2000).

[HB94] HODGINS J., BROGAN D.: Robot herds: Group behaviors for systems with significant dynamics. In *Proc. Artificial Life IV* (1994), pp. 319–324.

[HBJW05] HELBING D., BUZNA L., JOHANSSON A., WERNER T.: Self-organized pedestrian crowd dynamics: Experiments, simulations, and design solutions. *Transportation Science 39*, 1 (Feb. 2005), 1–24.

[Hel97] HELBING D.: Pedestrian dynamics and trail formation. In *Traffic and Granular Flow'97* (Singapore, 1997), Schreckenberg M., Wolf D. E. (Eds.), Springer, Berlin, pp. 21–36.

[Hen71] HENDERSON L. F.: The statistics of crowd fluids. *Nature 229*, 5284 (1971), 381–383.

[Hen74] HENDERSON L. F.: On the fluid mechanic of human crowd motions. *Transportation Research 8*, 6 (1974), 509–515.

[HFV00] HELBING D., FARKAS I., VICSEK T.: Simulating dynamical features of escape panic. *Nature 407* (2000), 487–490.

[HM95] HELBING D., MOLNAR P.: Social force model for pedestrian dynamics. *Physical Review E 51* (1995), 4282–4286.

[HM97] HELBING D., MOLNAR P.: Self-organization phenomena in pedestrian crowds. In *Self-Organization of Complex Structures: From Individual to Collective Dynamics* (1997), Gordon & Breach, London, pp. 569–577.

[HM99] HOLLAND O. E., MELHUISH C.: Stigmergy, self-organisation, and sorting in collective robotics. *Artificial Life 5* (1999), 173–202.

[HMDO05] HAMILL J., MCDONNEL R., DOBBYN S., O'SULLIVAN C.: Perceptual evaluation of impostor representations for virtual humans and buildings. *Computer Graphics Forum 24*, 3 (September 2005), 581–590.

[JPvdS01] JAGER W., POPPING R., VAN DE SANDE H.: Clustering and fighting in two-party crowds: Simulating the approach-avoidance conflict. *Journal of Artificial Societies and Social Simulation 4*, 3 (2001).

[KBT03] KALLMANN M., BIERI H., THALMANN D.: Fully dynamic constrained Delaunay triangulations. In *Geometric Modelling for Scientific Visualization* (2003), Brunnett G., Hamann B., Mueller H., Linsen L. (Eds.), Springer, Berlin, pp. 241–257.

[KHBO09] KARAMOUZAS I., HEIL P., BEEK P., OVERMARS M. H.: A predictive collision avoidance model for pedestrian simulation. In *Proceedings of the 2nd International Workshop on Motion in Games, MIG'09* (2009), Springer, Berlin, pp. 41–52.

[KMKWS00] KLÜPFEL H., MEYER-KÖNIG M., WAHLE J., SCHRECKENBERG M.: Microscopic simulation of evacuation processes on passenger ships. In *Theoretical and Practical Issues on Cellular Automata* (2000), Bandini S., Worsch T. (Eds.), Springer, London, pp. 63–71.

[KO04] KAMPHUIS A., OVERMARS M.: Finding paths for coherent groups using clearance. In *SCA'04: Proceedings of the ACM SIGGRAPH/Eurographics Symposium on Computer Animation* (2004), pp. 19–28.

[Koe02] KOEPPEL D.: Massive attack. *Popular Science* (November 2002).

[KSHF09] KAPADIA M., SINGH S., HEWLETT W., FALOUTSOS P.: Egocentric affordance fields in pedestrian steering. In *Proceedings of the 2009 Symposium on Interactive 3D Graphics and Games, I3D'09* (New York, NY, USA, 2009), ACM, New York, pp. 118–127.

[KSLO96] KAVRAKI L., SVESTKA P., LATOMBE J., OVERMARS M.: *Probabilistic Roadmaps for Path Planning in High-Dimensional Configuration Spaces*. Technical Report 12, Stanford, CA, USA, 1996.

[LCHL07] LEE K. H., CHOI M. G., HONG Q., LEE J.: Group behavior from video: A data-driven approach to crowd simulation. In *Proceedings of ACM SIGGRAPH/Eurographics Symposium on Computer Animation (SCA'07)* (Aire-la-Ville, Switzerland, 2007), Eurographics Association, Geneve, pp. 109–118.

[LCL07] LERNER A., CHRYSANTHOU Y., LISCHINSKI D.: Crowds by example. *Computer Graphics Forum 26*, 3 (2007), 655–664.

[LD04] LAMARCHE F., DONIKIAN S.: Crowds of virtual humans: A new approach for real time navigation in complex and structured environments. *Computer Graphics Forum 23*, 3 (September 2004), 509–518.

[Leh02] LEHANE S.: Digital extras. *Film and Video Magazine* (July 2002).

[LKF05] LAKOBA T. I., KAUP D. J., FINKELSTEIN N. M.: Modifications of the Helbing–Molnár–Farkas–Vicsek social force model for pedestrian evolution. *Simulation 81*, 5 (May 2005), 339–352.

[Mat97] MATARIC M.: Behavior-based control: Examples from navigation, learning, and group behavior. *Journal of Experimental and Theoretical Artificial Intelligence 9*, 2–3 (1997), 323–336.

[Med02] Medieval: Total War, 2002. Game homepage, http://www.totalwar.com.

[MJJB07] MUSSE S. R., JUNG C. R., JULIO C. S. J. JR, BRAUN A.: Using computer vision to simulate the motion of virtual agents. *Computer Animation and Virtual Worlds 18*, 2 (2007), 83–93.

[MT01] MUSSE S. R., THALMANN D.: A hierarchical model for real time simulation of virtual human crowds. *IEEE Transactions on Visualization and Computer Graphics 7*, 2 (April–June 2001), 152–164.

[Mus00] MUSSE S. R.: *Human Crowd Modelling with Various Levels of Behaviour Control*. PhD thesis, EPFL, Lausanne, 2000.

[MYMT08] MORINI F., YERSIN B., MAÏM J., THALMANN D.: Real-time scalable motion planning for crowds. *The Visual Computer 24* (2008), 859–870.

[NG03] NIEDERBERGER C., GROSS M.: Hierarchical and heterogenous reactive agents for real-time applications. *Computer Graphics Forum 22*, 3 (2003), 323–331. (Proc. Eurographics'03.)

[OCV*02] O'SULLIVAN C., CASSELL J., VILHJÁLMSSON H., DINGLIANA J., DOBBYN S., MCNAMEE B., PETERS C., GIANG T.: Levels of detail for crowds and groups. *Computer Graphics Forum 21*, 4 (Nov. 2002), 733–741.

[OGLF98] OWEN M., GALEA E. R., LAWRENCE P. J., FILIPPIDIS L.: The numerical simulation of aircraft evacuation and its application to aircraft design and certification. *The Aeronautical Journal 102*, 1016 (1998), 301–312.

[OM93] OKAZAKI S., MATSUSHITA S.: A study of simulation model for pedestrian movement with evacuation and queuing. In *Proc. International Conference on Engineering for Crowd Safety'93* (1993).

[OPOD10] ONDŘEJ J., PETTRÉ J., OLIVIER A.-H., DONIKIAN S.: A synthetic-vision based steering approach for crowd simulation. *ACM Transactions on Graphics 29* (July 2010), 123:1–123:9.

[PAB07]　PELECHANO N., ALLBECK J. M., BADLER N. I.: Controlling individual agents in high-density crowd simulation. In *Proceedings of the 2007 ACM SIG-GRAPH/Eurographics Symposium on Computer Animation, SCA'07* (Aire-la-Ville, Switzerland, 2007), Eurographics Association, Geneve, pp. 99–108.

[PD09]　PARIS S., DONIKIAN S.: Activity-driven populace: A cognitive approach to crowd simulation. *IEEE Compututer Graphics and Applications 29*, 4 (July 2009), 34–43.

[PdHCM*06]　PETTRÉ J., DE HERAS CIECHOMSKI P., MAÏM J., YERSIN B., LAUMOND J.-P., THALMANN D.: Real-time navigating crowds: scalable simulation and rendering: Research articles. *Computer Animation and Virtual Worlds 17*, 3–4 (2006), 445–455.

[PGT08]　PETTRÉ J., GRILLON H., THALMANN D.: Crowds of moving objects: Navigation planning and simulation. In *ACM SIGGRAPH 2008 Classes, SIGGRAPH'08* (New York, NY, USA, 2008), ACM, New York, pp. 54:1–54:7.

[PJ01]　MOLNAR P., STARKE J.: Control of distributed autonomous robotic systems using principles of pattern formation in nature and pedestrian behavior. *IEEE Transactions in Systems, Man and Cybernetics B 31*, 3 (June 2001), 433–436.

[PLT05]　PETTRÉ J., LAUMOND J. P., THALMANN D.: A navigation graph for real-time crowd animation on multilayered and uneven terrain. In *First International Workshop on Crowd Simulation (V-CROWDS'05)* (2005), pp. 81–89.

[Pow73]　POWERS W. T.: *The Control of Perception*. Aldine, Chicago, 1973.

[Rep03]　Republic: The Revolution, 2003. Game homepage, http://www.elixir-studios.co.uk/nonflash/republic/republic.htm.

[Rey87]　REYNOLDS C. W.: Flocks, herds and schools: A distributed behavioral model. In *Proceedings of the Annual Conference on Computer Graphics and Interactive Techniques (SIGGRAPH'87)* (New York, NY, USA, 1987), ACM, New York, pp. 25–34.

[Rey99]　REYNOLDS C. W.: Steering behaviors for autonomous characters. In *Game Developers Conference* (San Jose, California, USA, 1999), pp. 763–782.

[Rey00]　REYNOLDS C. W.: Interaction with groups of autonomous characters. In *Proc. Game Developers Conference'00* (2000), pp. 449–460.

[Rob99]　ROBBINS C.: Computer simulation of crowd behaviour and evacuation. *ECMI Newsletter*, 25 (March 1999).

[Rom04]　Rome: Total War, 2004. Game homepage, http://www.totalwar.com.

[SAC*08]　SUD A., ANDERSEN E., CURTIS S., LIN M. C., MANOCHA D.: Real-time path planning in dynamic virtual environments using multiagent navigation graphs. *IEEE Transactions on Visualization and Computer Graphics 14*, 3 (May 2008), 526–538.

[Sch95]　SCHWEINGRUBER D.: A computer simulation of a sociological experiment. *Social Science Computer Review 13*, 3 (1995), 351–359.

[Sco03]　SCOTT R.: Sparking life: Notes on the performance capture sessions for 'The Lord of the Rings: The Two Towers'. *ACM SIGGRAPH Computer Graphics 37*, 4 (2003), 17–21.

[SGC04]　SUNG M., GLEICHER M., CHENNEY S.: Scalable behaviors for crowd simulation. *Computer Graphics Forum 3*, 23 (2004), 519–528.

[SKG05]　SUNG M., KOVAR L., GLEICHER M.: Fast and accurate goal-directed motion synthesis for crowds. In *Proceedings of the 2005 ACM SIGGRAPH/Eurographics Symposium on Computer Animation, SCA'05* (New York, NY, USA, 2005), ACM, New York, pp. 291–300.

[ST07]　SHAO W., TERZOPOULOS D.: Autonomous pedestrians. *Graphical Models 69*, 5–6 (Sept. 2007), 246–274.

[Sti00]　STILL G.: *Crowd Dynamics*. PhD thesis, Warwick University, 2000.

[TCP06]　TREUILLE A., COOPER S., POPOVIĆ Z.: Continuum crowds. *ACM Transactions on Graphics 25*, 3 (July 2006), 1160–1168.

[TD00] THOMAS G., DONIKIAN S.: Modeling virtual cities dedicated to behavioural animation. In *Eurographics'00* (Interlaken, Switzerland, 2000), Gross M., Hopgood F. (Eds.), vol. 19, pp. C71–C79.

[The04] The Lord of the Rings, The Battle for Middle Earth, 2004. Game homepage, http://www.eagames.com/pccd/lotr_bfme.

[TLC02a] TECCHIA F., LOSCOS C., CHRYSANTHOU Y.: Image-based crowd rendering. *IEEE Computer Graphics and Applications 22*, 2 (March–April 2002), 36–43.

[TLC02b] TECCHIA F., LOSCOS C., CHRYSANTHOU Y.: Visualizing crowds in real-time. *Computer Graphics Forum 21*, 4 (December 2002), 753–765.

[TM95a] THOMPSON P., MARCHANT E.: A computer-model for the evacuation of large building population. *Fire Safety Journal 24*, 2 (1995), 131–148.

[TM95b] THOMPSON P., MARCHANT E.: Testing and application of the computer model 'simulex'. *Fire Safety Journal 24*, 2 (1995), 149–166.

[TSM99] TUCKER C., SCHWEINGRUBER D., MCPHAIL C.: Simulating arcs and rings in temporary gatherings. *International Journal of Human–Computer Systems 50* (1999), 581–588.

[TT94] TU X., TERZOPOULOS D.: Artificial fishes: Physics, locomotion, perception, behavior. In *Computer Graphics (ACM SIGGRAPH'94 Conference Proceedings)* (Orlando, USA, July 1994), vol. 28, ACM, New York, pp. 43–50.

[TWP03] TANG W., WAN T. R., PATEL S.: Real-time crowd movement on large scale terrains. In *Proc. Theory and Practice of Computer Graphics* (2003), IEEE Computer Society, Los Alamitos.

[UdHCT04] ULICNY B., DE HERAS CIECHOMSKI P., THALMANN D.: Crowdbrush: Interactive authoring of real-time crowd scenes. In *Proc. ACM SIGGRAPH/Eurographics Symposium on Computer Animation (SCA'04)* (2004), pp. 243–252.

[UT01] ULICNY B., THALMANN D.: Crowd simulation for interactive virtual environments and VR training systems. In *Proceedings of the Eurographic Workshop on Computer Animation and Simulation* (New York, NY, USA, 2001), Springer, New York, pp. 163–170.

[UT02] ULICNY B., THALMANN D.: Towards interactive real-time crowd behavior simulation. *Computer Graphics Forum 21*, 4 (Dec. 2002), 767–775.

[vdBPS*08] VAN DEN BERG J., PATIL S., SEWALL J., MANOCHA D., LIN M.: Interactive navigation of multiple agents in crowded environments. In *Proceedings of the 2008 Symposium on Interactive 3D Graphics and Games, I3D'08* (New York, NY, USA, 2008), ACM, New York, pp. 139–147.

[VSH*00] VAUGHAN R. T., SUMPTER N., HENDERSON J., FROST A., CAMERON S.: Experiments in automatic flock control. *Robotics and Autonomous Systems 31* (2000), 109–177.

[VSMA98] VARNER D., SCOTT D., MICHELETTI J., AICELLA G.: UMSC small unit leader non-lethal trainer. In *Proc. ITEC'98* (1998).

[WH03] WERNER T., HELBING D.: The social force pedestrian model applied to real life scenarios. In *Proc. Pedestrian and Evacuation Dynamics'03* (2003), Galea E. (Ed.).

[Wil95] WILLIAMS J.: *A Simulation Environment to Support Training for Large Scale Command and Control Tasks*. PhD thesis, University of Leeds, 1995.

[Woo99] WOODCOCK S.: Game AI: The state of the industry. *Game Developer Magazine* (August 1999).

[WS02] WAND M., STRASSER W.: Multi-resolution rendering of complex animated scenes. *Computer Graphics Forum 21*, 3 (2002), 483–491. (Proc. Eurographics'02.)

[YMdHC*05] YERSIN B., MAÏM J., DE HERAS CIECHOMSKI P., SCHERTENLEIB S., THALMANN D.: Steering a virtual crowd based on a semantically augmented navigation graph. In *First International Workshop on Crowd Simulation (VCROWDS'05)* (2005).

第3章

人群建模

3.1 引言

虚拟人模型在虚拟现实、仿真和游戏等计算机图形学应用中日益广泛。通常，由于人体的复杂性，逼真的外形需经过漫长且烦琐的制作过程。此外，如果一个应用需要展现大规模人群，则需要在虚拟环境中生成多种形式的动画使之具有真实感。为了达成上述效果，设计人员需要手动创建这样的环境，如此一来增加了任务的复杂性和完成所需的时间。

本章不是用来指导设计师如何建模，而是介绍如何在场景中创建大量效果逼真的虚拟人。这些工作的主要目的是同时创建大量的虚拟人，它们的人体几何模型彼此不同。

本章介绍了部分与虚拟人群建模相关的主要工作。Magnenat-Thalmann 等人将虚拟人建模的方法分成三大类：创建、重建和插值［MTSC03］。第一类，设计师基于解剖学创建几何模型。第二类通过从 3D 扫描设备、图片甚至是视频序列捕获现有形状来构建 3D 虚拟人几何模型。插值建模使用具有插值方法的示例模型集来重建新的几何模型。

下面来回顾一下虚拟人建模技术。首先我们试图找到一种手动创建虚拟人的方法。3.3 节介绍了真实人物外形捕捉技术。3.4 节概述了多种人物外形建模的方法。3.5 节专门介绍一种用于虚拟现实、游戏和实时仿真中简单快速生成大量次要角色模型的方法。人群多样性的构建过程使用了"体型分类"方法，可以生成外观逼真的角色。3.6 节阐述了基于单一且自然图像生成虚拟人物的方法。最后，3.7 节展示了如何创建材质、纹理和配饰，从而获得更好的视觉多样性效果。

■ 3.2　创建方法

最传统的手动角色建模技术是细分建模和面片建模。细分建模是创建平滑模型的过程同时保持总多边形数较低。由于减少了不必要的顶点数，所以造型过程比较清晰。物体是由一个基本体（如立方体）经过多次细分和变形形成的。可以通过创建点、多边形、样条或 Nurbs（非均匀有理 B 样条），以及将其转换为多边形物体来实现面片建模。

在这种情况下，曲面模型是一个多边形网格或者一组曲面片，其形变仅由基本层次结构或者骨骼的运动来驱动。该技术将每个顶点分配给一个或者多个骨骼关节，随后通过关节角函数来实现形变。

其他工作旨在模拟人类或者动物的真实结构。多层模型（或肌肉骨骼模型）包含骨骼层、填充身体的中间层（肌肉、脂肪、骨头等）和皮肤层。

Wilhelms 和 Gelder 开发了一种用于设计动物模型并为其制作动画的交互式工具［WG97］，用椭圆体和三角形网格表示骨骼和肌肉。每个肌肉是由一个广义柱面构成，其中广义柱面是由包含一定数量顶点的横截面构成。模型形变时肌肉表现出相对的不可压缩性。veralization 最初用于蒙皮网格提取。它包括一个过滤阶段，目的是模糊近似肌肉，衰减了距下表皮一定距离的组件的移动。之后，蒙皮网格变成了弹性网格。边缘弹性的刚度与相邻三角形的区域相关，而蒙皮顶点被弹性地固定到皮下组件上。动画的每一帧执行松弛命令。根据作者的说法，即使动作幅度很大，迭代次数也可能很低。

Scheeper 等人指出了皮下组件（肌肉、肌腱等）在人体肌肉组织解剖建模上的作用［SPCM97］：对于三种不同类型的肌肉使用三个体积盒存放几何基元；椭圆用来渲染梭形肌；多块腹肌由沿着两条样条曲线定位的一组椭圆体表示；筒形面包片提供了一个通用的肌肉模型。等轴收缩通过引入比例因子和张力参数来处理。皮肤是通过将面包片装配到由几何基元创建的隐含表面上获得的。肩膀和上臂的肌肉就是一个很好的例子。

3.3 人体外形捕捉

在 3D 领域的工作中，对于设计师来说构建模型的更简单自然的方式是雕刻角色黏土模型。一些工作通过 3D 扫描、照片或者真实人物的视频进行几何模型重建。这种方法在创造外观逼真的虚拟人几何模型中非常有效，但最终模型的修改比较棘手。

自 3D 扫描仪出现以来，人们对该技术在人物模型重建方面的应用一直很感兴趣。3D 扫描仪是一种分析现实世界物体来收集形状、颜色数据的设备。收集到的数据可用于构建应用广泛的数字三维模型。这些设备被业界用于制作电影和视频游戏中的虚拟人。

近年来，研究目标是研发一种技术，该技术将扫描到的数据转化为完整的、便于添加动画的模型。除了解决如孔洞填补和降噪等典型的问题之外，为了使虚拟人运动应适当考虑内部骨骼层次结构。因此，将语义结构赋予扫描数据（扫描数据的表达）的几种方法也正在开发过程中。Dekker 使用一系列重要的分解假设来优化、筛选和分割来自 Hamamelis 的全身扫描数据，以生成人体的四边形网格，并为服装行业开发应用 [Dek00]。

最近，人体建模技术已经发展成为一个受欢迎的领域。为了还原角色的运动和形状，大多数现有方法使用基于模型的方法来简化。Kakadiaris 和 Metaxas 使用三视图来匹配可变形模型，从而拟合受试者不同的身体尺寸 [KM95]。受试者移动时，模型可以被分割成不同的身体部位。Plänkers 等人还利用立体摄像机对身体进行采集 [PFD99]。人的动作，如步行或举起手臂都被记录到几个视频序列中，程序自动提取范围信息并跟踪身体轮廓。有两个待解决的问题：①准确地从图像中提取轮廓信息；②用参照模型拟合提取信息。数据用于实例化模型，根据对人体的认知及可能的运动范围来增补模型，这一模型反过来用于约束特征提取。但他们更侧重于运动跟踪，并将受试者模型的提取视为跟踪过程的初始部分。

最近提出了更复杂的模型，其目的仅是构建一个逼真的人物模型。Hilton 等人研发了一种技术，从多个二维视图（前、侧、后）提取身体轮廓，随后使用三维模板形变来拟合身体轮廓 [HBG*99]。然后将三维视图作为纹理映射到形变后的模型上，以增强现实感。类似地，Lee 等人提出了一种基于特征的方法，用从三个正交图像中提取的轮廓信息来变换通用模型，以产生个性化动画模型 [LGMT00]。

基于对现有通用模型添加细节或特征，这些方法主要关注运用高质量纹理来实现个性化形状和视觉真实感。虽然这些方法在模型复制方面是有效并且看起来是真实的，但是用户很难操控，即用户很难根据自己的意愿将网格修改为不同形状。这些方法的缺点在于必须使用特定的技术来处理特殊情况。

■ 3.4　插值技术

在文献中，关于编辑现有模型以及混合两个以上模型来生成新模型，已经阐述了大量案例。

Azuola 等人展示了正确生成人体比例模型并为之赋予动画的 JACK 平台 [ABH*94]。人因工程学以 JACK 平台为设计工具，为实现用户实用性而测试产品。例如，在飞机驾驶舱设计中，可能会关注飞行员的可见性和访问控制。这个系统根据统计得出的人口数据来创建标准化的人物模型，或者直接用给定人的尺寸来创建虚拟人模型。在前一种情况下，基于给定的人口数据自动生成虚拟人每个身体部位的尺寸数据，并将该数据作为输入。初始虚拟人是由 31 个部分组成，其中 24 个具有几何表示。对于有几何表示的每个部分或者身体结构，考虑三个量，即长度、宽度、深度（或者厚度）。表格人体测量缩放系统（SASS）使用户能够在 JACK 平台手动创建正确的人体比例模型。SASS 是一个类似电子表格的系统，它允许用户访问所需的全部人体测量变量，从而改变虚拟人的尺寸。

Lewis 描述了用 Maya 脚本语言实现的一个 Maya 插件系统，其目标是使用遗传算法生成虚拟人几何模型［Lew00，LP00］。他的论文展示了一些可供用户选择的人物样例，用户的选择用于定义适应度函数，该函数用于生成新的人体模型。为了产生多样化的体型，随机改变了一些基本模型的基因型。这项工作中使用的所有几何模型都具有相同的层次结构。因此，基因型由每个身体部分的尺寸编码而成的字符串构成。

Modesto 等人介绍了梦工厂 PDI 工作室如何在《怪物史莱克》群体场景中制作许多不同的次要角色［MGR01］。他们创建一些通用角色（六种类型的卫兵和五种类型的其他角色），并可以通过等比例缩放产生新的人物。角色创建后，由于系统有可能产生不美观的模型，设计师需要选择在视觉上让人接受的角色。为了增加角色的种类，设计师为每个原始模型分配不同的头、帽子和发型。

最近提出了一种新的插值方法，该方法从范围扫描数据入手，利用数据插值在人脸和身体模型中产生可控的多样性外观。可以说，在建模及评估数据和形状的相关性的过程中，捕捉到的真实人物几何模型提供了最佳可用资源。

Seo 和 Magnenat - Thalmann 提出了一种自动建模方法，该方法针对的是大量人体测量参数控制尺寸的真实人物模型［SMT03］。他们直接使用范围扫描仪捕获的真实人物的尺寸和形状来确定与给定数据相关的形状，而不是根据人体测量数据统计分析所得结果。将人体几何模型表示为一个大小固定的向量（即拓扑关系已知），该向量通过将样例模型变换到扫描模型所得。使用主要成分分析法（PCA），简化了向量表示法。通过变换样例模型得到一个新的体型，该变换有两种——刚性变换和弹性变换。刚性变换由相应的关节参数表示，这将决定体型的线性近似。弹性变换本质上是顶点位移，当顶点位移添加到刚性变换上时，顶点位移就会描绘出身体细节。使用从扫描仪得到的数据集，插值器会自动规划两种变换。在运行时给定一个随机测量集，插值器会评估应用于样例模型的关节参数以及位移。既然人物个体可以通过提供大量的参数来简单地建模，人群建模问题就被简化成自动产生参数集的问题。最终模型具有视觉真实性，同时应用性能和鲁棒性也得以保证。

Allen 等人提出了一种将人体扫描模型拟合为高分辨率模板网格的方法
［ACP03］。通过解决一个由 PCA 形成的身体特征映射（如身高体重）的变换，
一旦为所有样例模型建立了对应关系就可以确定映射函数。这个函数可以通过修
改身高、体重来创建新的不同个体。

下一节中介绍的模型是类似于 Azuola 框架模板的变体。然而，这里列出的
技术使用了在特定模板中定义的几何模型骨架，因此 Azuola 的方法中对于几何
模型的身体部位数量和层次结构都没有任何限制。此外，由于实现所需多样性
时使用了生物体型分类模型，所以能够创建出大量外观逼真、尺寸合适的
体型。

3.5　人群生成模型

随着 3D 虚拟人应用的增多，有关几何模型自动生成的研究也越来越多。
但是，很少有工作能考虑到美观性（视觉质量），及在生成虚拟人的过程中动
画所需的几何模型与骨架之间的关联。我们提出了一个虚拟人外观建模方法，
该方法基于传统的真实人物外形分类方法，以便使用统一的方式来产生最大数
量的具有真实感的虚拟人。在呈现的所有真实人体类型分类的方法中，按体型
分类模型是其中最为可靠的。这个概念在医疗和体育教育方面都有直接的应
用，并且帮助我们理解人类在成长、运动、行为、营养等方面的发展。该方法
由 Sheldon 提出 ［She40］，后来 Heath 和 Carter 对其进一步修改 ［HC90］。
Sheldon 认为三个基本要素放在一起便可以定义所有的体型，他提出基本的要
素（内胚层体型、中胚层体型和外胚层体型）与三个胚层有关（内胚层、中
胚层和外胚层）。

Sheldon 的观点是，内胚层会发育为腹部和所有的消化系统，中胚层会发
育为肌肉，外胚层会发育为大脑和神经系统。根据 Sheldon 的理论，每个人的
体型都与这三个要素有关，没有人仅仅是内胚层体型、中胚层体型和外胚层体
型。事实上，每个人都带有不同数量上述的要素。按体型分类就是按三段式比
例呈现这三个要素，通常顺序是内胚层体型、中胚层体型和外胚层体型。内胚

层体型对应的是肥胖型，中胚层体型对应的是健壮型，外胚层体型对应的是瘦弱型。

　　推测各种人体外形最简单的方法是检查他们的四肢。根据 Sheldon 的方法，7－1－1体型由大量的内胚层、少量的中胚层和外胚层组成。这种体型与其他体型区别在于腹部肥胖、皮肤松弛、身体轮廓平滑、骨骼不突出、头部圆润。极端中胚层体型，即1－7－1，其特征是肌肉发达、骨骼宽、胸腹区域健壮、颈侧肌肉发达、臀腿部和胳膊发育很好。极端外胚层体型，也就是1－1－7，表现为肌肉不发达，与其他两种体型相反，这种体型显得更加瘦弱。为了确定所有可能的体型，Sheldon 定义了一个图表。图 3.1 展示了极端体型。

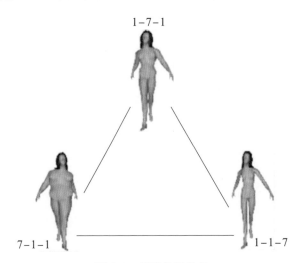

图 3.1　极端体型分类

　　事实上，体型分类模型最初用于真实人体体型分类。我们提出一种使用体型分类模型来生成虚拟人体的计算模型。然而，需要认识到体型分类是对个体的一般描述，而非定义每个身体部分的详细尺寸。因此，使用一些不同体型实例，即可产生视觉上的多样性。

　　在我们提出的方法中，虚拟人几何建模基于两个输入数据：

　　（1）输入的角色模板；

　　（2）要创建人群的预期特征。

　　该模型中的模板由几何模型和一组信息构成，例如性别、最小和最大年龄、为几何模型骨架定义身体各部分的尺寸、极端体型样例的尺寸（内胚层体型、中胚层体型、外胚层体型）、动画文件及一组材质（以提供更好的视觉变化）。这些信息将在本节和下一节中详细说明。一旦获得输入数据，便开始生成角色的几何模型。简言之，虚拟人生成的步骤是：

（1）初始数据的定义：用户确定人群数据的分布情况。

（2）模板的选取：根据性别和年龄等人群特征选择最合适的模板。

（3）新体型分类的定义：为每个新创建的分类定义一个体型分类值。

（4）样本体型影响值的计算：一旦为每个创建的角色定义体型分类值，就可以计算初始模板中包含的每个极端体型的比例。因此，新角色的产生是三种极端体型共同作用的结果。

（5）网格变量的计算：步骤（4）的计算结果用于定义要生成的新角色的体型。然后将这些变量应用到人体几何模型的每个部分中，经过变换达到预期体型。

（6）身体部位的形变：修改几何模型的顶点以生成应用于新角色的新形状。

初始数据的定义可以用于个体或者群体上。3.5.7 节展示该模型的生成结果。上述步骤会在下一节中详述。

3.5.1　初始数据的定义

根据两方面的信息创建虚拟人的几何模型：模板和人群物理特征。人群的物理特征包括：虚拟人的名字和数量、男女比例、年龄、加权平均后的身高和体重。根据给定的统计数据分布来创建虚拟人群。首先，男女模型数量是根据已知的数量和比例创建的。其次，每个虚拟人的年龄、身高和体重都是根据已知分布情况创建的。单个虚拟人的创建过程也包括定义精确的性别、年龄、身高和体重值。通过用户接口将这些数值分别赋予每个待创建的虚拟人。这些信息用于创建新的虚拟人几何模型，正如以下一节所述的。

3.5.2　模板的选取

根据 3.5.1 节中定义的数据为每个新角色选取人物模板。模板选择搜索最适合人群需求的模板，同时考虑模板的性别和年龄。虚拟人的性别信息必须与模板的性别相一致，年龄范围必须在给定模板的最小值到最大值之间。模板的使用数量不受限制，并且可以根据仿真需求来定制。我们只使用了两个模板：一个成年男性（年龄在 15~80 岁）和一个成年女性（年龄在 15~80 岁）。

3.5.3 新体型分类的定义

获得人的体型分类比例有三种方式：①人体测量 + 图表法，该方法将人体测量的数据和体型分类比例呈现在一个图表中；②图表法，其中体型分类比例是通过一个标准图表获得的；③人体测量法，其中体型标准是以人体测量学为基础建立的。

由于大多数人都无法通过图表法获得体型分类比例标准，所以人体测量法是最常用的方法。当然，人体测量法需要的资源更少，比如摄影器材和计算。正如之前提到的，体型类型由三个要素组成。在人体测量系统中，内胚层因数是通过皮肤褶皱估算出来的，中胚层因数是通过身体尺寸估算出来的，外胚层因数是通过 HWR 计算出来的。HWR 等于人体高度除以重量的立方根：

$$ \text{HWR} = \frac{\text{高度}}{\sqrt[3]{\text{重量}}} \tag{3.1} $$

当系统生成新角色的体型时，会根据角色的身高和体重值计算外胚层因子。随后，根据用户的定义指定中胚层和内胚层的因子值。如果需要实现人群模型中的个体多样性，系统可以随机选择中胚层和内胚层。另外，如果用户为这些因子提供一系列的数值，系统将会生成与指定数据相对应的人物。最终，系统将会测定新的体型是否合格。如果新的体型不合格，系统将会为中胚层和内胚层定义新的数值。三个分量之间的相关性见方程（3.2），其中 k 是用来验证已生成体型的常数：

$$ \text{外胚层体型} + \text{中胚层体型} + \text{内胚层体型} = k \tag{3.2} $$

通过对文献 [HC90，NO96] 中虚拟人的测量结果，可知三种体型的和 k 值的范围是 [9，13]。在 3.5.7 节中结论部分，我们使用了指定范围内的 k 值；如果有需求，k 值也可以改变。也可以创建单个的虚拟人，这个需求将通过输入特定的体型数值来实现。在这项工作使用的原型中，外形要素会通过身高和体重值自动计算。用户通过接口指定中胚层和内胚层的数值。

3.5.4　样本体型影响值的计算

为了确定一个新角色的尺寸，该模型应该包含每个极端体型的案例（内胚层体型、中胚层体型、外胚层体型）。这个初始模板包含极端体型的样本尺寸表，该表是定义在几何模型骨架上每个身体部分的数据。用极端体型尺寸的函数计算每个样本尺寸（极端体型分类）的影响值，新的体型与角色及选择的模板尺寸有关。

现实生活中，人们以不同的方式增重或增肌。他们彼此不同，因为人的体型各不相同，例如有的人全身一起增重而有的主要是腹部增重，还有的人增重的部位主要集中在盆骨、臀部和大腿上。例如，从事不同项目的运动员，根据自身情况，以特定的方式增加或减少肌肉。为了实现更多样化的身体形态，可以为每种极端体型提供不止一个尺寸表。例如，可以创建一个表来量化一个腹部大的体型，另一个表可以用来量化大腿和臀部很大的体型。在这种情况下，每个极端体型（内胚层体型、中胚层体型、外胚层体型）可以选择同一个尺寸表，定义为 $S1$，$S2$，$S3$，而 $S1\mathrm{endo}$，$S1\mathrm{meso}$，$S1\mathrm{ecto}$ 是 $S1$ 的三个分量（$S2$，$S3$ 同理）。如果每个体型有多于一个的尺寸表可用，并且用户需要大量不同的外形，那么体型表可以从现有的表中随机选择。

为了计算每个样本体型（$WS1$、$WS2$ 和 $WS3$）的影响值（权重 W），三个样本体型（$S1$，$S2$，和 $S3$）组成的矩阵和权重的乘积与新的生物体型（NS）的值相同，如式（3.3）和式（3.4）所示。

$$
\begin{bmatrix} S1_{\mathrm{endo}} & S2_{\mathrm{endo}} & S3_{\mathrm{endo}} \\ S1_{\mathrm{meso}} & S2_{\mathrm{meso}} & S3_{\mathrm{meso}} \\ S1_{\mathrm{ecto}} & S2_{\mathrm{ecto}} & S3_{\mathrm{ecto}} \end{bmatrix} \cdot \begin{bmatrix} W_{S1} \\ W_{S2} \\ W_{S3} \end{bmatrix} = \begin{bmatrix} NS_{\mathrm{endo}} \\ NS_{\mathrm{meso}} \\ NS_{\mathrm{ecto}} \end{bmatrix} \tag{3.3}
$$

$$
\begin{cases} NS_{\mathrm{endo}} = S1_{\mathrm{endo}} \cdot W_{S1} + S2_{\mathrm{endo}} \cdot W_{S2} + S3_{\mathrm{endo}} \cdot W_{S3} \\ NS_{\mathrm{meso}} = S1_{\mathrm{meso}} \cdot W_{S1} + S2_{\mathrm{meso}} \cdot W_{S2} + S3_{\mathrm{meso}} \cdot W_{S3} \\ NS_{\mathrm{ecto}} = S1_{\mathrm{ecto}} \cdot W_{S1} + S2_{\mathrm{ecto}} \cdot W_{S2} + S3_{\mathrm{ecto}} \cdot W_{S3} \end{cases} \tag{3.4}
$$

方程（3.4）计算出通过具有三个变量的简单线性方程组求解的每个极端体

型的权重。每个相应体型的权重被用于身体部分的变化，见 3.5.5 节。

3.5.5　网格变化的计算

使用类似于 Azuola 的方法完成了几何模型的形变；在该方法中除了身体部位数量不确定之外，生成的身体都遵循模板中几何模型的骨架规范。在这项工作中，模板的几何模型或骨架要么与拓扑结构无关，要么与顶点数量无关。设计者可以根据自身喜好自由地塑造几何模型。

模板中包含的身体尺寸表是用来从各个维度（高度、宽度和深度）定义新角色每个身体部位的尺寸。身体尺寸和与三种极端体型相关的权重进行线性组合即可确定角色的体型。首先，每个身体部位 p 的新尺寸（ND）可以通过一个包含样本体型（$S1$、$S2$ 和 $S3$）中部分大小（PS）及其相关权重（在 3.5.4 节中计算）的函数计算出来。每个身体部位的方向 i（高度、宽度和深度）上的新尺寸是经计算后的权重［式（3.4）］与同一身体部位每个样本体型尺寸的乘积之和，如下式所示：

$$ND_{pi} = W_{S1pi} \cdot PS_{S1pi} + W_{S2pi} \cdot PS_{S2pi} + W_{S3pi} \cdot PS_{S3pi} \qquad (3.5)$$

当创建新角色时，因所选择样本体型的组合不同，人物模板的身体形状也有所不同。因此，如果每个极端体型有更多的尺寸表，就可以通过使用相同的体型比例创建不同的身体形状，从而生成更加多样化的群体。在定义每个部分的新维度（$NDpi$）后，就可以计算应用于模板中几何模型的变量（Variation），这个变量也就是每个身体部位每个维度 i 的生长因子。该模板包含了用于修改其外形的基本几何模型的尺寸表。通过新计算的尺寸除以基本几何模型尺寸（BD）可以确定身体的每个部分（p）的变量。此外，还添加了［-0.1，0.1］之间随机数（rand），以增加生成几何模型的多样性。该随机数的主要目的是防止使用相同的体型比例和相同的样本尺寸表创建相同的模型。下面的方程是针对每个维度 i，并计算每个身体部位的变量 p：

$$变量_{pi} = \frac{ND_{pi}}{BD_{pi}} + 随机数 \qquad (3.6)$$

在完成应用于身体每个部分（变量 pi）中模板的几何模型中每个部位的计算

后，变形几何模型网格的顶点来创建新角色，如下一节所述。

3.5.6　身体部位的形变

首先，为了达到期望的高度，基本几何模型需要进行整体缩放。几何模型整体缩放因此不产生变形。如果几何模型仅缩放高度（拉伸），某些身体部分会变形（例如头部会拉伸，从而改变面部结构）。为了确定新几何模型的缩放，模板高度（TH）和角色高度（CH）之间的高度比（HR）计算如下：$HR = CH/TH$。因此，新几何模型的网格顶点乘以 HR，就得到所需的高度。

身体部位均匀变形之后，每个部分都以不同比例的缩放达到需求形状。为了计算几何模型的每个顶点 v 的新位置，使用先前计算的方向 i（变量 pi）上身体部位 p 的变化乘以身体各部分 p 的骨骼顶点 v 的权重（Influence）：

$$v = v \cdot \sum_p \text{Variation}_{pi} \cdot \text{Influence}[p_v] \tag{3.7}$$

身体部分每个顶点的权重（p_v）表明当骨骼移动时定点数据如何变化。因此，除了不同身体部分的不同变化和非均匀缩放之外，新角色的几何模型身体部分之间将具有连续性。权重值是由设计师从建模软件（3D Studio，Maya 等）中导出的几何模型中获得，并应用于该模型中。

通过变化模板模型的顶点创建新角色。骨骼动画导致顶点变化，其造成的影响是相同的。骨骼绑定（骨架和几何网格之间的关联）是设计师对虚拟人物进行动画制作最复杂困难的任务之一，在我们的模型中无须为新角色执行该过程，也无须修改骨骼。因此，为模板中定义的几何模型创建的动画可以直接应用于新角色的几何模型中。此外，模板模型可以包含一组材质或纹理，以提供更加丰富的视觉多样性。随机选择模板，使用其中包含的纹理对创建的每个角色进行定义。对于所选模板中相同的骨架，基于输入数据，该模型能够同时生成各种不同的角色。该模型对拓扑结构、顶点数或层次结构没有限制。因为尺寸表是根据模板的骨架生成的，该模型能够使用任何层次结构或骨架控制几何模型。在 3.5.7 节将展示一些不同层次结构和不同数量的多边形的模型。

使用此方法获得结果的预期效果取决于其应用于哪个方面。例如，当设计师制作电影的主角时，他们对特定模型的细节和特性感兴趣，便不会使用模板作为基础。然而，该模型的目标是生成的角色能够直接应用于虚拟现实应用、游戏、实时仿真，甚至电影次要角色。

3.5.7 结果与讨论

本节将对原型系统的结果进行检验。首先关注以下问题：创建的人物角色外形看起来真实吗？本章的第一部分探讨了创建的角色是否符合审美需求。然后，提出一个用于创建各种各样人物角色的模型，该模型由基于真实人类体型的模板和人体测量数据组成。在本节中，将通过使用两个能够表明人体外观真实性的指标来回答以上问题。从两个角度进行评估：①考虑微观信息，即检查一个依据输入数据建立的特定人物角色外观与现实生活相比是否相似；②宏观分析，即同时产生的一个群体是否实现体型的多样化。以下小节对此进行详述。

1. 微观分析

本小节描述了特定人物角色的生成细节，展示一些创建时已知参数的几何模型。从而，可以验证新的几何模型的生成是否遵循输入数据，以及人物角色的形状是否与这些数据相一致。此外，为将真实人物与生成的虚拟人进行对比，将展示真实人物图像。微观分析的判定条件是将相同的身高、体重和体型的真实人物图像与生成的几何模型图像进行视觉对比。真实人物的体型和生成的几何模型不应有明显差异。

接下来的工作是将提出模型所创建男女角色的图像与真实人物图像相比较，真实人物图像引自《体型—发展和应用》（*Somatotyping—Development and Application*）[HC90]。输入单个角色的创建工具中的身高、体重和体型信息与真实图片信息相同，图 3.2 展示了上述信息。对于男性模型，只使用了一个极端体型样本尺寸表。图 3.2 展示仅使用三个尺寸表创建身体的示例。图 3.2（a）展示一个强壮男性的体型和与其对应的几何模型（b）图像，即生成模型数据与真实人物图片的身高、体重、体型相同。如果一个人的内胚层和中胚层比例降低，其体型如同普通人，如图 3.2（c）所示。

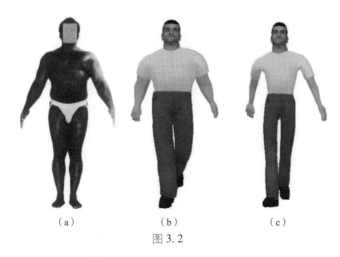

图 3.2

（a）强壮男性$\left(身高：171.5 \text{ cm}；体重：100.5 \text{ kg}；体型：4-8-\dfrac{1}{2}\right)$；

（b）生成人物角色$\left(身高：171.5 \text{cm}；体重：100.5 \text{kg}；体型：4-8-\dfrac{1}{2}\right)$；

（c）平均体型虚拟人几何模型（身高：171.5 cm；体重：63.8 kg；体型：4-4-3）

　　由于不同的代谢和激素特征，人们可以通过不同的方式增加或减轻体重。在这项工作中，可以通过给一个样本体型模板设置多个尺寸表来表示不同的体型。为了说明这一部分，在女性模板中已经使用极端内胚层体型的两个尺寸表：第一个尺寸表用于生成胯部、臀部和大腿脂肪较多的体型；另一个尺寸表定义整个均匀加重的女性身体形态。其他体型也可用尺寸表表示，此处展示取自最小参数集的结果。图 3.3（a）所示为女性的典型体型，其胯部、臀部和大腿有肥胖趋势。图 3.3（b）所示为通过使用代表该体型的尺寸表（针对极限内胚层体型）生成的几何模型。如果她体重增加，她的体型如图 3.3（c）所示。图 3.3（d）所示为瘦弱女性。图 3.3（e）所示为使用相同身高、体重和体型数据创建的几何模型。图 3.3（f）所示的几何模型是通过使用与图 3.3（c）所示相同的体型数据生成的，但使用了均匀增重的尺寸表。

　　图 3.4 所示为使用低分辨率角色（270 个多边形）模型的结果示例。第一幅图为初始模型，其他模型分别为内胚层体型、中胚层体型和外胚层体型。这些模型并非为此项工作创建，为了展示其通用性，可用于包含不同数量的多边形角色。

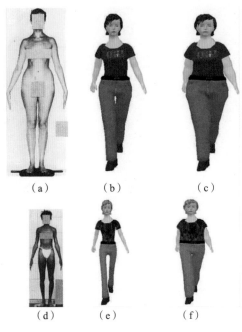

图 3. 3

（a） 平均女性$\left(\text{身高：} 168.2 \text{ cm；体重：} 56.5 \text{ kg；体型：} 4\frac{1}{2} - 2\frac{1}{2} - 3\frac{1}{2}\right)$；

（b） 生成人物角色$\left(\text{身高：} 168.2 \text{ cm；体重：} 56.5 \text{ kg；体型：} 4\frac{1}{2} - 2\frac{1}{2} - 3\frac{1}{2}\right)$；

（c） 肥胖女性几何模型$\left(\text{身高：} 168.2 \text{ cm；体重：} 79.0 \text{ kg；体型：} 8\frac{1}{2} - 2 - \frac{1}{2}\right)$；

（d），（e） 瘦弱女性和生成人物角色$\left(\text{身高：} 176.1 \text{ cm；体重：} 55.4 \text{ kg；体型：} 1\frac{1}{2} - 3\frac{1}{2} - 5\frac{1}{2}\right)$；

（f） 肥胖女性集合模型$\left(\text{身高：} 176.1 \text{ cm；体重：} 70.0 \text{ kg；体型：} 8\frac{1}{2} - 2 - \frac{1}{2}\right)$

图 3. 4   低分辨率人物角色模型的结果示例

许多虚拟场景、游戏和电影都使用非人类角色群体。在这种情况下，为了避免逐个塑造这些角色，创建了具有相似外观的几何模型。有时，使用相同的几何模型，只需进行一些更改即可得到大量虚拟角色。尽管这项工作的目的是实现人群多样性，但该模型也能够创建非人类角色。

为了验证这个模型的通用性和鲁棒性，并且扩展其应用，已经创造了非人类角色群体。图 3.5 展示了使用相同几何模型创建的角色。左侧第一个图像是初始模型，余下分别呈现了内胚层体型、中胚层体型和外胚层体型，以及一个小角色。

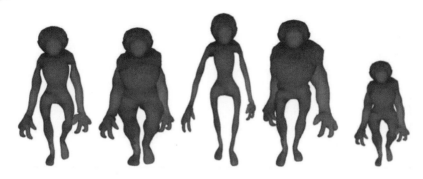

图 3.5　非人类角色

虽然体型分类是一个人体形态分类的方法，但使用这种模型，创建非人类角色也是可行的。

2. 宏观分析

本小节旨在从宏观角度对大规模人群进行直观评估。由于图 3.6 所示的结果从审美角度来看并不"奇怪"，所以其效果能够令人接受。因此，该图展示了利用视觉一致性自动创建多样化人群的目的是否实现的验证结果。图 3.6 所示为使用四个模板生成的几何模型。

表 3.1 显示了使用 3 GHz 奔腾 4 处理器、1 GB RAM 的计算机，在有、无磁盘读写两种情况下，创建不同数量角色的执行时间。使用了具有 8 672 个顶点的成年男性模板进行时间测量。此外，这个角色占用了 341 KB 的内存。

图 3.6　使用四个模板生成的人群

表 3.1　虚拟人生成时间

人物角色数量	顶点总数	I/O 时长/s	I/O 以外时长/s
1 000	8 672 000	26	12
5 000	43 360 000	128	61
10 000	86 720 000	256	176
50 000	433 600 000	1 274	596

3.6　采用计算机视觉的人群生成

虚拟人（VH）的重建对于游戏和仿真行业来说是重要的。由于游戏行业已在全球拥有大量玩家，这推动了游戏开发商创造新的游戏体验。目前已经有几个 EA 公司开发的游戏（http://www.ea.com/games），允许玩家使用她/他自己形象的虚拟化身。然而，为了生成这样的虚拟人，设计师通常花费大量时间对角色进行建模。

虚拟人重建的应用包括协同虚拟环境（CVE）和虚拟现实（VR）。在某些情况下，提供了用于人物定制的接口。设想用一种半自动的方法取代该接口，这样用户只需选择一幅照片来自定义虚拟化身，而无须手动完成。也可以采用此方法来减轻在游戏和实时应用中生成若干不同角色的工作。然而，基于单一且自然图像的虚拟人重建面临一些挑战。首先，由于杂乱的背景、不同的光照环境和多种人物姿态，图像中的 2D 人体分割仍然是一个热点研究问题。其次，应已知图片中的 3D 人物姿态，以便构建同自然图像一致的虚拟人。最后，可以在生成的虚拟人中添加纹理和动画。

本节介绍了使用图像处理信息（人体分割）、3D 姿势和轮廓数据（从包含人体部位宽度值的图像中提取）来重建动态虚拟人的模型。该技术生成的带有关节的 3D 模型，可用于进一步添加动画。

3.6.1　基于图片的人群生成模型

本书提出了一种半自动管线，以生成基于单一且自然图像的虚拟人。自然图像是指通常情况下拍摄的人的图片，其中可能包含要重建的人的各种姿势，或图片中包含多个人及多种背景。我们的方法是半自动的，因为用户只需几次点击来定位人体结构的关节。除了在图形接口中生成虚拟人时的性别选择，剩余的过程是自动的。

管线由四个主要过程组成，如图 3.7 所示。这些过程一起生成构建虚拟人所需的全部信息，即：3D 姿态的 XML 文件，通过计算轮廓得到的身体部位的大小值的文件，包含初始和分割后的文件，以及二进制图像文件。

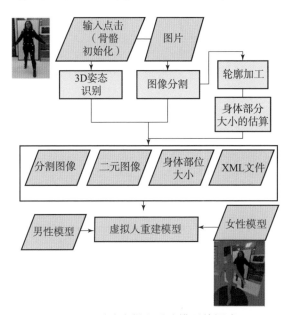

图 3.7　对该虚拟人重建模型的概述

虚拟人重建是生成虚拟人的步骤。首先，用户选择模板（女性或男性）。然后，通过图像中的 3D 姿态确定虚拟人的姿态，使其与原始图像保持一致。此步骤之后是重建过程。最后，分割图像的片段用于生成虚拟人纹理，片段是基于用户点击的身体部位自动提取的。如果由设计师处理最后一个阶段可以呈现更好的效果。需要指出的是，纹理处理不包括在该模型的主要范围内。接下来的部分描述该模型的主要细节。

1. 骨骼初始化

因为人具有多样的外观并且能够做出各种不同的姿态，因此检测图像中的人是一项具有挑战性的任务［DT05］。正如 Hornung 等人叙述的那样，交互式 2D 人体姿态采集比自动程序具有一定优势，因为手动干预通常只需几分钟即可完成，并且自动的人姿态评估具有不确定性，例如由于遮挡就难以进行估计［HDK07］。出于这些原因，我们依旧使用手动干预的方法初始化人体骨骼模型——用户设置人的高度（以像素计）和关节的位置（在图片坐标下）。

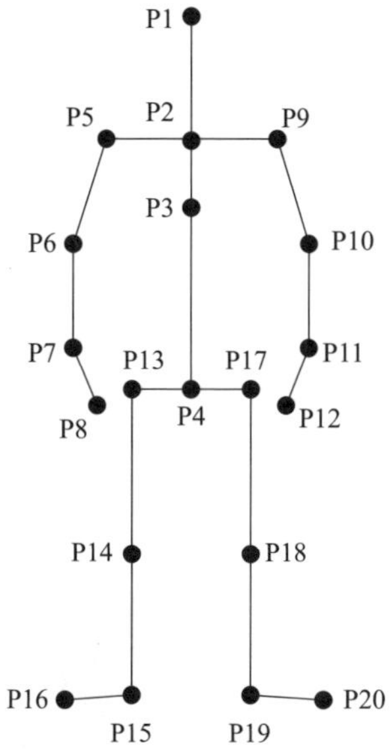

在本文中，骨骼模型是由 19 块骨骼和 20 个关节组成的，见图 3.8。所有这些骨骼具有初始的 3D

图 3.8　采用的骨架模型

长度和宽度，两者都参数化为基于人体测量的平均人类身高 h 的函数值。更准确地说，对于某个身体部位用标签 i 表示，相应的长度 l_i 和宽度 w_i 由下式给出：

$$l_i = h f_{li}, \ w_i = h f_{wi} \tag{3.8}$$

式中，比例因子 f_{li} 和 f_{wi} 来自《男性和女性的测量尺寸—在设计中的人类因素》（*The Measure of Man and Woman—Human Factors in Design*）［Til02］。表 3.2 提供了本文中使用的所有身体部位，以及对应的 f_{li} 和 f_{wi} 值。初始骨长度主要用于图像分割阶段和 3D 姿态评估过程。估计每个身体部位的宽度用于分割阶段。

表 3.2　身体部位对应的 f_{li} 和 f_{wi} 值

i	骨骼	关节	f_{li}	f_{wi}
0	头部	(P1 - P2)	0.20	0.088 3
1	胸部	(P2 - P3)	0.098	0.175 1
2	腹部	(P3 - P4)	0.172	0.175 1
3	右肩	(P2 - P5)	0.102	—
4	右臂	(P5 - P6)	0.159	0.060 8
5	右前臂	(P6 - P7)	0.146	0.049 2
6	右手	(P7 - P8)	0.108	0.059 3
7	左肩	(P2 - P9)	0.102	—
8	左臂	(P9 - P10)	0.159	0.060 8
9	左前臂	(P10 - P11)	0.146	0.049 2
10	左手	(P11 - P12)	0.108	0.059 3
11	右臀	(P4 - P13)	0.050	—
12	右大腿	(P13 - P14)	0.241	0.091 2
13	右小腿	(P14 - P15)	0.240	0.060 8
14	右脚	(P15 - P16)	0.123	0.056 4
15	左臀	(P4 - P17)	0.050	—
16	左大腿	(P17 - P18)	0.241	0.091 2
17	左小腿	(P18 - P19)	0.240	0.060 8
18	左脚	(P19 - P20)	0.123	0.056 4

　　第一列：身体部位索引；第二列：身体部位（骨骼）；第三列：形成每个骨骼的两个关节；第四列：用于计算每个骨骼长度的权重；第五列：用于计算每个骨骼宽度的权重

　　通过手动干预获得人的身高有两种不同的方式。当照片中的人物站立并且全身可见时，用户只需点击顶部的头和底部的脚来直接获取身高。在其他情况下（例如，如果该人坐下），基于表 3.2 他/她的身高可以根据用户选择参考（包括面部）的任意骨骼来计算。由于摄像机参数未知，建议选择平行于图像平面的骨骼以减少透视所带来的影响。例如，如果用户选择使用面部作为参考，则用户点击头部的顶部和下巴的底端，以计算面部的高度 h_f。然后通过 $h = h_f/0.125$ 估计人的身高，其中 0.125 是从人体测量值得出的权重 [Til02]。

2. 图像分割

本节描述了与基于文献《图像的人类上半身识别》(*Human upper body iden-tifcation from images*) 中描述的自动方法类似的以半自动方式分割人体部分的方法 [JDJ*10]。虽然书中的方法自动估算每个身体部位(仅上半身),但是对于更复杂的姿态与大多数自动模型一样容易计算错误。在这种情况下,为获得更好的准确度,本书进行了使用关节(以及与之相关的身体部位)手动标定数据方法的探索,并且还可以处理下半身的部分。这种方法可以分为两个主要步骤:①骨骼初始化;②对象分割。骨骼初始化是手动完成的,而对象分割是自动完成的,接下来对其进行简要描述。值得一提的是,可以使用任何其他的人体分割方法进行图像分割(例如,基于图或抓取切割的方法)[RKB04,BJ01]。我们开发了一种方法,可以使用相同的姿态评估输入数据,无须对图像进行任何其他干预。

3. 颜色模型的研究

我们提出了一种基于主导颜色来分割图像中人体部位的方法。为此,我们为每个身体部位创建一个颜色模型,并估算一个搜索区域。基本上身体被分割为14 个部位(头部,胸部和腹部是一个身体部位,左、右臂,左、右前臂,左、右手,左、右大腿,左、右小腿和左、右脚),并设置它们的关节。值得一提的是,该方法主要关注主导颜色,因此身体的纹理可能无法被正确分割。

首先我们围绕相应骨骼定义一个区域 Tr_i,用于研究每个身体部位的主导颜色。所选择的区域是矩形,其中心轴与相应的骨骼重合,并且理想情况下仅包含相应身体部分的像素。在所提出的方法中,矩形的长度正好是用户点击的骨骼的长度,并且宽度是相应身体部位 w_i 的预期宽度的分数 s_1(实验上为 0.4),如表 3.2 所示。需要注意的是,使用每个身体部位的 3D 长度为 l_i 而不是 2D 距离(可以直接从图像坐标中的对应关节计算得出)。事实上,假设每个身体部位是近似圆柱形的,2D 投影的宽度不会受到透视问题的显著影响。另外,根据身体部位的姿态(例如平行于地面的手臂),骨骼长度的 2D – 3D 对应关系可能会发生显著变化。

为了获得每个身体部位的主导颜色,首先应用无监督的基于颜色的分割算法

获得 Tr_i 内的主要区域，如图 3.9 所示 。在大多数情况下，最大的区域与主导颜色有关。然而，还有一些常见的情况（具有文字、插图、阴影等的衬衫），其中最大的分割区域与主导颜色无关。为了解决这一问题，我们检索了 Tr_i 内，其面积大于阈值 T_a 的 N 个最大分割区域，（实验设置了 $N=3$，$T_a=0.1\#Tr_i$，其中 $\#$ Tr_i 是 Tr_i 的面积）。

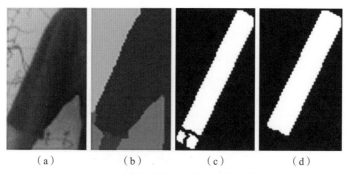

（a）　　　　（b）　　　　（c）　　　　（d）

图 3.9　在颜色模型学习阶段采用的初始分割图

（a）输入图像；（b）初始分割；（c）片段；（d）检索片段

对于给定的身体部位 i，我们考虑 $N_i \leqslant N$ 最大分割区域符合最小面积要求。每个区域内的颜色分布被表示为多元高斯模型，这需要计算平均向量（$\boldsymbol{\mu}_{ij}$）和协方差矩阵（$\boldsymbol{C}_{ij}$），其中 $1 \leqslant j \leqslant N_i$ 与身体部位的不同颜色模型有关。

4. 轮廓检测

为了找到与身体部位 i 相关的像素，定义了搜索区域 Te_i（也是矩形）。与训练搜索区域 Tr_i 不同，该测试区域应该足以包括与身体部位相关的所有像素。搜索区域的长度是 Tr_i 的长度乘以倍增因子（实验设置为 1.15），Te_i 的宽度取决于相应的评估值（表 3.2 中给出的身体部位），通过另一个倍增因子（实验设置为 2）增加该值。这意味着使用所提出的方法检测到的身体部位的宽度是平均人体测量值的 2 倍。

图 3.10 展示了一个已知骨骼（蓝线），训练区域 Tr_i 用来学习主导颜色模型（绿色矩形），并使用测试区域 Te_i 找到与 N_i 学习模型一致的像素。为了在 Te_i 内计算这种一致性，通过式（3.9）获取每个像素点 c 马氏距离 $D_{ij}(c)$ 的平方，c 表示颜色，j 表示检测到的区域索引，并且基于 $D_{ij}^2(c)$ 的直方图的峰值和谷值，

每个主导颜色 j 自动计算阈值 T_{ij}。如果对于至少一个主导颜色 j，满足 $D_{ij}^2(c) \leqslant T_{ij}$，则给定颜色 c 的像素被聚合到身体部位 i 上。

$$D_{ij}^2(c) = (c - \mu_{ij})^{\mathrm{T}} C_{ij}^{-1} (c - \mu_{ij}), 1 \leqslant j \leqslant N_i \qquad (3.9)$$

图 3.10　此图用于在此区域中研究和搜索主导颜色。蓝线表示已知骨骼；绿色矩形是用于研究评估区域；黑色矩形是用于搜索评估区域。

迄今为止描述的基于颜色的方法提供了每个身体部位的初始评估值。然而，噪声、变化的照明、纹理和不均匀区域都可能在分割区域中产生干扰信号和（或）孔洞。使用形态学算子去除残留噪声并填补孔洞。更确切地说，利用的是一系列 3×3 十字交叉型的开闭算子。开算子可以移除独立的干扰信号，但可能会分离通过窄桥连接的区域。闭算子用于连接非常相近但互不相交的区域（包括那些被初始开算子分离的区域）。然后，利用一个填充保留算子填补二进制图像内部可能的孔洞（特别是胸部区域，因为衬衫上可能有文本、图像）。

图 3.11 呈现了最终的分割过程，其中每个身体部位显示为不同的颜色。不同身体部位的截取也以不同的颜色显示（即使用两种不同的颜色绘制大腿和小腿，因为它们被膝盖分为两个部分）。所有检测到的身体部位组成了人的二进制轮廓，如图 3.12（a）所示。由于检测到的各个身体部位有重叠，所以使用分离处理来估算重建虚拟人所需的身体部位的宽度。

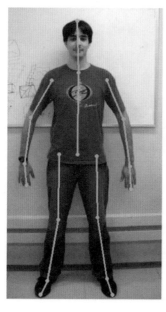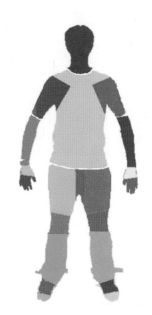

图 3.11　最终分割结果

5. 轮廓处理

给定人物二进制轮廓和 2D 已知关节，估算每个身体部位的宽度。主要是计算连接骨骼和轮廓边界的线段的长度，然后将这些测量值紧密地结合在一起，以估算相应的宽度。

对于每个身体部位 i，检索骨骼的中心部分（由用户点击选中），如图 3.12 (c) 所示 。沿着骨骼的这一部分，线段垂直地跟踪到它相应骨骼的两侧，直到到达轮廓的边界点。理想情况下，这些线段的长度 ls_{ik} 应接近于 $w_i/2$（通过式 (3.8) 计算的身体部位标准宽度的 1/2）。然而，由于分段错误，一些线段可能明显小于或大于 w_i。为了解决这一问题，创建了一系列有效的可能长度，通过以下方式计算修改过的长度 ls'_{ik}：

$$ls'_{ik} \; = \; \min \; \{ \max \{ L_{\mathrm{low}}, ls_{ik} \} , L_{\mathrm{high}} \} \tag{3.10}$$

式中，$L_{\mathrm{low}} = 0.5w_i$，$L_{\mathrm{High}} = 2w_i$ 定义了有效长度的范围，可以检测到平均人体测量值的 $1/2 \sim 2$ 倍之间的身体部分。

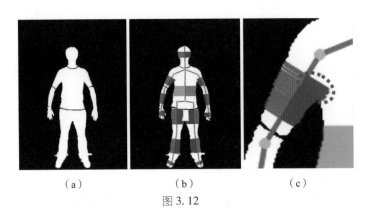

（a）　　　　　　　　（b）　　　　　　　　（c）

图 3. 12

（a）使用图 3. 11 的分割处理获得的轮廓；（b）找到每个感兴趣的身体部位的宽度；

（c）放大右臂。虚线区域显示没有检测到左边缘，所以骨骼右侧的测量值被复制到左侧

给定一组修改的长度值 ls'_{ik}，身体分段 i 的宽度估算值由下式给出：

$$ew_i = 2_k\{ls'_{ik}\} \tag{3.11}$$

6. 3D 姿态识别

由图像数据估算人物三维姿态的问题，在计算机视觉文献中受到特别关注。这是由于在一定程度上，这个问题的解决方案能够得到广泛的应用。Taylor 认为，这一领域的大部分研究集中在通过图像序列跟踪人类角色的问题上，而较少关注基于单个图像确定个体姿态的问题［Tay00］。实际上这个问题是具有挑战性的，因为 2D 图像约束通常不足以确定带关节对象的 3D 姿态。Taylor 的工作展示了一种从单一图像中恢复带关节对象的配置信息的方法，基于此方法我们提出对该问题的解决方案［Tay00］。

根据 Taylor 的方法，如果我们在缩放正交投影下的图像中有一条已知长度为 l 的线段，则将两个 3D 端点 (x_1, y_1, z_1) 和 (x_2, y_2, z_2) 分别投影到 (u_1, v_1) 和 (u_2, v_2)。如果投影模型的缩放系数 s 是已知的，则使用以下公式将很容易计算两个端点的相对深度（由 $\Delta z = z_1 - z_2$ 表示）［Tay00］：

$$\Delta z^2 = l^2 - \frac{(u_1 - u_2)^2 + (v_1 - v_2)^2}{s^2} \tag{3.12}$$

由于 Δz 的符号不能确定（可能 $z_1 > z_2$ 或 $z_2 > z_1$），这样的公式会导致每个分段产生歧义。如果骨骼有 20 个关节，最坏的情况有 220 个可能姿态。尽管存在

歧义，但是这种方法实现起来非常简单，只需要简单的顺序计算即可。为了尽量减少歧义问题，我们首先考虑 $z_1 > z_2$，然后用户可以使用我们的工具轻松地校正所生成的姿态（图 3.13[1]）。

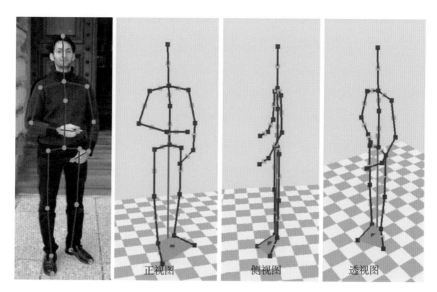

正视图　　　　　　侧视图　　　　　　透视图

图 3.13　此图显示了通过我们的模型获得 3D 姿态的三种不同视图

7. 虚拟人重建

本节介绍了只基于两个模板（男性和女性）的虚拟人重建方法，但其他的人类模板也都同样适用（例如儿童）。给定人物性别（手动赋值），相应的模板将变形以匹配保存在 XML 文件中的轮廓处理信息。将初始模板转换为最终的虚拟人需要三个步骤，接下来简要描述。

第一步是充分模拟模板的姿态以使其与图片生成姿态相匹配。姿态检测器生成的 XML 文件包含一系列带标签的关节，以及相应的 3D 位置。由这些点可以轻易获得每个骨骼的方向以及每个关节的旋转角度，之后每个关节的旋转角度被用来修改虚拟人姿态。这种方法用来呈现在图片中被分析出的人物姿态。

一旦我们把虚拟人放置成与图片中的角色相同的姿态，就必须将模板的每个

　　1　Image used from 'INRIA', dataset containing 1805 64 × 128 images of humans cropped from a varied set of personal photos. The database is available from http://lear. inrialpes. fr/data for research purposes.

单独身体部位的尺寸（例如手臂、胸部、大腿、前臂等）与从图像计算出的尺寸（即长度和宽度）相匹配。由于通用虚拟人（模板）的每个身体部位具有预定长度 tl_i 和宽度 tw_i，所以可以使用应用于两个尺寸（长度和宽度）的简单线性缩放来获得最终虚拟人模型中每个身体部位的期望尺寸。特别指出，使用简单线性缩放是为了以简单快速的方式重建虚拟人，使其适用于游戏和移动应用开发。

最后，虚拟人的几何 3D 模型必须填充颜色和纹理。本书在分割过程中自动生成小块纹理（在用户点击时定义的骨骼区域中），在此阶段它们用于生成带纹理的体型。由于这个过程是自动的，我们避免使用面部和手部的纹理，因为可能造成一些问题（例如当照片中的面部不是正面的时候）。同样要注意的是，为了提高映射纹理的质量，建议使用艺术家处理过的纹理（主要是面部和手），但本书的关注点在姿态和几何模型上。

3.6.2　结论

我们的管线由两个模块构成。首先，负责手动 2D 点击、分割、姿态估算和轮廓处理的模块，它生成一个 XML 文件，其中包含为虚拟人建模所需的所有信息。对于虚拟人渲染和动画，我们的模块分别使用 Irrlicht 引擎（http://irrlicht.sourceforge.net/）和 Cal3D（http://gna.org/projects/cal3d/）。本章中得到的结论使用一个搭载了 NVIDIA Quadro FX 4800 显卡和 Intel Xeon E405 处理器的设备完成。两个通用模板（男性和女性，分别包含 4 825 和 4 872 个顶点）是使用 Autodesk 3D Studio MAX 9（http://usa.autodesk.com）创建的。

如前文所述，本节中介绍的所有示例都是被自动处理的（除了手动干预标定关节、设置身高和选择性别外）。有时候，生成的 3D 姿态可以通过其他手动干预来改善。此外，当面部在图片中完全正面时，纹理映射能更加有效，因为 3D 模型总是保持面向正面。这是在未来工作中应该改进的一个方面。图 3.14 所示的图像呈现的是通过使用本书提出的方法获得的结果。图 3.15 所示的同一虚拟人模型具有面部纹理。此外，可以导出（以 CAL3D 格式）由上述方法生成的虚拟人，然后将其导入另一个工具或动画引擎中。在图 3.15 的情况下，我们使用预定义的动画文件在 Irrlicht 引擎中为虚拟人设置动画。

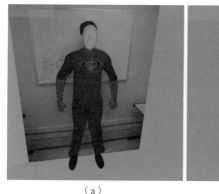

（a）　　　　　　　　　　　（b）

图 3.14　我们模型生成的虚拟人以及输入的图片

（a）通用虚拟人；（b）相同场景中的另一个视角

图 3.15　使用 Irrlicht 引擎导入的虚拟人模型以及为其添加的动画

■ 3.7　人群外观多样性

当模拟一小群虚拟人时，为了使他们看起来各不相同，有一种方法是可以为场景中每个虚拟人使用不同的网格和纹理，并为他们分配不同的动画来实现。但是，当人群数量扩充到数以千计时，此方法就变得不可行了。首先，在设计方面，很难想象为每个虚拟人创建网格和动画。此外，很难有足够大的存储空间来存储所有的数据。这个问题并没有直接的解决办法。然而，可以通过提高引入多样性的水平来获得更好的结果。

第一，可以使用多个人物模板。第二，可以为每个模板设计出多种纹理。第三，改变纹理每个部分的颜色，以便使由相同模板构建的、拥有相同纹理的两个虚拟人的衣服、皮肤、头发的颜色各不相同。第四，我们还萌生了关于配饰的想法，各种配饰，诸如帽子、手表、背包、眼镜等物体，能够使人物网格看起来各具特色。

多样性也可以通过动画来实现。我们主要针对运动领域，以两种方式改变虚拟人的动作。首先，我们在预处理中生成几个速度不同的运动周期（步行和跑步），然后将其赋予虚拟人。其次，在离线情况下使用逆运动学的方法来强化具有特定动作的动画，比如手插进口袋，或者像在打电话一样把手放在耳朵边。该方法将在第 4 章讨论。

在以下的小节中，我们将进一步列出改变人群外观的必要步骤：在 3.7.1 小节中，我们将展示实现多样性的三个层次。在 3.7.2 小节中，我们将详细介绍如何通过分割虚拟人的纹理，使身体中每个特定部位拥有不同颜色。最后，我们将在 3.7.3 小节中详细介绍有关配饰的问题。欲知更多详情，可到文献《人群的独特特性举例》（*Unique character instances for crowds*）［MYT09］中寻找。

3.7.1　多样性的三个层次

当提及外观多样性时，通常是指如何对人群中每个人的渲染做出调整。这里所说的外观多样性完全独立于动画序列、虚拟人导航或虚拟人行为。

首先，我们来回顾一下，人物模板是一个包含如下几个部分的数据结构：

（1）骨骼，定义其关节的名称和位置。

（2）网格，代表其不同的细节水平（LOD）。

（3）外观集，即纹理及其对应的分割图。

（4）一组只能由这个人物模板播放的动画序列。

有关人物模板结构的进一步说明，可直接浏览第 7 章。

我们在三个不同层次上实现外观多样性。第一，最底层是减少使用的人物模板数量。很明显，人物模板越多，虚拟人的种类就越多。图 3.16 展示了 5 个不同的人物模板来说明这一点。设计多个人物模板需要大量时间。实际上，设计这样的模板需要长时间的工作，因此它们数量有限。为了减少工作量，我们通过为每个模板创建多个纹理和分割图集来进一步使人物模板多样化。为了简化表述，将纹理及其相关的分割图指定为外观集。

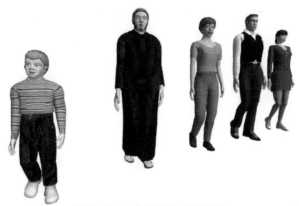

图 3.16　5 个不同的人物模板

　　多样性的第二层次表现为外观集中的纹理。实际上，一旦给人物模板的实例提供一个外观集，它将自动地呈现与纹理相对应的外观。当然，改变外观集，如改变纹理，并不会改变人物模板的形状。举个例子，如果人物的网格中包含马尾辫，那么无论使用何种纹理，马尾辫始终会保留。但它却明显地修改了人物模板的外观。图 3.17 展示了应用于同一人物模板的 5 个不同纹理。

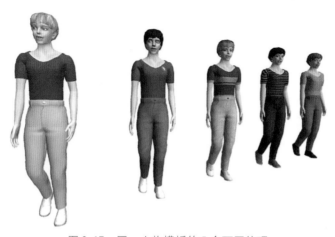

图 3.17　同一人物模板的 5 个不同纹理

最后，第三个层次，由于外观集中的分割图，我们可以考虑在纹理中每个身体部位应用不同的颜色。3.7.2 节专门说明了这一特定层次。图 3.18 展示了单个网格和外观集的多个颜色变化的实例。

图 3.18　单个网格和纹理的颜色调制实例

3.7.2　颜色多样性

因为人物模板拥有多种纹理，所以提高了外观多样性。但是经常在相机附近出现具有相同纹理（即看起来完全相同）的角色，会使观众感觉千篇一律。获得单一纹理内部变化的一种方式是：区分角色身体部位，然后将独特的颜色组合应用于每个部位。

1. 方法原理

以往的工作针对增加群体角色的颜色外观多样性达成了共识：将身体部位的分段存储在单个 alpha 层中，即每一段由特定灰度等级表示。Tecchia 等人使用多通道渲染和 alpha 通道来选择广告牌所需渲染的部分 [TLC02a]。Dobbyn 等人 [DHOO05] 和 De Heras 等人 [dHSMT05] 使用可编程图形硬件避免多通道渲染。他们还拓展了该方法，将其用于 3D 虚拟人上。图 3.19 描绘了一幅典型的纹理图及其相关的 alpha 区域图。该方法基于纹理颜色调制，每个身体部位最终的颜色 C_b 是其纹理颜色 C_t 通过随机颜色 C_r 调制而成的：

$$C_b = C_t C_r \tag{3.13}$$

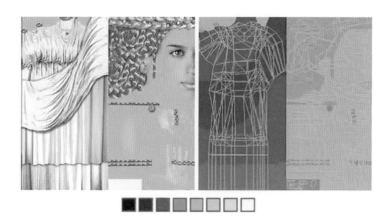

图 3.19　用于实现颜色多样性的典型 RGBA 图像。RGB 构成纹理，alpha 构成分割

C_b、C_t 和 C_r 在 $0.0 \sim 1.0$ 取值。为了获取更广的色域，C_t 应尽可能浅，即接近 1.0。实际上，如果 C_t 太深，则 C_r 仅能调制出深色。另外，如果 C_t 是浅色的，则 C_r 不仅能调制出浅色，还将调制出深色。这解释了为什么部分纹理必须降低光亮度，如阴影属性和材质粗糙度。使用亮度处理纹理主要部分的缺点是会生成奇怪的颜色，即角色和其穿着的服饰颜色不搭。随机调制颜色时必须添加一些限制。

2. HSB 颜色空间

标准 RGB 颜色模型表示红色、绿色和蓝色三原色叠成的各种颜色，主要用于指定计算机屏幕的颜色。使用该颜色模型，很难有效地限制颜色（图 3.20）。

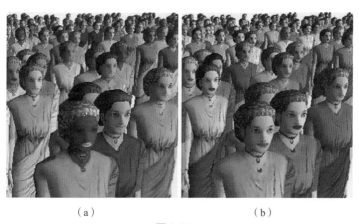

（a）　　　　　　　　　　　　（b）

图 3.20

（a）随机颜色系统；（b）HSB 控制

为量化和控制人群的颜色参数，这里使用了对用户友好的颜色。Smith 提出了一种处理日常生活颜色的模型，即色调、饱和度和亮度，这个模型相比于 RGB 模型更接近人类色彩感知。该模型称为 HSB（或 HSV）颜色模型（图 3.20（b）和图 3.21）：

（1）色调定义了颜色的深浅，在 0°～360°取值。

（2）表示颜色的纯度，即像彩色粉笔一样，高饱和度的颜色鲜艳，而低饱和度的颜色苍白。饱和度在 0～100 取值。

（3）亮度表示颜色的明暗程度，在 0～100 取值。

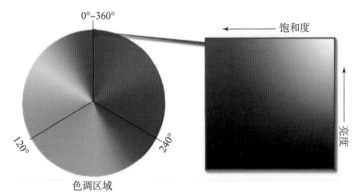

图 3.21　HSB 颜色空间

色调由一个圆形区域表示。使用单独的方形区域来表示饱和度和亮度，即方形的垂直轴表示亮度，而水平轴则表示饱和度。

在设计虚拟人颜色多样性的过程中进行局部约束处理：一些身体部位需要特定的颜色。例如，皮肤颜色取自不饱和红黄色域的特定范围内，几乎滤掉了蓝色和绿色。眼睛颜色取自不同亮度的棕色到蓝绿色的色域范围。这些简单的例子表明，不能任意使用随机颜色生成器。HSB 颜色模型能够以直观和易行的方式控制颜色多样性。实际上，如图 3.22 所示，通过为三个参数分别指定范围，可以定义一个称为 HSB 图的 3D 颜色空间。

3. 对更优颜色多样性的需求

从远距离观察人群时，上述方法完全适用。然而，当一些个体靠近相机时，该方法在身体部位之间的过渡往往过于尖锐。不同部位之间没有平滑过渡，例如皮肤与头发之间的过渡，如图 3.23 所示。

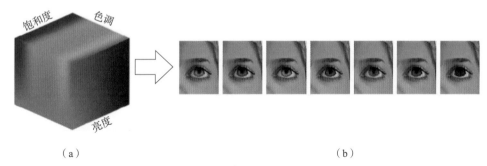

（a）   （b）

图 3.22　HSB 空间被以下参数限制在一个三维颜色空间内

（a）色调为 20～250，饱和度为 30～80，亮度为 40～100；然后在该空间内随机选择颜色以实现角色眼部纹理的多样化（b）

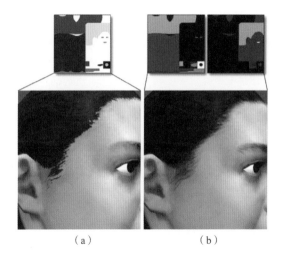

（a）   （b）

图 3.23　皮肤与头发之间过渡区域的特写；在单个 alpha 层分割身体部位时，先前方法中生成的工件（a），使用本节方法，身体部位之间的平滑过渡（b）

此外，角色特写揭示了一种能够满足颜色细节多样化处理需求的新方法，例如女性角色化妆前后的微妙差异。此外，为材质赋予不同的光照以使靠近摄像机的角色显得逼真。

为了获得精细的颜色多样化方法，我们对每个外观集使用分割图，详情请见下一节。

4. 分割图

分割原理。分割图是一张四通道图像，它定义 4 个身体部位（每个通道一个），并且与外观集的纹理共享相同的参数。由此定义了在每个角色每个身体部位的亮度，即每个部位有 256 个级别的亮度，0 表示最暗，255 表示最亮。我们针对本书中的虚拟人进行了 8 个身体部位的实验，即每个外观集有 2 个 RGBA 分割图。实验结果满足我们的特定需求，但如果需要更多的身体部位则可以增加分割图的数量。例如，可以使用该方法创建建筑物的分割图来为城市增添颜色多样性。

相比之前的方法，使用分割图有效地区分身体部位具有以下两个优点：

（1）能够对每个身体部位应用不同光照模型。使用以前的方法，实现这种效果对片元着色器消耗很大。

（2）激活 Mip 贴图和使用线性滤波，可以大大减少走样。由于之前的方法使用纹理的 alpha 通道来分割身体部分，所以无法使用该算法，这导致身体部分接缝处出现图 3.24 所示效果。

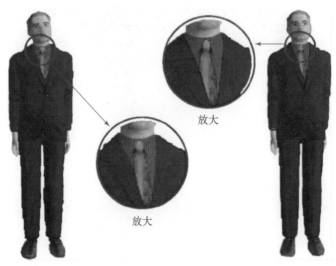

图 3.24　右侧放大图靠近橙色衬衫、绿色领带和红色背心边缘的区域可看到在 alpha 层中的双线性过滤效果

图 3.25 描绘了本书的颜色多样化方法通过不同参数实现不同效果：化妆效果、纹理效果、局部高光效果。

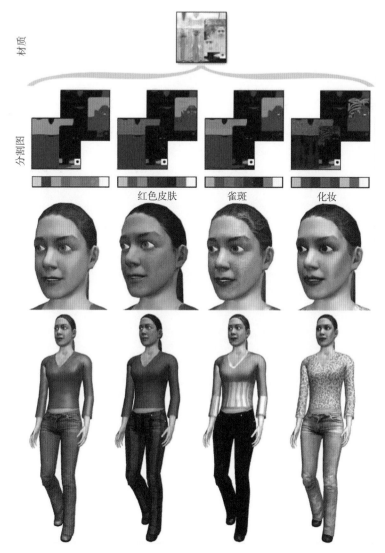

图 3.25　通过改变外观集（化妆、雀斑、服装设计等）和身体部位高光参数（闪亮的鞋子、光泽的嘴唇等）可实现效果的例子

　　分割图是手动设计的。理想情况下，对于给定像素，我们希望每个身体部位的亮度之和达到 255。当使用像 Adobe Photoshop[1] 这样的软件设计分割图时，可能会在身体部位之间平滑过渡区域中出现一些多余的伪影。实际上，一些像素亮

1　http://www.adobe.com/fr/products/photoshop.

度之和可能达不到 255。例如，虚拟人的头发和皮肤之间的过渡，分割图中皮肤
部分的像素对亮度的贡献值可以达到 100，而头发部分为 120，它们的总和为
220。虽然在 Photoshop 中设计分割的身体部位并不难，但是试图在应用中归一化
亮度贡献值时会导致一些问题。实际上，通过简单的归一化，这样的像素用黑色
来补偿贡献值总和的不足，从而产生比预期更深的颜色。如图 3.26 所示，所提
出的解决方案是用白色而不是黑色补偿这一缺失，以获得除去多余黑色区域的真
正平滑过渡。

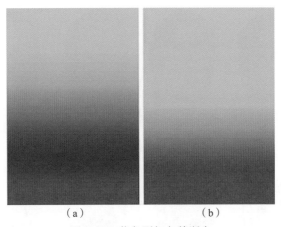

(a)　　　　　　　　　　　(b)

图 3.26　蓝色到红色的渐变

（a）在某些像素中，红色和蓝色亮度贡献值总和未达到 255，导致渐变中有多余的黑色；（b）加入白
色补偿，使亮度贡献值总和保持 255

　　充分利用所有可用的外观集和颜色种类，本书采用三个层次的外观多样性方
法得到的结果如图 3.27 所示，图中展示单个人物模板的几个实例。

5. 颜色多样性存储

　　人物模板的每个分割图由 4 个不同的身体部位组成，每个部位都具有特定的
颜色范围和高光参数。所需的 8 个身体部位被设计在两个不同的分割图中，即两
个 RGBA 图像，每个图像包含四个通道从而包含 4 个身体部位。类似 de Heras 等
人所说，在创建时每个角色都从限定的颜色空间中选择一组 8 种特定的随机颜色
［dHSMT05］。这 8 种颜色从 1 024×1 024 图像的左上方开始，存储在 8 个连续的
RGB 纹理元素中，称之为颜色查找表（CLUT）。CLUT 如图 3.28 所示。

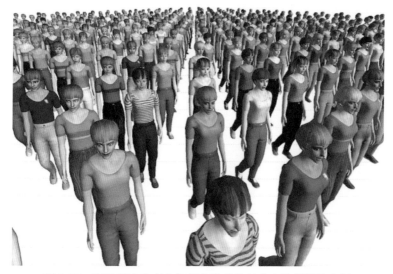

图 3.27　利用所有外观集和颜色种类的单个人物模板的实例

图 3.28　用于存储每个虚拟人身体部位和配饰颜色的 CLUT 图像

因此，如果使用 1 024 × 1 024 图像存储 CLUT，则可存储不重复颜色组合的最大数量为

$$1\ 024 \cdot 1\ 024 \div 8 = 131\ 072 \qquad (3.14)$$

请注意，光照参数保存在每个身体部位里而非 CLUT 内，但能够直接传给 GPU。

3.7.3　配饰

本章已经描述了如何通过使用多个外观集获得各种不同的衣服和皮肤颜色。即使使用这些技术，有时还是感觉他们是同一个人，主要原因在于使用的网格缺乏多样性。事实上，整个人群使用同一网格（或几个网格），导致了大量形状相似的虚拟人。不能增加太多的网格，因为这需要设计师大量的工作：创建网格，为其设置纹理、皮肤、不同细节等。

然而，在现实生活中，人们有着不同的发型、帽子或眼镜、背着包，等等。这些特征可能看起来很细微，但综合起来足以区分任何人。本节首先明确解释了什么是配饰。然后从技术角度展示了已经识别出的不同种类的配饰，以及如何在人群应用中添加各种配饰。

配饰是一个简单网格，可以是任何添加到虚拟人初始网格的元素。它可以是帽子，也可以是手提包、眼镜、小丑鼻子、假发、雨伞、手机等。配饰具有两个主要目的：①它们能够轻松地增加虚拟人的外观多样性；②配饰使虚拟人看起来更真实。即使没有智能行为，一个虚拟人拿着购物袋或手机走动，看起来比仅在走动的人更加逼真。附加配饰可让观众更加认同虚拟人，因为它做的动作和观众自己每天都会做的动作一致。

我们大体上区分出两组不同的配饰，其开发复杂性递增。第一组配饰不受虚拟人动作影响。例如，是否戴帽子不会影响人的走路方式。第二组配饰需要根据播放的动画片段做出微小调整，例如，拿着伞或包的虚拟人仍然以相同的方式行走，但是与配饰接触的手臂需要相应的动画序列。

1. 简单配饰

第一组配饰不需要对播放的动画片段进行任何特别的修改，只需要正确地

"放置"在虚拟人身上即可。每个配饰可以表示为一个独立于任何虚拟人的简单的网格。

首先，考虑单个角色的问题。根据人物的运动，在正确的位置和朝向渲染配件。为了实现这一点，可以将配饰绑定到虚拟人物的特定关节上。举一个真实的例子来阐述该想法：设想一个人戴着帽子走在街上。假设这个帽子的尺寸合适，并且不会滑动，它基本上和这个人走路时头的运动情况一致。在技术上，这意味着用来表示头部运动的一系列矩阵与帽子运动的矩阵是相同的。然而，帽子并不与头部完全重合，它通常位于头的顶部，并且可以朝向不同方向，如图 3.29 所示。

图 3.29　两个默认姿态的人物模板戴着相同的帽子

粉色点、黄色点和蓝色点分别表示根节点、头部（$m1$）和帽子配饰（$m2$）的位置和朝向

因此，我们还需要纠正头部关节和其顶部帽子之间的理想位置的正确位移。总之，要创建一个简单配饰有如下需求：

（1）对于每个配饰：

a. 网格（顶点、法线、纹理坐标）；

b. 纹理。

（2）对于每个人物模板 – 配饰组：

a. 配饰必须附加的关节点；

b. 表示与关节点相关的配饰位移矩阵。

请注意，表示配饰位移的矩阵不仅限于一个配饰，对每个人物模板－配饰组都有影响。这让我们能够根据正在使用的虚拟人网格来改变帽子的位置、大小和方向。如图 3.29 所示，两个人以不同的方式戴着同一顶帽子。同样需要注意的是，配饰所绑定的关节点也取决于人物模板的不同。起初情况并非如此：为每个配饰指定一个独立于人物模板的关节点。然而，我们注意到，根据虚拟人的大小，一些配饰必须绑定在不同的关节上。例如，一个背包在孩子或成人的人物模板上会绑定在不同椎骨上。通过这些信息，我们可以为每个人物模板指定不同的配饰，这大大增加了外观多样性。

2. 复杂配饰

第二组配饰，需要对播放的动画序列进行稍许修改。关于配饰的渲染，我们仍然会把它绑定到虚拟人的特定关节点上。另一个难点是如何修改动画片段以使动作逼真。例如，如果要添加一个手机配饰，我们还需要添加虚拟人打电话的动画片段。

以下只针对运动动画序列。我们使用的原材料是一个数据库，里面存储着通过动作捕捉获取的行走和奔跑循环动画。在每个动画片段中，调整手臂运动，就可以获得所需完整的新动画片段，例如手靠近耳朵。这些调整可以推广到独立于任何配饰的其他动作，例如手插进口袋。这就是为什么将在本章中详细介绍动画调整过程。

还需要额外的步骤来限制角色动画。在初始化阶段，设计师指定哪些关节、将以何种方式被约束，即关节被固定在指定方向，或其运动被限制在给定的角度范围内。然后，在仿真期间，关节首先按照常规进行实时更新。一旦骨骼姿态更新完毕，需要特殊处理的关节则被覆盖或被限制。例如，为了拿着一束花，肩部运动会限制在指定角度范围内，而肘部则完全固定在 90° 角左右。

对于每个复杂配饰，必须定义哪个关节被限制以及如何限制它。有两种可能性：

（1）运动受限。在这种情况下，我们限定关节角度（最小角度，最大角度）

来限制关节［图 3.30 (a)］。

（2）运动受阻。角度固定到特定值（固定角）［图 3.30 (b)］。

在运行时，动画照常更新，覆盖固定的关节，并使用指数图来限制关节。

（a）　　　　　　　　　　　　（b）

图 3.30

（a）限制关节；（b）固定关节

3. 加载和初始化

本节将重点介绍配饰架构方面的内容，以及如何将其分配给所有虚拟人。首先，每个配饰都具有唯一类型，例如"帽子"或"背包"。我们区分了 7 种不同的类型，这个数值是可以随意设定的。为了避免在一个人的头上同时戴着牛仔帽和军帽的情况，每个角色至多佩戴一个同类型的配饰。为了将配饰分配给整个人群，需要扩展以下数据结构：

（1）人物模板：每个人物模板具有一个按类型分类的配饰编号列表。因此，我们知道哪个模板可以穿戴哪个配饰。这一过程很重要，因为任何人物模板都无法穿戴所有配饰。例如，书包适合小孩模板穿戴，但是若由一个成年人模板穿戴，看起来就没那么真实了。

（2）人物实体：每个人物实体中针对每个现有类型拥有一个配饰槽。这能让同一个虚拟人身上添加 1～7 个配饰（每种类型一个）。

我们还创建了两个数据结构，使配饰分配过程更加高效：

（1）配饰实体：每件配饰本身都有一个身体编号的列表，表示穿戴着它的虚拟人。它们按人物模板分类。

（2）配饰库：创建一个用于接收从数据库加载的所有配饰的空存储库。它们按类型分类。

初始化时将填充之前的数据结构。算法 3.1 中的伪代码详细说明了这个过程。

算法 3.1：仿真循环

```
 1  begin
 2      for each accessory in database: do
 3          load its data contained in the database
 4          create its vertex buffer (for later rendering)
 5          insert it into the accessory repository (sorted by type)
 6      end
 7      for each human template h: do
 8          for each accessory a suitable to h: do
 9              insert a's id into h's list l (sorted by type)
10          end
11      end
12      for each body b: do
13          get human template h of b
14          get accessory id list l of h
15          for each accessory type t in l do
16              choose randomly an accessory a of type t
17              assign a to the correct accessory slot of b
18              push b's id in a's body id list (sorted by human template)
19          end
20      end
21  end
```

填充这些数据结构的过程只在初始化时执行一次，因为我们假设特定配饰一旦分配给虚拟人就永远不会改变。但调用最后一个循环，可以轻松地在线更换配饰。请注意，为每个加载的配饰创建单个顶点缓存，这与穿戴它的虚拟人数量无关。

4. 渲染

由于上一节中介绍的列表都是根据需求进行分类的，因此配饰的渲染非常便利。算法 3.2 中的伪代码展示了渲染管线。

虽然这个伪代码乍看起来可能很复杂，但是实质上它非常简洁并在最大限度减少状态转换方面做到了很好的优化。首先，在第 3 行，每个配饰都有其顶点缓存范围。因为配饰的形状和纹理都不会改变，该过程独立于虚拟人身体执行。然后，按照每个配饰的虚拟人编号列表进行处理（5）。该列表按照人物模板分类（6），这让我们能够检索所有实例的共同信息，即配饰所绑定的关节 j（7）和骨骼中的初始位置矩阵 $m1$（8），以及 $m1$ 与配饰的期望位置之间的初始位移矩阵 $m2$（9）。图 3.29 中展示了绑定在两个人物模板头关节上的帽子的示例。

算法 3.2：流水线的执行

```
 1  begin
 2      for each accessory type t of the repository do
 3          for each accessory a of type t do
 4              bind vertex buffer of a
 5              send a's appearance parameters to the GPU
 6              get a's list l of body ids (sorted by human template)
 7              for each human template h in l do
 8                  get the joint j of h to which a is attached
 9                  get the original position matrix m1 of j
10                  get the displacement matrix m2 of couple [a,h]
11                  for For each body b of h do
12                      get matrix m3 of b's current position
13                      get matrix m4 of j's current deformation for b
14                      multiply current modelview matrix by mi (i=1..4)
15                      call to vertex buffer rendering
16                  end
17              end
18          end
19      end
20  end
```

一旦检索到人物模板数据，我们会遍历所有穿戴该配饰的虚拟人身体（10）。人物实体还具有所需的特定数据：当前帧的位置（11）以及播放的动画所决定的关节相对于其初始位置的位移（12）。图 3.31 说明了这些矩阵表示的变换。

最后，从人物模型和身体数据中提取的矩阵乘以当前模型视图矩阵，能够定义配饰的确切位置和方向（13）。然后调用顶点缓存的渲染，即可正确显示配饰（14）。

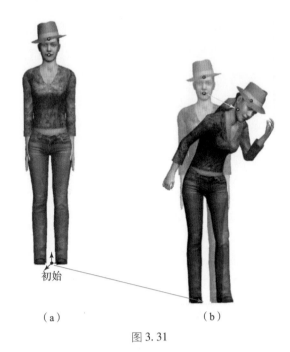

（a）　　　　　　　　　　　（b）

图 3.31

（a）默认姿态下的人物模板；（b）播放动画片段的同一人物模板。用粉线表示人体相对于初始位置的位移（$m3$），黄线表示帽子由于播放动画片段而产生的位移（$m4$）

5. 空配饰

我们已经定义了 7 种不同的配饰类型。而且通过配饰分配管线，我们为每个虚拟人分配了 7 个配饰。这个数字很重要，但获得的结果可能并不尽如人意：事实上，如果所有人物都戴帽子、眼镜、珠宝、背包等，那看起来更像是圣诞树而非真实的人。也应该有人不戴任何配饰。为了实现这一点，可以简单地随机选择每个人体配饰槽，无论其是否被使用到。该解决方案有效，但是可以考虑效率更高的方案。实际上，在人群渲染阶段，测试每个人体配饰槽是否使用意味着会执行许多无用代码，也就是浪费了宝贵的计算时间。因此，我们打算通过创建空配饰来更快地解决这个问题。空配饰是没有几何或顶点缓存的假物体。它只具有唯一的编号，这点与其他所有配饰相似。

初始化时，从数据库加载实际的配饰之前，执行算法 3.3 中的伪代码。

为了使所有空配饰与所有人物模板兼容，有必要执行人物模板的第二个循环。一旦完成该预处理，3.7.3 节中详述的配饰的加载和指定就实现了。空配饰之后可能被插入人体配饰槽中。例如，如果人物实体获得一个帽子的空配饰，那么该人物的编号也将被添加到空配饰的人物编号列表中。图 3.32 中的示例说明了这一点。

算法 3.3：初始化伪代码

```
1 begin
2     for each accessory type t do
3         create one empty accessory e of type t
4         put e in the accessory repository (sorted by type)
5         for each human template h: do
6             put e's id in h's accessory id list
7         end
8     end
9 end
```

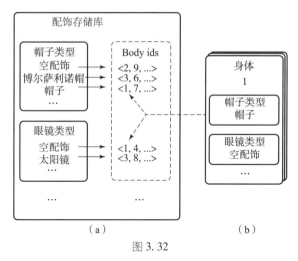

图 3.32

（a）按类型分类表示配饰库，每个配饰都有自己的人物编号列表；所有人物具有使用指定配饰填充的配饰槽；（b）编号为 1 的人物配饰槽示例

人们可能会想知道渲染是如何实现的。如果保留与 3.7.3 节的算法 3.2 中所详细描述的相同管线，试图渲染一个空配饰时会遇到麻烦。此外，也会进行一些无用的矩阵计算。我们的解决方案很简单。既然空配饰是第一个被插入配饰库中的（按类型分类），我们只需要跳过每个类型的第一个元素来避免其计算和渲染。在 3.7.3 节中给出的伪代码只需要增加一行，即：

通过这个解决方案，我们充分利用了配饰来实现人物多样性，通过广泛的配饰选择、是否穿戴它们来实现，并且在渲染循环中无须过多地检测。图 3.33 展示了使用配饰时获得的外观多样性，不同于 3.7.2 节列出的。

图 3.33　单人物模板的多个实例，外观集、颜色多样性和配饰三个方面都有不同

6. 颜色多样性的存储

3.7.2 节详述了如何将颜色多样性应用于一个纹理上的不同身体部位。对于配饰，也可以用同样的方法。人物纹理分为 8 个部位，每个都具有其特定的颜色范围。初始化时，对于每个实例化的虚拟人和每个身体部位，在一个范围内随机选择颜色用以调整纹理的初始颜色。由于配饰网格比虚拟人更小、更简单，我们仅将它分成 4 个部分，即为每个外观集指定一个分割图。然后，与角色类似，为每个配饰的每个实例随机分配 4 种颜色，该颜色定义在 HSB 范围内。这 4 种随机颜色也必须被存储。我们重新使用存储虚拟人颜色种类的 CLUT 来保存配饰的颜色。为了不混淆身体部位和配饰的颜色，我们从 CLUT 的右下角起连续存储后者（图 3.28）。因此，每个角色的颜色种类都需要 8 个纹理元素，并需要 7 × 4 个额外纹理元素来存储可能存在的配饰。每个角色总共有 36 个纹理元素。因此，一个 1 024 × 1 024 的 CLUT 能够大致存储超过 29 000 个不同的颜色种类集。

7. 可扩展性

由于不同的显示方式，我们可以模拟大量的虚拟人。注意，以上关于配件的描述仅解决了动态情况下的虚拟人动画（即可变形网格）。然而，为了确保从一个表示方式切换到另一个表示方式的连续性，找到一个适用于配饰的解决方案就显得尤为重要：当虚拟人物显示等级降低时，远离相机的虚拟人头上的帽子不会突然消失。我们在这里研究如何使配饰具有可扩展性。

首先，详细说明如何缩放配饰以适应刚性网格。类似于虚拟人的特定关节的动画，配饰具有一个动画片段。如果想简单地将刚性网格原理（参见第 6 章）应用于配饰，则必须存储大量信息（参见算法 3.4）。

算法 3.4：配饰信息

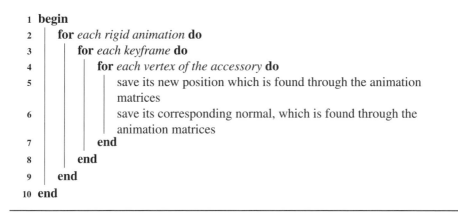

```
1  begin
2    for each rigid animation do
3      for each keyframe do
4        for each vertex of the accessory do
5          save its new position which is found through the animation
             matrices
6          save its corresponding normal, which is found through the
             animation matrices
7        end
8      end
9    end
10 end
```

可以看到，这个管线与给定动画片段的数据结构相对应，该数据结构存储了每个关键帧中刚性网格的顶点和法线。分析这个管线，可以看出存储的信息有明显的冗余：①配饰永远不会变形，这意味着它的顶点不会发生相对位移，因此可认为它们是由动画矩阵转换而来的单个组，这同样适用于配饰的法线；②如第 6 章中所述，不可能在数据库中为每个现有骨骼动画存储刚性动画片段和视图载体动画片段，因此不考虑为每个配饰创建刚性/视图载体动画片段。

为了大幅减少固定动画中存储的配饰信息，我们提出了如下解决方案，分为两步：第一步，如前所述，因为网格不会变形，所以不需要在动画的每个关键帧处存储所有顶点和法线。每个关键帧中保留一个对所有顶点有效的动画矩阵就足够了。运行时通过存储的动画矩阵来变换表示配饰的初始网格。第二步，可以根据配饰所绑定的关节重新组合所有配饰。例如，所有的帽子和眼镜都绑定在头上，因此它们都具有相同的动画。眼镜和帽子之间的唯一区别是它们相对于头部的渲染位置（帽子在上方，眼镜在前面），因此只需保留每个配饰相对于其绑定关节的这一特定位移。这与每个人物模板 – 配饰组的单个矩阵相关，而完全独立于播放的动画片段。总之通过这个方法，只需执行算法 3.5 和算法 3.6。

算法 3.5：处理关节

```
1  begin
2      for each rigid animation do
3          for each keyframe do
4              for each joint using an accessory do
5                  a single matrix representing
6                  the transformation of the joint at this keyframe
7              end
8          end
9      end
10 end
```

算法 3.6：处理配饰

```
1  begin
2      for each human template/accessory couple (independent of the animation)
       do
3          a matrix representing the accessory's displacement
4          relatively to the joint
5      end
6  end
```

将配饰原理扩展到视图载体是很复杂的。再提供一个如算法 3.7 所示的简单方法。

可以想象即便开始只有几个原始的视图载体动画，内存也会难以承受，因为无法为每个可能的配饰组合生成一个视图载体动画。第一种简化是忽略不明显的配饰。事实上当虚拟人远离相机时，通常会使用视图载体表示，因此只拥有少量像素的小细节将会被忽略。这些配饰有手表、珠宝等。当然，这也取决于使用的视图载体到摄像机的距离，以及这种消失是否可察觉。对于较大的配件，如帽子或手袋，并没有固定的方案来解决该问题。

算法 3.7：用配饰处理视图载体

```
1  begin
2  │  for each original impostor animation (without accessories) do
3  │  │  for all possible combinations of accessories do
4  │  │  │  create a similar impostor animation directly
5  │  │  │  containing these accessories
6  │  │  end
7  │  end
8  end
```

3.8 结语

本章介绍了一些用于创造大量真实感强的虚拟人的有用技术，讨论了基于单个图像生成虚拟人的可行策略。所述方法从虚拟人的颜色、材质、纹理和几何模型等几个属性入手，主要目标是生成大量彼此不同的虚拟人。

参考文献

[ABH*94] AZUOLA F., BADLER N. L., HO P.-H., KAKADIARIS I., METAXAS D., TING B.-J.: Building anthropometry-based virtual human models. In *Proceedings of IMAGE Conf.* (1994), ACM, New York.

[ACP03] ALLEN B., CURLESS B., POPOVIĆ Z.: The space of all body shapes: Reconstruction and parametrization from range scans. In *Proceedings of ACM SIGGRAPH 2003* (2003), ACM Press, New York.

[Arr88] ARRAJ J.: *Tracking the Elusive Human, Volume 1: A Practical Guide to C.G. Jung's Psychological Types, W.H. Sheldon's Body and Temperament Types and Their Integration*. Inner Growth Books, Chiloquin, 1988.

[BJ01] BOYKOV Y. Y., JOLLY M. P.: Interactive graph cuts for optimal boundary & region segmentation of objects in n-d images. In *Proceedings of the Eighth IEEE International Conference on Computer Vision. ICCV 2001* (2001), vol. 1, pp. 105–112.

[Dek00] DEKKER L.: *3D Human Body Modeling from Range Data*. PhD thesis, University College London, 2000.

[DHOO05] DOBBYN S., HAMILL J., O'CONOR K., O'SULLIVAN C.: Geopostors: A real-time geometry/impostor crowd rendering system. In *SI3D'05: Proceedings of the 2005 Symposium on Interactive 3D Graphics and Games* (New York, NY, USA, 2005), ACM, New York, pp. 95–102.

[dHSMT05] DE HERAS P., SCHERTENLEIB S., MAÏM J., THALMANN D.: Real-time shader rendering for crowds in virtual heritage. In *Proc. 6th International Symposium on Virtual Reality, Archaeology and Cultural Heritage (VAST 05)* (2005).

[DT05] DALAL N., TRIGGS B.: Histograms of oriented gradients for human detection. In *IEEE Computer Society Conference on Computer Vision and Pattern Recognition. CVPR 2005* (2005), vol. 1, pp. 886–893.

[HBG*99] HILTON A., BERESFORD D., GENTILS T., SMITH R., SUN W.: Virtual people: Capturing human models to populate virtual worlds. In *Proceedings of Computer Animation* (1999), ACM, New York, pp. 174–185.

[HC90] HEATH B. H., CARTER J. E. L.: *Somatotyping—Development and Application.* Cambridge University Press, New York, 1990.

[HDK07] HORNUNG A., DEKKERS E., KOBBELT L.: Character animation from 2d pictures and 3d motion data. *ACM Transactions on Graphics 26* (2007), 1–9.

[JDJ*10] JACQUES J. C. S. JR., DIHL L., JUNG C. R., THIELO M. R., KESHET R., MUSSE S. R.: Human upper body identification from images. In *IEEE International Conference on Image Processing* (2010), pp. 1–4.

[Jun07] JUNG C. R.: Unsupervised multiscale segmentation of color images. *Pattern Recognition Letters 28*, 4 (March 2007), 523–533.

[KM95] KAKADIARIS I., METAXAS D.: 3d human body model acquisition from multiple views. In *Proceedings of the Fifth International Conference on Computer Vision* (1995), pp. 618–623.

[Lew00] LEWIS M.: *Evolving Human Figure Geometry.* Technical Report OSU-ACCAD-5/00-TR1, ACCAD, The Ohio State University, May 2000.

[LGMT00] LEE W., GU J., MAGNENAT-THALMANN N.: Generating animatable 3d virtual humans from photographs. In *Proceedings of Eurographics* (2000), ACM, New York, pp. 1–10.

[LP00] LEWIS M., PARENT R.: *An Implicit Surface Prototype for Evolving Human Figure Geometry.* Technical Report OSU-ACCAD-11/00-TR2, ACCAD, The Ohio State University, 2000.

[Mau05] MAUPU D.: Creating variety a crowd creator tool. Semester project at Swiss Federal Institute of Technology—EPFL, VRLab, 2005.

[MGR01] MODESTO L., RANGARAJU V.: Generic character variations, "Shrek" the story behind the screen. In *ACM SIGGRAPH 2001* (Los Angeles 2001), conference lecture.

[MTSC03] MAGNENAT-THALMANN N., SEO H., CORDIER F.: Automatic modeling of virtual humans and body clothing. In *Proceedings of SIGGRAPH* (2003), ACM Press, New York, pp. 19–26.

[MYT09] MAÏM J., YERSIN B., THALMANN D.: Unique character instances for crowds. *IEEE Computer Graphics and Applications 29*, 6 (Nov. 2009), 82–90.

[NO96] NORTON K., OLDS T.: *Anthropometrica.* University of New South Wales Press, Sydney, 1996.

[PFD99] PLÄNKERS R., FUA P., D'APUZZO N.: Automated body modeling from video sequences. In *Proceedings of ICCV Workshop on Modeling People* (September 1999).

[RKB04] ROTHER C., KOLMOGOROV V., BLAKE A.: Grabcut: Interactive foreground extraction using iterated graph cuts. *ACM Transactions on Graphics 23* (August 2004), 309–314.

[She40] SHELDON W. H.: *The Varieties of Human Physique.* Harper and Brothers, New York, 1940.

[Smi78] SMITH A. R.: Color gamut transform pairs. In *Proceedings of ACM SIGGRAPH* (1978), ACM, New York, pp. 12–19.

[SMT03] SEO H., MAGNENAT-THALMAN N.: An automatic modelling of human bodies from sizing parameters. In *Proceedings of ACM SIGGRAPH/Eurographics Symposium on Computer Animation* (2003), ACM, New York.

[SPCM97] SCHEEPERS F., PARENT R. E., CARLSON W. E., MAY S. F.: Anatomy-based modeling of the human musculature. In *Proceedings of the 24th Annual Conference on Computer Graphics and Interactive Techniques (SIGGRAPH'97)* (1997), ACM Press, New York, pp. 163–172.

[Tay00] TAYLOR C. J.: Reconstruction of articulated objects from point correspondences in a single uncalibrated image. *Computer Vision and Image Understanding 80*, 3 (2000), 349–363.

[Til02] TILLEY A. R.: *The Measure of Man and Woman—Human Factors in Design*. Wiley, New York, 2002.

[TLC02a] TECCHIA F., LOSCOS C., CHRYSANTHOU Y.: Image-based crowd rendering. *IEEE Computer Graphics and Applications 22*, 2 (March–April 2002), 36–43.

[WG97] WILHELMS J., GELDER A. V.: Anatomically based modeling. In *Proceedings of the 24th Annual Conference on Computer Graphics and Interactive Techniques* (1997), pp. 173–180.

第**4**章

虚拟人动画

■ 4.1 引言

在设计可用于人群仿真的动画引擎时，必须考虑几个标准：动画计算应具有有效性、可扩展性和兼容性，兼容性即该动画计算适用于不同细节水平（LOD）。为了理解这一问题，本章考虑了人群仿真及游戏中最重要的动画模式，即运动（主要由步行动作和跑步动作组成）。

能够想到的第一个方法是为每个个体在线生成不同的运动周期。虽然引擎处理速度非常快，但不能在这件事上花费过多时间。此外，一些如 billboard（广告牌）或刚性网格的渲染技术，甚至需要在离线动画阶段准备适当的数据结构。

第二种方法是使用动画数据库。本章重点介绍具有不同速度的步行模式。我们希望不仅能允许任何虚拟人以不同的速度行走，而且能与连带动作（如使用手机或双手放在口袋中）相结合，以打破标准步行模式的单调性。实现此目标的第一步是构建步行周期的数据库，以便运行时在 GPU 中步行周期得到最佳利用。

为构建这一数据库，本章使用诸多可变参数（例如速度和类型）离线生成许多不同的运动周期。过程建模是实现上述目标的一种通用方法，该方法是将高级参数（如速度）与动画参数（即骨骼关节变量）连接起来。该方法需要详细分析几种通过定性、定量运动特征来实现的真实模式。主要困难之一是获取足够的数据（如生物力学文献中的数据）并将其组合以创建复杂但协调的步行

［BUT04］或跑步动作。

另一种方法是采用运动捕捉系统地记录运动周期，以便实现步行、跑步以及多个对象的速度的密集采样。捕获的原始动作可用于建立人群动画数据库（一旦关节发生了位移），但会受到捕捉速度和初始运动表演者风格的限制。使用大量数据构建一个统计模型是有意义的，这样可以提供由一个或多个高级连续变量驱动的通用运动引擎。Glardon 等人介绍了使用基于统计学的动作生成方法的典型案例［GBT04］。该方法采用 PCA（主成分分析）技术分析 MOCAP（运动捕捉）数据，形成由定量速度参数控制的降维空间，在此空间内可以进行内推和外插。此外，由于使用了适当的归一化和时间扭曲的方法，引擎具有通用性，并且可以产生人物高度和速度连续变化的步行动作。然而，即便引擎具有良好的性能（即 1.5 GHz CPU，一个周期内大约 25 帧/ms），但对于大规模人群动画来说，其成本问题仍然很重要。尽管如此，这仍是一个可离线搭建运动数据库的灵活的工具，适用于任意角色尺寸、速度与步行和跑步的组合。

在描述运动 PCA 模型之前，本章首先介绍了运动模型的现状［GBT04］。随后阐述了如何丰富标准步行周期中的内容，使其种类繁多且栩栩如生。本章最后提供一些导航控制原件，以生成平面内的任意轨迹。

4.2　运动建模的相关工作

因为步行运动合成在群体动画十分重要，所以它是核心问题。与 *Computer animation of human walking：A survey*［MFCG＊99］所述类似，本书将该方法分为 4 类。

4.2.1　运动学方法

大多数运动学方法依靠生物力学知识，并结合正向和逆向运动学。它们不一定遵循物理规律，并将重点放在骨架（刚体部位的位置、速度和加速度）的运动学上。20 世纪 80 年代，开发了用于产生由高级参数（如步长和频率）驱动运动模式的方法。Zeltzer 在文献 *Motor control techniques for figure animation* 和 *Knowl-*

edge - based animation［Zel82，Zel83］中设计了一台控制合成人体步态的有限状态机。这些状态表示内插的一组关键帧，以产生所需的步行动作。Boulic 等人提出了一个基于大范围归一化速度实验数据的步行引擎，用户可以使用由线速度和角速度这两个高级参数驱动的任何尺寸的虚拟人来创建动画［BTM90，BUT04］。其他的运动学方法旨在确保脚不会陷入地下，例如文献 *Computational modeling for the computer animation of legged figures*［GM85］、*Interactive design of 3 - d computer - animated legged animal motion*［Gir87］、*Combined direct and inverse kinematic control for articulated figure motion editing*［BT92］、*Interactive animation of personalized human locomotion*［BC93］中步行运动［BC96］和 *Knowledge - driven*，*interactive animation of human running* 中的跑步运动。在文献 *Animation of human walking in virtual environments*［CH99］中，确定支撑腿的脚的位置优先于确定摆动的腿的位置。另外，避障模块用于生成爬楼梯行为。其他运动的控制使用更复杂的方法。文献 *Automating gait generation*［SM01］中提出的方法是对原始运动进行变形以适应在不平坦地形的步行动作，该动作由 2D 空间步长和步高参数生成。初始动作在矢状面进行表示，根据运动方向逐渐修改矢状面的方向。Tsumara 等人提出了一个通过处理下一个足迹位置来更好地适应灵活的方向变化的运动［TYNN01］。然而，用户无法控制速度。Kulpa 等人提出了运动的正交表示法，该方法可以在各种角色和地形的条件下，通过逆向运动学重建序列［KMA05］。

这些方法的主要缺点之一是缺乏运动真实感。因此，物理模型改善了这些方法的缺点。

4.2.2　基于物理的方法

文献 *Animation of dynamic legged locomotion*［RH91］的先前工作开发了对足式机器人的动态控制来创建简单的腿部动画。然而，该方法无法构建复杂角色的全身动画。所以，根据给定的约束使用控制器提供应用于身体各部位的力和扭矩。Hodgins 等人提出了基于有限状态机的控制算法来描述特定的运动（跑步、骑车、跳跃）以及在比例微分（PD）伺服系统中来计算关节力和转矩［HWBO95］。此方法已经由 Wooten 等人改进，其允许从一个控制器切换到另一个控制器，以在跳跃和着陆运动之间完成平滑过渡，同时保持平衡［WH96，WH00］。在文献 *The virtual stuntman：Dynamic characters with a repertoire of autono-mous motor skills*［FvdP01］中控制平衡以生成从跌倒中恢复原运动的动作。Ko 和 Badler 提出了一种方法［KB96］：首先使用运动学方法生成运动序列，然后依据动力学规则增加动画的真实感，尤其是表现在遵循人类力量限制的条件下保持平衡这一方面。使用动力学控制关节的运动是非常困难的。特别是通过保持相对于人类的力量极限平衡。一方面，动态地控制 n 个自由度身体意味着控制 n 个驱动器；这与直接控制 n 个关节一样困难，更不直观。另一方面，一旦成功创建一个控制器，可以尝试将其应用于新的内容。例如，Hodgins 和 Pollard 在文献 *A-dapting simulated behaviors for new characters*［HP97］中介绍了一种使物理控制器适应不同形态和骨架类型的技术。针对如步行的周期性运动，Laszlo 等人通过向动态环境中的开环系统添加闭环控制来提高运动稳定性［LvdPF96］。由于摄动的产生，闭环控制是基于将步行运动强制回归到稳定有限的周期上的应用。控制通过操纵髋部的俯仰和滚动来实现。最后，Faloutsos 等人在文献 *The virtual stunt-man：Dynamic characters with a repertoire of autonomous motor skills*［FvdPT01］中提出了一种支持组合不同控制器的方法，以便通过使用更简单的控制器来生成具有真实感且更复杂的动作。组合可以通过诸如支持向量机（SVM）的机器学习方法自动确定或手动执行。

然而，控制器目前提供的逼真动作的范围相对有限。因此，必须设计复杂的复合控制器，能够合成所有类人运动行为的范围。此外，基于物理的方法需要用户使用许多高参数维度的帮助，该方法不适合于人类动画系统。

4.2.3　运动插值

下一个研究方向围绕结合已有数据的技术展开，这些数据通过上述方法或运动捕捉获得。在文献 *Fourier principles for emotion – based human figure*［UAT95］中，基于傅里叶级数的运动表示用于比较和量化相似运动特征（疲劳、悲伤、快乐）。例如，通过从傅里叶域中表示的步行的"brisk"值减去"normal"值来获得参数"briskness"。Guo 和 Roberge 提出了另外一个开创性的工作［GR96］，其内容为结合 4 个差异广泛的运动周期，该周期包含从步行到跑步等不同步幅的运动，并由诸如"脚跟撞击"和"脚趾离开"等关键事件进行标记。在由关键事件定义的每个继承子区间内，通过局部时间扭曲姿势的线性组合构成新的序列。

其他方法是在一个大范围内的离散输入数据上进行多维运动插值。Rose 等人选择基于 RBF（径向基函数）的插值方案来产生参数化运动。输入动作首先根据活动（"动词"）手动分类，并用参数向量表征。运动数据由 B 样条控制点表示，该样条控制点随着时间的推移对 DOF 函数进行建模［BW95］。另外，通过使用基于文献 *Motion signal processing* 中介绍的时间扭曲过程，将附加到给定动词的动作在结构上对齐。为了产生新的动作，选择 RBF 和多项式的组合，并提供对应于所请求的参数运动的 B 样条系数。多项式函数提供了示例运动空间的总体近似值，而 RBF 在本地调整多项式，以便当用户给出其对应的参数向量时获得准确的示例运动。Solan 等人采用最基础的函数来进一步提升性能［SRC01］。在文献 *On－line locomotion generation based on motion blending* 中引入基于 RBF 的技术，其目的是在线运动合成，并为示例输入动作来分配权重。然后，使用多重四元数插值方案，执行示例数据的加权线性组合，生成新的动作。在文献［RCB98］中，根据每个输入动作的特性定义了一个特定的核函数，用于描述 RBF 结构。最近，Mukai 和 Kuriyama 改进了上述结构［MK05］。空间距离和相应的控制参数之间具有相关性，上述方法是以将其相关性考虑在内的地质统计学为基础的，最终能获得更准确的运动插值。

上述离散数据插值方法使每个输入动作有助于所生成的动作，甚至高效到足以执行实时运动的合成。一方面，该方法产生的计算效率依赖于示例动作的数量；另一方面，当用户请求与示例相去甚远的参数时，该方法提供粗略的结果，因为插值权重纯粹基于线性近似。

因此，其他方法提出用较少的例子对动作进行参数化的方法。Pettre 和 Laumond 提出将运动捕捉数据表示到频域［PL05］，正如文献 *Fourier principles for emotion－based human figure* 所述。作者使用以两个参数为特征的步行周期：线速度和角速度。用傅里叶系数表示的初始动作投影到这个 2D 参数空间中，并且执行 Delaunay 三角剖分。该方法也类似于文献 *Automating gait generation*［SM01］

中描述的方法，根据给定参数对，可以选择最近的三个相邻动作来计算相邻两个之间的加权线性插值。在文献 *Flexible automatic motion blending with registration curves*［KG03］中提出了一种因解决其他问题中的时间扭曲问题而更通用的运动插值方法，即称为排齐曲线的新数据结构。这个概念自动确保了时间扭曲的一致性和所有输入动作的人形根节点的对齐。此外，对输入动作的物理约束做适当的插值操作。为获得新的动作，用户在手动选择的动作示例上设置权重。根据文献 *On – line locomotion generation based on motion blending*［PSS02］中阐述的技术，动作示例依附的排齐曲线允许用户执行统一内插。

对于动作内插，对整个输入数据集内的必要示例动作进行自动选择。在文献 *Interpolation synthesis of articulated figure motion* 中首次提出插值空间采样的通用策略［WH97］，最终获得参数空间中的常规采样网格。根据给定的参数组合，可以在参数空间中确定区域，并且对仅在该区域中的动作之间执行插值操作。其他工作是基于此策略的。Zordan 和 Hodgins 提出示例动作的稠密集作为逆向运动学任务的辅助［ZH02］，而 Rose 等人通过向参数空间添加附加样本来提高所得动作的精度［RSC01］。

文献 *Automated extraction and parameterization of motions in large data sets*［KG04］中提出另一种选择示例动作的替代方法。给定一部分动作数据集（"查询"），该方法定位并提取相似的片段，表示相同的动作或动作序列，通过将提取的片段作为新的查询重复执行该搜索。正如文献 *Articulated body deformation from range scan data*［ACP02］中所提出的，完成上述处理后，对提取的片段执行 k 最近邻分类算法（k – nearest – neighbor，kNN）。这样可以将插值权重明确地约束到合理的值，并将参数空间的可访问区域之外的点投影到参数空间。当用户参数与原始输入数据相去甚远时，基于散点数据插值的动画方法将产生粗略的结果，因为插值纯粹基于线性近似［RCB98，PSS02］。

4.2.4　统计模型

对于解决动作参数化问题，现已有一些统计方法可供使用。对于带关节的角色动画，Brand 和 Hertzmann 使用隐马尔可夫模型（Hidden Markov Models）以及熵最小化程序来学习与合成具有特定风格的动作。他们提出了一种有意义的方法：自动计算结构对应关系，并提取动作序列之间的风格。该方法虽然给人留下了深刻的印象，但会受到依赖具体参数化的复杂数学框架的影响。此外，动画并非实时生成。

　　PCA 是另一种统计方法，数十年来应用于诸多领域。该方法作为一项数据压缩技术，用于识别数据中的显著变化和消除表示中的冗余。最近，PCA 已经应用于计算机图形学领域。Alexa 和 Mueller 使用 PCA 表示可自适应压缩的几何关键帧动画［AM00］。需要特别注意用于 PCA 的动作数据表示。当这些数据是 3D 关节位置、速度或加速度时，可以直接如文献 *Motion synthesis from annotations* 中所述应用 PCA［AFO03］，以降低动作特征向量的维度。对于具有非欧几里得几何的关节角度测量，需要通过使用指数图等将其近似为欧几里得空间［Gra98］。在文献 *Construction of animation models out of captured data*［LT02］中，首先使用 PCA 压缩这些数据，然后再使用 *Verbs and adverbs：Multidimensional motion interpolation*［RCB98］中的 RBF 插值技术在约化空间中执行动作参数化。这种方法的核心是把每个动作示例视为 PCA 空间中的一个点。文献 *Personalised real-time idle motion synthesis*［EMMT04］中闲时动作的合成也基于 PCA，便于动作混合和动作拟合等操作的执行，这样能够产生姿态的微小变化和平衡的个性化改变。Safonova 等人使用 PCA 技术减少输入数据的维度，从而更有效地执行基于物理的动作合成［SHP04］。Troje 提出了一种参数化步行动作（具有性别和情绪等属性）的方法，方法中使用 3D 标记表示位置［Tro02］。该方法首先利用 PCA 处理每个捕获的数据，然后使用时间正弦函数加以表示。最后再次使用 PCA 处理所有已降维的动作，以产生新的空间，该空间中判别函数用于确定每一维相对于属性的贡献值。尽管结果非常好，但该方法在动作合成中的使用是受限的。首先，数据没有在关节角度空间中表示，造成了肢体长度改变。其次，属性的变化会产生不想要的结果，如运动速度的改变。基于比例高斯隐变量模型（SGPLVM）的方法支持从低维空间（隐空间）到表征动作（关节角度、速度和加速度）的特征空间的映射［GMHP04］。因此，核函数根据它们在隐空间中的相应表示来映射姿态之间的相关性。与文献 *Geostatistical motion interpolation*［MK05］中的方法类似，该方法对 RBF 插值进行了概述，并提供了所有 RBF 参数的自动学习。然而，SGPLVM 技术仍需调整和优化基于大型动作捕捉数据库的实时动作合成。

总而言之，上述工作受到诸多因素的限制，如动作外推能力弱。为缓解此问题，输入动作必须依据其参数分成簇。在这些簇中能够精确执行动作的内插和外推，这些簇具有直观定量的高级参数，如运动速度。先前工作的另一限制是对任何类型虚拟角色的运动自适应。下一节将介绍能够生成通用运动动画的框架，适用于多种角色尺寸［GBT04］。

4.3　主成分分析法

4.3.1　动作捕捉数据过程

本节提出了一种由角度输入数据构建的 PCA 空间，在该空间中修改参数不影响其他运动特性。首先我们描述运动数据的获取过程，然后描述由这些数据组成的降维空间。

举一个实际的例子，使用一个畅销的商用光学动作捕捉系统[1]来说明我们的方法。该系统具有一组 37 个标记，如图 4.1 所示。鉴于骨架建模的协定，我们使用 H－ANIM 标准，该标准定义了通常的默认关节方向（情况）和针对层次结构的灵活拓扑（任何关于父子关系的子集都是有效的）。通过应用文献 *Human motion capture driven by orientation measurements*［MBT99］中描述的方法，标记位置到关节角度的映射得以实现。

4.3.2　全周期模型

本节介绍全周期模型，只有当每个高级参数更新时，该模型才能高效地生成一个完整的运动序列。为了说明我们的方法，使用了两个运动例子：行走和奔跑。

1　Vicon Motion Systems. www.vicon.com,2004.

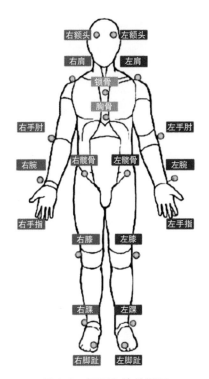

图 4.1　标记集的前视图

1. 输入数据

为了创建动作数据库，使用 Vicon™ 光学动捕系统和跑步机来记录有年龄和性别差异的 5 个对象（2 名女性和 3 名男性）。在行走的情况下，不同序列的速度（物理参数）以 0.5 km/h 递增，从 3.0 km/h 变化到 7.0 km/h。在奔跑的情况下，以 1.0 km/h 递增，从 6.0 km/h 增加到 12.0 km/h。然后将序列分成周期（1 个周期包括两个步骤，从右脚跟敲击开始），并且选择其中的 4 个。

这些周期与统一的运动方向保持一致，转换成关节角空间（由指数映射表示），最后进行归一化处理，从而使每个序列由相同数量的样本表示。此外，插入每个对象的站立位置的序列来表示速度值为 0km/h 的情况。因此数据库是由 180 个步行周期和 140 个奔跑周期组成。

2. 主 PCA

在实践中，人体姿态可由根节点的位置和方向以及关节角向量来定义。可以通过角运动向量 $\boldsymbol{\theta}$ 表示动作，角运动向量 $\boldsymbol{\theta}$ 是在规律采样间隔中测量出的一组关节角向量。

由于计算整个运动序列耗时较长，所以可应用 PCA 技术显著降低输入的动作捕捉数据空间的维度。使用输入动作矩阵 M 计算得到的空间叫作主 PCA，其中矩阵 M 由具有 k 个对象的数据库中所有的动作向量组成。为中心化整个数据库相关的空间，我们定义 θ_0 作为所有（n 个）动作向量的平均向量。用 m 个第一正交 PC（主要成分）来作为描述该空间的基向量，这对计算原始数据的近似值尤为必要。令 $\boldsymbol{\alpha} = (\alpha_1, \alpha_2, \cdots, \alpha_m)$ 为系数向量，$\boldsymbol{E} = (e_1, e_2, \cdots, e_m)$ 为 M 的第一 PC（或特征向量）的向量矩阵，动作 $\boldsymbol{\theta}$ 可以表示为

$$\theta \cong \theta_0 + \sum_{i=1}^{m} \alpha_i\, e_i = \theta_0 + \alpha E \tag{4.1}$$

图 4.2 描述了步行、跑步和站立这些原始动作的前两个成分的系数 α_i，图中每个点表示在捕获速度下 4 个周期的平均动作，本节中所有示意图中的点都采用这种形式表示。

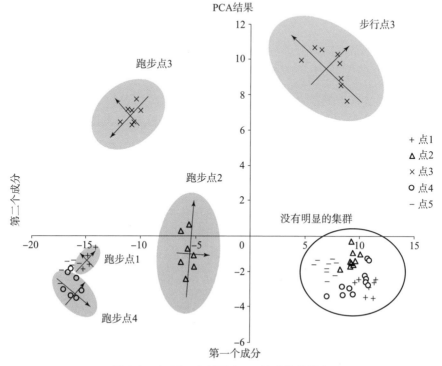

图 4.2 主 PCA 中前两个 PC 的动作数据库

如上所述，PCA 的目的在于降低输入数据的维度。为了生成一个完整的新动作，混合技术可应用于不同的 α 值，根据三个高层（high – level）参数：拟人化向量 p，其中 p_i 表示对象 I 的权重，运动类型 T（步行或跑步），速度 S。原始数据大多是非线性（指数映射）的，在实践中，因为肢体运动主要发生在矢状面内（即一维旋转），因此可进行线性插值。然而，混合技术不适用于动作外推，下一节会介绍如何解决这个问题。

4.3.3　动作外推法

本节提出的 PCA 空间的层次结构，可使用有效的方式进行外推，以产生基于全周期的运动。

许多工作使用 RBF 执行多维离散数据的内插，通过多项式和 RBF 函数计算给定参数向量的示例动作权重［SRC01］。RBF 函数可以确保给定参数向量与示例动作相对应，该方法能有效地返回示例动作。多项式函数基于线性最小二乘法，支持动作外推。

然而，该方法表现出一定的局限性：所有动作都隐含在一个新运动的计算中。事实上，即使用户希望仅混合所选择的一组示例动作，也没有示例动作的权重值为零，这需要花费大量计算时间。此外，由于其他对象示例的影响，具有运动类型的现有对象的速度参数外推会产生不期望的结果。如图 4.3 所示，与文献 *Verbs and adverbs*：*Multidimensional motion interpolation*［RCB98］中的方法相比，针对速度为16 km/h的奔跑姿势，外推法具有局限性。请注意图中肘部的差异。

具体来说，本章方法分别对每个对象和每种类型的运动进行速度外推。因此，所有示例动作必须通过处理相似群组（对象，运动类型），然后应用线性最小二乘法来获得给定速度 S 的相应系数向量 α。本小节介绍的 PCA 空间分层结构有助于对动作进行分类，也支持在非常低的维度上（而非主 PCA 空间中）使用线性最小二乘法。

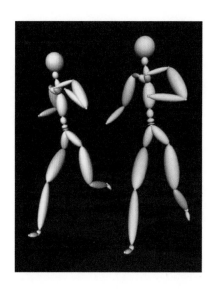

图 4.3　多项式/RBF 外推法（黄色）及本章方法（蓝色）

1. 第二 PCA 层（子 PCA 层 1）

如图 4.2 所示，主 PCA 表示与对象和运动类型相关的相对紧凑的簇。可应用如 $k-\text{means}$ 的简单聚类方法来分离不同的对象。在主 PCA 中计算并按对象分组的系数向量 $\boldsymbol{\alpha}$ 用于 PCA 算法的第二步，形成新的 PCA 空间，即子 PCA 层 1。因此与特定对象 v 相关的系数向量 $\boldsymbol{\alpha}$ ，可按照式（4.1）进行分解：

$$\boldsymbol{\alpha} \cong \boldsymbol{\alpha}_0 + \sum_{i=1}^{b} \beta_i f_i = \boldsymbol{\alpha}_0 + \boldsymbol{\beta}\, \boldsymbol{F}_v \qquad (4.2)$$

式中，$\boldsymbol{\beta} = (\beta_1, \beta_2, \cdots, \beta_b)$ 表示新的系数向量；$F_v = (f_1, f_2, \cdots, f_b)$ 表示由 b 个第一特征向量构成的新的基向量，其中 b 小于对象序列数。向量 $\boldsymbol{\alpha}_0$ 表示对象 v 的所有系数向量 $\boldsymbol{\alpha}$ 的平均值。如图 4.4 所示，使用 $\boldsymbol{F}_v$ 中对象 v 相关的所有 $\boldsymbol{\beta}$ 的前两个系数值，清楚地显现出三个运动类型不同的簇。考虑图中所有对象（没有相同的 PCA 空间），第一 PC 将数据分离为步行与跑步（站立姿势被认为是步行的特殊情况）。此处展示的两个 PC 的特征值足以说明 $\boldsymbol{\beta}$ 之间最显著的变化。

子 PCA 层 1 空间非常适合提取高层参数 T。两种类型的运动中均集成了站立姿势，以便给出新生成动作的下边界（速度为零）。可针对对象 v 两种类型的运动使用基于混合技术的内插。

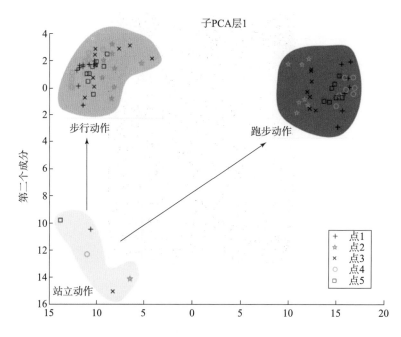

图 4.4 子 PCA 层 1 中所有对象 $\boldsymbol{\beta}$ 的前两个值

2. 第三 PCA 层（子 PCA 层 2）

对象 v 与一种运动类型相关，再次对其系数向量 $\hat{a}$ 使用 PCA 算法形成新空间，称为子 PCA 层 2。对于每种类型的运动，为避免过度关注站立姿态，需要两个子 PCA 层 2。如图 4.4 所示，这一站立姿态簇与步行（或跑步）簇之间的距离大于步行（或跑步）簇内不同动作之间的距离。使用系数向量 $\boldsymbol{\beta}$ 计算第一子 PCA 空间时，$\boldsymbol{\beta}$ 与站立动作和速度值最小的运动类型（在这种情况下，PCA 类似于线性插值）相关；使用系数向量 $\boldsymbol{\beta}$ 计算第二子 PCA 空间时，$\boldsymbol{\beta}$ 与相同运动类型的所有动作有关。因此，属于第二子空间的步行动作 β 定义如下：

$$\boldsymbol{\beta} \cong \boldsymbol{\beta}_0 + \sum_{i=1}^{t} \gamma_i g_i = \boldsymbol{\beta}_0 + \boldsymbol{\gamma} \boldsymbol{G} \tag{4.3}$$

式中，$\boldsymbol{\gamma} = (\gamma_1, \gamma_2, \cdots, \gamma_c)$ 是新的系数向量；$\boldsymbol{G} = (g_1, g_2, \cdots, g_c)$ 是 c 个第一特征向量构成的新的基向量。向量 $\boldsymbol{\gamma}_0$ 表示所有系数向量 $\boldsymbol{\gamma}$ 的平均值，$\boldsymbol{\gamma}$ 是具有某一运动类型的特定对象的系数向量。

该第三层级能够确定系数向量 $\tilde{a}$ 与其对应速度值之间的关系。如图 4.5 所示

的步行动作和图 4.6 所示的跑步动作，比较系数向量值及其对应的速度值，可以
看出它们之间的线性关系。

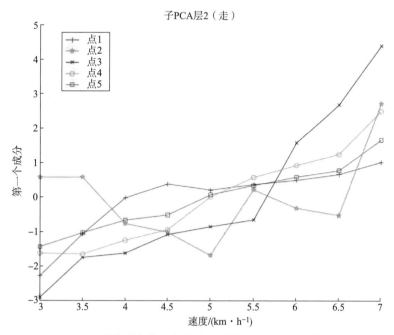

图 4.5　所有对象的速度和第一系数向量 γ（步行情况）

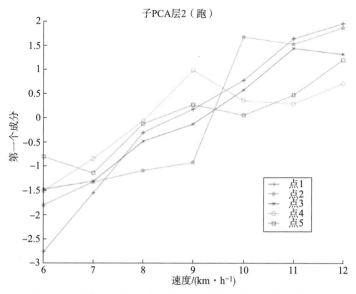

图 4.6　所有对象的速度和第一个系数向量 γ（跑步情况）

对一组系数向量和速度值 S 进行线性最小二乘拟合。针对给定速度，通过最小化实际系数值 γ_i 与近似系数值 $\hat{\gamma}_i$ 之间距离的平方和可得到线性近似函数 $A(S) = \gamma = aS + b$。式（4.4）描述了速度值不同情况下，p 个 PC 在 w 个不同动作上的拟合：

$$\min \sum_{i=1}^{w} \left(\gamma_{pi} - \hat{\gamma}_{pi} \right) = \min \sum_{i=1}^{c} \left(\gamma_{pi} - a_p S_i - b_p \right)^2 \qquad (4.4)$$

因此，将函数 $A(S)$ 应用到每个子 PCA 层 2，从而支持生成不仅限于输入数据域内的速度值 S 的系数向量 γ。图 4.7 展示了对象的步行和跑步动作数据的拟合结果，所捕获的最小速度：步行 3.0 km/h，跑步 6.0 km/h。由于先前连续应用 PCA 算法，在单个维度上执行式（4.4）的运算，获得一维向量 $\boldsymbol{a}$。

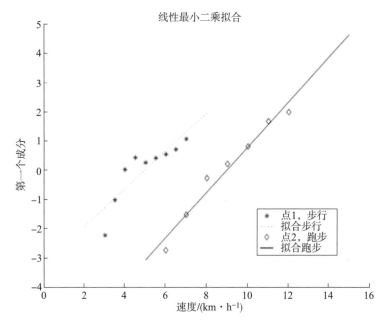

图 4.7　子 PCA 层 2 的拟合系数（同一对象的行走和跑步动作）

■ 4.4　步行模型

步行引擎由两个高层参数驱动：速度和人物身材。首先，根据速度值在每个对象的 PCA 空间中使用内插法和外推法生成动作。其次，使用时间扭曲方法处理人物身高参数。

动作内插和外推

由于构成 PCA 空间的步行动作仅在速度参数水平上不同，其 PC（主要成分）往往表现出快慢动作之间的最大差异。因此，需要确定系数向量 $\boldsymbol{\alpha}$ 及其对应速度值之间的关系，以便实现动作内插和外推。

首先，为那些显著影响动作的 PC 指定编号 m，将包含了 80% 动作信息的 PC 指定为第一个 PC。事实上，如图 4.8 所示，相较于第一个 PC，其余的 PC 贡献较小，并且可能不提供与速度值之间的相关关系。此外，该百分比（80%）代表空间的一个重要降维因子，适用于实时细节。

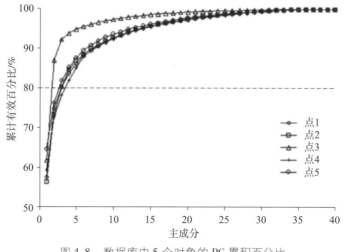

图 4.8　数据库中 5 个对象的 PC 累积百分比

然后，对 PCA 空间的每一个维度，各种捕获到的速度值与其相应的系数向量 $\boldsymbol{\alpha}$ 进行对比，结果在图 4.9 和图 4.10 中显示，图中清楚地展示了速度明显大于零时运动之间的线性关系（站立姿势不属于此线性关系）。此外，在实践中不适和用多项式曲线来拟合这些动作，尤其是对于运动外推。因此，下面将构造两个线性函数并将其应用到每个维度。

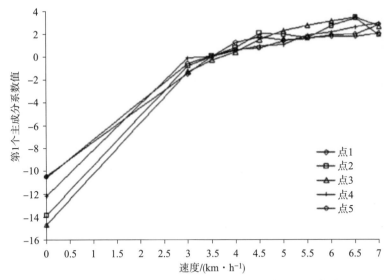

图 4.9　5 个对象的第 1 个 PC 的速度值与系数值之间的对比

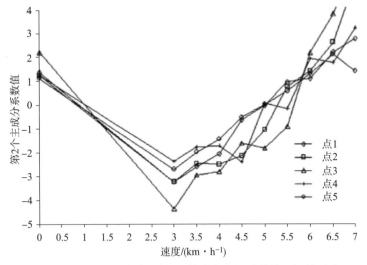

图 4.10　5 个对象的第 2 个 PC 的速度值与系数值之间的对比

第一个函数是对系数向量 $\boldsymbol{\alpha}$ 及其相应的速度值 S 进行线性最小二乘拟合（不包括速度值为零）。因此，对于一个给定的 iPC，设 $A_i = m_i S + b_i$，通过最小化实际系数值 α_{ij} 和近似系数值 d_{ij} 之间距离的平方和来求解线性近似函数 $A_i(S)$：

$$\sum_{j=1}^{nbS} (\alpha_{ij} - d_{ij})^2 = \sum_{j=1}^{nbS} (\alpha_{ij} - m_i S_i - b_i)^2 \tag{4.5}$$

其中有 nbS 个不同的速度值。第二函数是一个零速度值 α_{ij} 和根据最小捕获速度值 ($j=2$) 计算出来的函数 A_i 之间的简单线性插值。图 4.11 所示为对于一个对象，两个拟合函数的结果。

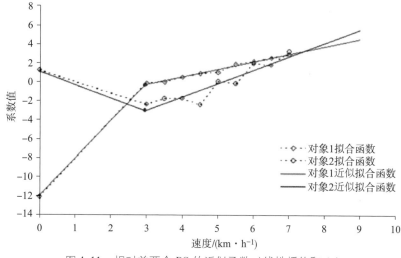

图 4.11　相对前两个 PC 的近似函数（线性插值和 A_i）

因此，应用上述两个近似函数，不仅能够插值，也能对于一个给定的速度值推断步行动作。事实上，这些函数返回一个系数向量 $\boldsymbol{\alpha}$，需将 $\boldsymbol{\alpha}$ 代入式（4.1）来计算新生成的步行动作。

■ 4.5　运动重定向和时间扭曲

本节说明如何将数据重定向到与捕获到的数据不同的人物尺寸，并基于动作分析提出了一个展开归一化数据的过程。

为了产生适合任何虚拟人的动画，需要使用异构输入数据的泛化。事实上，我们捕捉到的对象，不仅在动作风格上有差异，而且在身材上也存在差异。

首先，所有的 3D 位置（即人形根关节）的动作向量 $\boldsymbol{\grave{e}}$ 根据被捕获对象的腿长划分。根据 Murray 所述 ［Mur67］，对于拥有相同归一化速度值 V 的所有成年男性，所有的在矢状面（髋、膝、踝）内的腿屈伸角具有非常相似的轨迹，其中 V 由行走速度 v（m/s）除以髋关节高度 H（即腿的长度，以米为单位）获得。

跑步动作同理。

　　由于在预处理过程中进行的归一化步骤，每个输入运动序列和每个生成的序列包含一个固定数量的帧。步行循环频率函数 f 将给定的归一化速度 V 与循环频率 f 相关联，使用 f 来处理时间扭曲，称为 Inman 定律［IRT81］。本书修改了此定律，使之符合在跑步机上进行的实验的观测结果，并将其扩展到跑步动作情况。将数据拟合到一个 $a*b$ 形式的近似函数，类似于 Inman 法。图 4.12 所示为 5 个对象执行行走和跑步动作时，频率随归一化速度的变化情况。

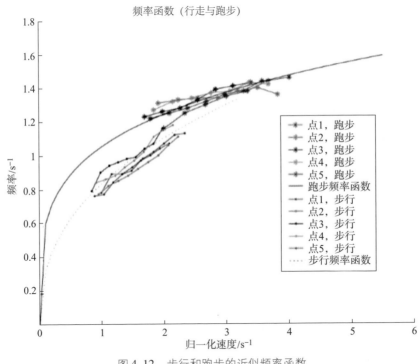

图 4.12　步行和跑步的近似频率函数

行走动作的频率函数由下式描述：

$$f(V) = 0.85\, V^{0.4} \tag{4.6}$$

跑步动作的频率函数由下式描述：

$$f(V) = 1.07\, V^{0.24} \tag{4.7}$$

　　因此，动画引擎能够不断变化速度，并像在步行引擎中那样计算相位 φ 的更新，相位 φ 在［0，1］范围内取值，相位更新使用下式计算：

$$\Delta\varphi = \Delta t f(V) \tag{4.8}$$

式中，Δt 为两个姿态更新时消耗的时间；V 为归一化速度。相位 φ 乘以归一化序列帧数量得到显示的帧。

■ 4.6　动作生成

本书的全周期方法的目标是允许终端用户设置一些高层参数，拟人矢量 $\boldsymbol{P}$ 由以下参数组成：分配给每个对象的权重、运动类型 T、速度 S 和人的身材（即腿的长度 H）。

经过预处理工作，输入数据包含在所有层次 PCA 空间结构内，其结构如下：首先，主 PCA 空间使用动作数据库 M 计算。其次，n 子 PCA 空间层 1 转变为表示在第一 PCA 空间的 n 个对象。最后，对于 n 个子空间中的每一种类型的动作，创建两个新的 PCA2 层子空间，一个包含站立的姿势，另一个包含以不同速度捕捉的不同动作。图 4.13 说明了这种结构。这个层次的数据结构有助于我们根据三个高层（或终端用户）参数（S、T 和 P）产生新的运动。这个过程将在接下来的小节中说明。

4.6.1　速度控制

我们从层次结构的最低层开始，即子 PCA 2 层空间，在允许外推的情况下其函数 $A(S)$ 映射速度 S 到系数向量 $\boldsymbol{\gamma}$。对于每个对象，子 PCA 2 层空间包含一个返回系数向量 $\boldsymbol{\beta}$ 的 S 值。在我们的例子中，有两个向量 $\boldsymbol{\beta}$，一个用于行走，另一个用于奔跑，描述具有相同的（归一化）速度的每个对象。

4.6.2　动作控制类型

在设置速度 S 之后，必须考虑动作参数 T 的类型。此参数从 0（纯步行型）变化到 1（纯跑步型），允许终端用户生成行走和跑步之间的组合动作。对于每个对象，在两个系数向量 $\boldsymbol{\beta}$（子 PCA 层中计算所得）之间相对于参数 T 执行线性插值。此插值是可行的，因为这两个向量表示在相同的子 PCA 1 层空间中。然

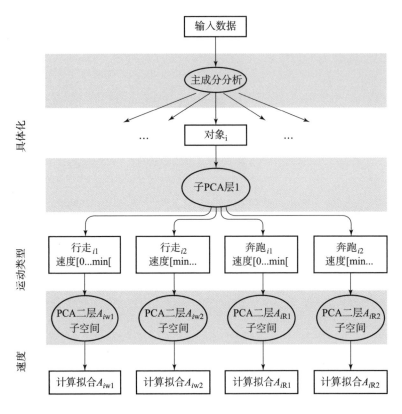

图 4.13　PCA 空间层次结构

后，由该向量在主 PCA 空间中计算以得到一个系数向量 $\boldsymbol{\alpha}$，该向量对应于一个有特定的速度和动作类型的给定对象。

4.6.3　拟人化控制

最后一个高层参数，即拟人向量 $\boldsymbol{P}$，允许用户分配权重到各种输入对象，产生的新动作具有不同的风格特征。为此，对象的系数向量 $\boldsymbol{\alpha}$ 使用 p_i 进行内插，动作向量 $\boldsymbol{\theta}$ 最终可以计算得出。此外，根据腿的长度进行根节点的转换，并加入全局水平转换。

这种动作生成方案仅围绕所给定动作的高层参数来实现。事实上，对于 $p_i = 0$，其相应的对象会被忽略。

4.6.4　动作过渡

不同动作之间的转换是计算机动画中的一个重要问题。我们不需要像文献 *On – line Motion Blending for Real – Time Locomotion Generation* ［PhKS03］中那样捕获动作过渡。在本书的例子中，解决该问题的方法如下：基本的想法是在两个具有不同类型的动作之间执行过渡，但具有相同的速度，如操作本书的层次 PCA 结构。此外，由于动作的规范化，将其分割为周期并具有相似的姿势（循环动作的族群），我们确保在一个特定的行走帧 i，最近的帧同样也是跑步帧 i。因此，执行不同类型动作的无缝转换是可能的，其中用户给出了一个特定的以秒为单位的过渡持续时间。此外，我们根据 T 变量在行走和跑步间进行线性插值。

如上文所述，在实践中，高层参数的任何变化都会导致重新计算。为了优化这个过程，对应于每个高层的插值参数与最低层的 PCA 结合，其维度与其他空间相比明显降低。对于较上层，只需要数据之间相加，消除了插值参数相乘。此外，如果一个插值参数是空的，就不需要做加法，这样的话当许多权重 p_i 为空时则可提升性能。

4.6.5　结果

本书将层次 PCA 方法应用到步行和跑步的动作数据库。序列以 120 Hz 的频率进行记录并规范化为 100 帧包含 78 个自由度的动画。数据库的总大小为 25 MB。第一 PCA 是由前 10 个 PC 组成的（从 4 个例子、5 个对象的 17 个不同的动作的超过 380 个 PC 中获取），占所有信息数据的 97%。接下来，每个对象确定一个子 PCA 1 层（即前两个 PC），代表数据信息的 95%。最后，计算子 PCA 2 层得出一个一维空间，汇总数据如表 4.1 所示。

表 4.1　PCA 的维度

主成分名称	主成分个数	数据	缩减系数
主成分	10	97%	38
子 PCA 层 1	2	95%	5
子 PCA 层 2	1	95%	2

需要重新计算动作的结果数据大小是 1 MB，因此是数据库的 1/25。此外，子 PCA 2 层空间系数的归一化速度的近似函数的计算，与步行和跑步的频率函数的计算也同样如此。上述所有操作都是在预处理阶段完成的。在执行阶段，根据高层参数为基于 H－ANIM 层的人体骨骼添加动画，其中用户可以实时改变：不同的拟人化权重、速度、运动类型和腿的长度。

步行动作外推和内插可以从 0～15 km/h，如图 4.14（右）所示。超出这个速度值，奇怪的行为会发生在骨架层次，比如说手臂会达到头部位置。另一个问题是，不再保证双脚支撑。跑步动作产生的速度为 0～20 km/h，如图 4.14（左）所示。高于这个值时会产生其他结果，不同于在步行的情况下的例子。事实上，脚会在地上滑动，尽管人眼很难在这样的速度看清这样的动作。但这个问题可以通过引入在脚关节的约束来解决。

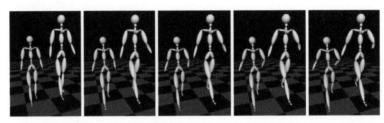

图 4.14   在同一时刻的步行周期的姿态，有两个不同的骨架尺寸。从左到右的速度为：2 km/h、4 km/h、6 km/h、8 km/h 和 10 km/h

行走和跑步（包括逆向）之间的转换是平滑的，只需改变运动动态和手臂轨迹，在跑步时平滑度较高。在此拟人化不容易应用，因为我们只捕获自然行走的动作，而不是带有情绪的，如懒惰、快乐或冲动。

拟人化可以通过以下方式获得：将相关联的捕获对象以不同的权重混合。新的动作风格通过速度范围和运动类型保存，因为分层 PCA 结构沿相互正交的维度分离速度、运动类型和风格控制。

在性能方面，预处理阶段需要 13 s。在动画使用描述数据（例如，360 个周期组成的 100 帧）时，生成新动作的更新是交互的（在一个 1.8 GHz CPU 的机器内在 1.5 ms 内完成计算）。本书的全周期法在每个更新计算出整个周期，1 帧的更新是 15 ms。如果只为 1 个对象设置权重向量，则更新每周期减少到 1.3 ms。

我们在 2 个对象上使用有 3 个步行和 2 个跑步动作（即 40 个周期）的稀疏数据测试本书的方法。由于输入数据稀疏，更新时间为 0.7 ms。这些值与基于帧间生成的其他现有方法相似。

为保持运动特性，缩放人的尺寸直接影响周期频率。对两个不同身高的人，较矮的人在相同的运动速度下走动频率更快。

这个机制允许产生运动周期，通过表 4.2 中一些用户定义的值进行参数化：

（1）速度：人物移动的速度。

（2）风格：0~1 的值，0 表示行走动作，1 表示跑步动作。

（3）拟人化：用来混合 5 种不同运动风格的权重。

表 4.2　每个对象的 PCA 空间信息

对象编号	80% 数据的主成分数	缩减系数
1	3	13
2	3	13
3	2	20
4	4	10
5	3	13

请注意，当这样的机制完全集成到人群框架，通过简单地改变上述参数可以产生许多不同的运动周期，从而使每个单独个体互不相同。该机制已扩展为处理曲线行走［GBT06b］和动态避障［GBT06a］。

4.7　动画多样性

我们使用前一节描述的 PCA 运动机制中生成了超过 100 个不同的运动周期，赋予每个人并运用到人群中。对于每个人，本书的步行周期速度为 0.5~2 m/s；同样的跑步行周期速度为 1.5~3 m/s。每个人物模板也分配一个特定的拟人化权重使它具有自己的风格。运用如此多数量的动画，我们已经能够感知到人群正在移动的多样化感觉。在仿真中，虚拟人走在一起拥有不同的运动风格和速度。一且提供了大量的动画剪辑，这个问题就成为如何有效地存储和使用它们。第 7 章详细介绍了如何管理整个数据。

附属运动

运动的多样性是实现可信的综合人群的必要条件，因为当个人从一个地方移动到另一个地方很少只有单一动作。上肢动作不是强制性的动作，大部分时间手在进行附属活动，如持握物体（手机、包、伞等）或只是放在衣服口袋里（图 4.15）。这些活动构成交替的协调中的、以配合不断变化的主要运动动作。事实上，在运动周期内不断重复相同的手臂姿势会导致可信度降低。例如，当大步前进时，"放在口袋里的手"应跟随骨盆前后运动。由于这些原因，也为附属运动定义了特定的动画周期。

图 4.15　附属运动的例子
（手放在口袋里、拨打电话、手放在臀部）

本书在设置个体运动周期的一组离散速度后，完成了附属运动的设计阶段。我们利用优先反向运动学解算器，如果需要，可以将各种约束与优先级结合。所需输入是：

（1）设定运动周期。

（2）假设手臂和手掌的最初姿势（还可能包含锁骨），为目标角色蒙皮。

（3）一组固定在手臂或手掌上的感受器（effector）点（见图 4.16，手上的三个彩色立方体）。

（4）对于每个感受器，其对应的目标位置表示在身体的其他局部边框中；例如，手机通话时对应的目标位置为头部，手在裤子口袋时对应的目标位置为骨盆和大腿（见图 4.16，相应的三个彩色方块连接到骨盆）。

（5）如果一个感受器比其他的感受器更重要，用户可将其关联到更高的优先级。我们的求解器能够确保实现其他感受器的目标时不影响高优先级的感受器 [BB04]。

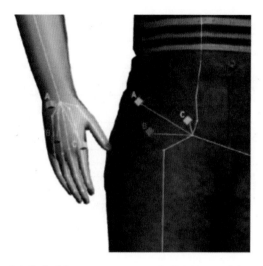

图 4.16　附在手上的感受器（effector）（a）和附在骨盆上的相应目标位置（b）

　　动画师可使用一个标准的动画软件将所有初始运动周期中的额外元素指定在目标角色网格上。所得参数集保存在配置文件中，用于在运动周期的第二阶段对所有帧的姿态进行反向运动学调整（图 4.17）。由此产生的附属运动周期保存在文件中，用于之后的存储优化阶段，第 7 章将描述这一过程。图 4.18 所示为这一运动中的连续姿势。

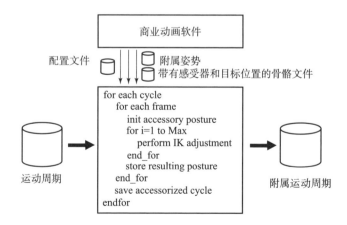

图 4.17　产生辅助运动周期的两阶段过程概述

图 4.18　配置的运动周期的姿势示例

4.8　转向

4.8.1　快速轨迹控制

转向是指随时间改变线速度和角速度，以实现不同类型运动轨迹控制（即寻路、避障、群体运动等）。这是一个很关键的功能，能够实现复杂环境中的位移管理。现有理论的研究表明，目标导向的最短路径是由直线段和圆弧角组成的[Dub57]。但这一方法会产生不连续的曲率，这在人类运动轨迹中是不现实的。其他方法采用了 Bezier 曲线［MT01，PLS03］或更精准的连续轨迹［LL01，FS04］。然而，这种方式成本过高，无法在应用程序中显示大量的移动实体。另外，替代方法没有评估目标导向的轨迹，依赖线速度和角速度的瞬时更新。例如，Reynolds 在常见的游戏环境中详细介绍了通用移动实体的主要转向行为[Rey99]。其他研究都集中在具体的应用领域（如移动机器人［AOM03］），采用势场［HM95，BJ03，MH04］、依赖预计算的数据［Bou05b，Bou05a］或轨迹片段［GTK06］。虽然存在更详细的规划方法（例如文献 *A tiered planning strategy for biped navigation*［CK04］、*Dynamic obstacle clearing for real – time character animation*

［GBT06a］），但这不符合本节提出的低计算成本需求。现在来回想寻路行为以及如何扩展这一行为实现目标位置的期望方向（漏斗控制）。

4.8.2　寻路与漏斗控制器

在没有规定方向的情况下，寻路控制器可简单地确保从指定位置到达目标位置［图 4.19（左）］。前行的一种方法是逐步取消朝向目标的前向和径向之间的角度 α。换言之，可将径向方向看作寻路控制器的前行方向。我们的控制方案不同于文献 *Steering behaviors for autonomous characters*［Rey99］中所介绍的方法，因此我们需要指定范围的加速度和速度。寻路模式采用的两个 PD 控制器为：

（1）角速度控制器驱动标量角加速度将前行方向与正方向对齐［图 4.19（右）］。加速度与方向误差 α 成正比；阻尼项可平滑高频变量。

（2）前行速度控制器与角控制相比有一个隐含的低优先级；它控制标量前行加速度，以实现期望前进速度符合给定的最大法向加速度［Bou05a］。

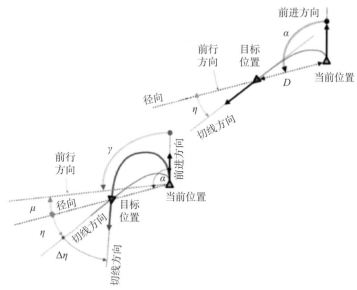

图 4.19　寻路的径向切线角 α 是目标位置寻路轨迹与径向的夹角

在寻路模式中，当移动实体到达目标点时，可以很容易地观察到初始径向方向上目标的切线构成的角度 η［图 4.19（左）］。这一角度称为切向 – 径向角。漏斗控制器的主要特点是调整前行方向，从而在目标位置实现期望的最终方向

［图 4.19（右）］。调整值是预期方向和切线方向（可使用简单的寻路控制器获得）之间的角度差 $\Delta\eta$ 的函数。控制的每一次更新仅需要估计 η 角并获取前行方向的调整值 μ［图 4.19（右）］。在移动实体坐标系下，如果对目标位置进行了足够密集的采样预先计算了角度 η，该方法会非常快速和灵活。例如，文献 *Reaching oriented targets with funnelling trajectories*［Bou05a］中在极坐标下评估目标的角（半球的每侧为 10 倍距离 $D \times 10$ 倍角 α）和当前速度与期望线速度的合理采样（9 倍角速度 $\times 8$ 倍线速度）和所需的线速度（6 级）。共 43 200η 角均存储在 5 – entry 表中，T 个 η 需 0.5 MB 的存储成本。可访问的 boolean 也存储在同一表中，用于描述到达每个目标点的难度。

漏斗控制器采用了这样的表 $T\eta$，在文献 *Reaching oriented targets with funnelling trajectories*［Bou05b］中详细描述。一次控制更新的成本非常低，一个运动目标在奔腾 4 处理器上平均消耗 12 ms。由此产生的轨迹在目标点附近有一个连贯的弯曲行为，其曲率会随着距离的增加而增加，这与 Bezier 曲线相反（同时保持切线长度不变）。图 4.20 所示为 42 个始于左侧相同点的移动实体的轨迹，这些实体以期望的线速度经过各自的目标点。每个目标都有不同的位置公差（红色圆圈）和方向公差（小三角）。轨迹是平滑的，并展示了目标附近合理的局部曲率。

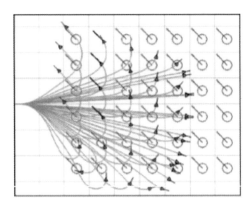

图 4.20　42 个移动实体的漏斗控制，它们以同样的初始线速度从左侧启动（无碰撞管理）。左侧目标的相对位置和方向会导致不同类型的运动轨迹

4.9　总结

本章讨论了虚拟人群动画的相关方法。为了正确处理人群动画，我们应该从人群动画和运动的角度来分析。已经讨论了若干方法来解决这一重要挑战。

参考文献

[ACP02]　ALLEN B., CURLESS B., POPOVIC Z.: Articulated body deformation from range scan data. *ACM Transactions on Graphics 21*, 3 (2002), 612–619.

[AFO03]　ARIKAN O., FORSYTH D., O'BRIEN J.: Motion synthesis from annotations. In *Proceedings of ACM SIGGRAPH* (2003), pp. 402–408.

[AM00]　ALEXA M., MUELLER W.: Representing animations by principal components. In *Proceedings of EG Eurographics* (2000), pp. 411–426.

[AOM03]　AMOR H. B., OBST O., MURRAY J.: *Fast, Neat and Under Control: Inverse Steering Behaviors for Physical Autonomous Agents*. Research report, Institut für Informatik, Universität Koblenz-Landau, 2003.

[BB04]　BAERLOCHER P., BOULIC R.: An inverse kinematic architecture enforcing an arbitrary number of strict priority levels. *The Visual Computer 6*, 20 (2004), 402–417.

[BC93]　BRUDERLIN A., CALVERT T.: Interactive animation of personalized human locomotion. In *Proceedings of Graphics Interface* (1993), pp. 17–23.

[BC96]　BRUDERLIN A., CALVERT T.: Knowledge-driven, interactive animation of human running. In *Graphics Interface'96* (1996), pp. 213–221.

[BH00]　BRAND M., HERTZMANN A.: Style machines. In *Proceedings of ACM SIGGRAPH* (2000), pp. 183–192.

[BJ03]　BROGAN D. C., JOHNSON N. L.: Realistic human walking paths. In *Proceedings of Computer Animation and Social Agents 2003* (2003), IEEE Computer Society, Los Alamitos, pp. 94–101.

[Bou05a]　BOULIC R.: Proactive steering toward oriented targets. In *Proc. of EG Eurographics'05* (2005).

[Bou05b]　BOULIC R.: Reaching oriented targets with funnelling trajectories. In *Proc. of V-CROWDS'05* (2005).

[BT92]　BOULIC R., THALMANN D.: Combined direct and inverse kinematic control for articulated figure motion editing. *Computer Graphics Forum 2*, 4 (1992), 189–202.

[BTM90]　BOULIC R., THALMANN D., MAGNENAT-THALMANN N.: A global human walking model with real time kinematic personification. *The Visual Computer 6*, 6 (1990), 344–358.

[BUT04]　BOULIC R., ULICNY B., THALMANN D.: Versatile walk engine. *Journal of Game Development 1*, 1 (2004), 29–52.

[BW95]　BRUDERLIN A., WILLIAMS L.: Motion signal processing. In *Proceedings of ACM SIGGRAPH* (1995), pp. 97–104.

[CH99]　CHUNG S., HAHN J.: Animation of human walking in virtual environments. In *Proceedings of Computer Animation* (1999).

[CK04]　CHESTNUTT J., KUFFNER J.: A tiered planning strategy for biped navigation. In *Proc. of IEEE Int. Conf. on Humanoid Robotics (Humanoids'04)* (2004).

[Dub57]　DUBINS L.: On curves of minimal length with a constrain on average curvature and with prescribed initial and terminal positions and tangents. *American Journal of Mathematics 79*, 3 (1957), 497–516.

[EMMT04]　EGGES A., MOLET T., MAGNENAT-THALMANN N.: Personalised real-time idle motion synthesis. In *Proceedings of Pacific Graphics* (2004).

[FS04]　FRAICHARD T., SCHEUER A.: From Reeds and Shepp's to continuous-curvature paths. *IEEE TRA 6*, 20 (2004), 1025–1035.

[FvdPT01] FALOUTSOS P., VAN DE PANNE M., TERZOPOULOS D.: The virtual stuntman: Dynamic characters with a repertoire of autonomous motor skills. *Computers & Graphics 6*, 25 (2001), 933–953.

[GBT04] GLARDON P., BOULIC R., THALMANN D.: Pca-based walking engine using motion capture data. In *Proc. Computer Graphics International* (2004), pp. 292–298.

[GBT06a] GLARDON P., BOULIC R., THALMANN D.: Dynamic obstacle clearing for real-time character animation. *The Visual Computer 6*, 22 (2006), 399–414.

[GBT06b] GLARDON P., BOULIC R., THALMANN D.: Robust on-line adaptive footplant detection and enforcement for locomotion. *The Visual Computer 3*, 22 (2006), 194–209.

[Gir87] GIRARD M.: Interactive design of 3-d computer-animated legged animal motion. In *Proc. of ACM Symposium on Interactive 3D Graphics* (1987), pp. 131–150.

[GM85] GIRARD M., MACIEJEWSKI A.: Computational modeling for the computer animation of legged figures. In *Proc. of ACM SIGGRAPH* (1985), pp. 263–270.

[GMHP04] GROCHOW K., MARTIN S., HERTZMANN A., POPOVIC Z.: Style-based inverse kinematics. In *Proceedings of ACM SIGGRAPH* (2004).

[GR96] GUO S., ROBERGÉ J.: A high-level control mechanism for human locomotion based on parametric frame space interpolation. In *Proceedings of Eurographics Workshop on Computer Animation and Simulation 96* (1996), pp. 95–107.

[Gra98] GRASSIA F.: Practical parameterization of rotations using the exponential map. *The Journal of Graphics Tools 3*, 3 (1998), 29–48.

[GTK06] GO J., THUC V., KUFFNER J.: Autonomous behaviors for interactive vehicle animations. *Graphical Models 68*, 2 (2006), 90–112.

[HM95] HELBING D., MOLNAR P.: Social force model for pedestrian dynamics. *Physical Review E 51* (1995), 4282–4286.

[HP97] HODGINS J., POLLARD N.: Adapting simulated behaviors for new characters. In *Proceedings of ACM SIGGRAPH* (1997), pp. 153–162.

[HWBO95] HODGINS J., WOOTEN W., BROGAN D., O'BRIEN J.: Animating human athletics. In *SIGGRAPH'95: Proceedings of the 22nd Annual Conference on Computer Graphics and Interactive Techniques 29* (1995), pp. 71–78.

[IRT81] INMANN V., RALSTON H., TODD F.: *Human Walking*. Williams & Wilkins, Baltimore, 1981.

[KB96] KO H., BADLER N.: Animating human locomotion with inverse dynamics. *IEEE Computer Graphics and Applications 2*, 16 (1996), 50–58.

[KG03] KOVAR T., GLEICHER M.: Flexible automatic motion blending with registration curves. In *Proceedings of ACM SIGGRAPH/Eurographics Symposium on Computer Animation* (2003), pp. 214–224.

[KG04] KOVAR L., GLEICHER M.: Automated extraction and parameterization of motions in large data sets. *ACM Transactions on Graphics 23*, 3 (2004), 559–568.

[KMA05] KULPA R., MULTON F., ARNALDI B.: Morphology-independent representation of motions for interactive human-like animations. In *Proceedings of ACM SIGGRAPH* (2005).

[LL01] LAMIRAUX F., LAUMOND J.: Smooth motion planning for car-like vehicle. *IEEE TRA 4*, 17 (2001), 498–502.

[LT02] LIM I., THALMANN D.: Construction of animation models out of captured data. In *Proceedings of IEEE Conference Multimedia and Expo* (2002).

[LvdPF96] LASZLO J., VAN DE PANNE M., FIUME E.: Limit cycle control and its application to the animation of balancing and walking. In *Proceedings of ACM SIGGRAPH* (1996), pp. 153–162.

[MBT99] MOLET T., BOULIC R., THALMANN D.: Human motion capture driven by orientation measurements. *Presence 8* (1999), 187–203.

[MFCG*99] MULTON F., FRANCE L., CANI-GASCUEL M.-P., DEBUNNE G.: Computer animation of human walking: A survey. *The Journal of Visualization and Computer Animation 1*, 10 (1999), 39–54.

[MH04] METOYER R., HODGINS J.: Reactive pedestrian navigation from examples. *The Visual Computer 10*, 20 (2004), 635–649.

[MK05] MUKAI T., KURIYAMA S.: Geostatistical motion interpolation. In *Proceedings of ACM SIGGRAPH* (2005), pp. 1062–1070.

[MT01] MUSSE S. R., THALMANN D.: A hierarchical model for real time simulation of virtual human crowds. *IEEE Transactions on Visualization and Computer Graphics 7*, 2 (April–June 2001), 152–164.

[Mur67] MURRAY M. P.: Gait as a total pattern of movement. *American Journal of Physical Medicine 1*, 46 (1967), 290–333.

[PhKS03] PARK S., HOON KIM T., SHIN S. Y.: *On-line Motion Blending for Real-Time Locomotion Generation*. Technical report, Computer Science Department, KAIST, 2003.

[PL05] PETTRÉ J., LAUMOND J.-P.: A motion capture based control-space approach for walking mannequins. *Computer Animation and Virtual Worlds 1*, 16 (2005), 1–18.

[PLS03] PETTRÉ J., LAUMOND J. P., SIMÉON T.: A 2-stages locomotion planner for digital actors. In *SCA'03: Proceedings of the ACM SIGGRAPH/Eurographics Symposium on Computer Animation* (2003), pp. 258–264.

[PSS02] PARK S., SHIN H., SHIN S.: On-line locomotion generation based on motion blending. In *Proceedings of ACM SIGGRAPH/Eurographics Symposium on Computer Animation* (2002).

[RCB98] ROSE C., COHEN M., BODENHEIMER B.: Verbs and adverbs: Multidimensional motion interpolation. *IEEE Computer Graphics and Applications 5*, 18 (1998), 32–41.

[Rey99] REYNOLDS C. W.: Steering behaviors for autonomous characters. In *Game Developers Conference* (San Jose, California, USA, 1999), pp. 763–782.

[RH91] RAIBERT M. H., HODGINS J. K.: Animation of dynamic legged locomotion. In *Proceedings of ACM SIGGRAPH* (New York, NY, USA, 1991), ACM Press, New York, pp. 349–358.

[RSC01] ROSE C., SLOAN P.-P., COHEN M.: Artist-directed inverse-kinematics using radial basis function interpolation. In *Proceedings of EG Eurographics* (2001).

[SHP04] SAFONOVA A., HODGINS J., POLLARD N.: Synthesizing physically realistic human motion in low-dimensional, behavior-specific spaces. In *Proceedings of ACM SIGGRAPH* (2004).

[SM01] SUN H., METAXAS D.: Automating gait generation. In *Proceedings of ACM SIGGRAPH* (2001), pp. 213–221.

[SRC01] SLOAN P.-P. J., ROSE C. F., COHEN M. F.: Shape by example. In *Symposium on Interactive 3D Graphics* (2001), pp. 135–144.

[Tro02] TROJE N.: Decomposing biological motion: A framework for analysis and synthesis of human gait patterns. *Journal of Vision 2*, 5 (2002), 371–387.

[TYNN01] TSUMURA T., YOSHIZUKA T., NOJIRINO T., NOMA T.: T4: A motion-capture-based goal directed real-time responsive locomotion engine. In *Proceedings of Computer Animation* (2001), pp. 52–60.

[UAT95] UNUMA M., ANJYO K., TAKEUCHI R.: Fourier principles for emotion-based human figure. In *Proceedings of ACM SIGGRAPH* (1995), pp. 91–96.

[WH96] WOOTEN W., HODGINS J.: Animation of human diving. *Computer Graphics Forum 1*, 15 (1996), 3–13.

[WH97] WILEY D., HAHN J.: Interpolation synthesis of articulated figure motion. *IEEE Computer Graphics and Applications 6*, 17 (1997), 39–45.

[WH00] WOOTEN W., HODGINS J.: Simulating leaping, tumbling, landing and balancing humans. In *Proceedings of IEEE International Conference on Robotics and Automation* (2000).

[Zel82] ZELTZER D.: Motor control techniques for figure animation. *IEEE Computer Graphics and Applications 2*, 9 (1982), 53–59.

[Zel83] ZELTZER D.: Knowledge-based animation. In *ACM SIGGRAPH/SIGART, Workshop on Motion* (1983), pp. 187–192.

[ZH02] ZORDAN V., HODGINS J.: Motion capture-driven simulations that hit and react. In *Proceedings of ACM SIGGRAPH/Eurographics Symposium on Computer Animation* (2002), pp. 89–96.

第 5 章

人群行为动画

5.1 引言

　　行为动画的一个重要特征就是能够减轻动画师的工作量。这是通过让行为模型自动处理动画的细节来实现的，这样动画师可以更专注于大局。把动画师从低层次的动画细节中解放出来是处理人群时更为重要的工作，因为手动创建群体动画会使动画师淹没在大量的动画实体以及和它们的交互之中。

　　例如，当手动为室内走动的 10 个虚拟人设置动画时，因为动画师必须处理角色之间出现碰撞的可能性，处理 10 人的工作量需要超过 10 倍的时间（相比于为单个角色设置动画）。这一现象展现了人群仿真中行为动画建模的重要性。事实上，行为动画这个领域起源于人群仿真。下一节将介绍该领域的相关工作。5.3 节描述了人群仿真中成功使用的两个行为模型。5.4 节讨论了人群导航，这是人群仿真的最重要行为之一。

5.2 相关工作

　　Reynolds 被公认为行为动画领域的开拓者。他提出了一种为大量实体赋予动画的方法，称为 boids，该方法呈现了观察到的类似于鸟类和鱼群的行为［Rey87］。Reynolds 的方法假设集体行为只是成员个体行为之间相互作用的结果。因此，它能够仿真简单的个体 boid，以及个体之间相互作用所涌现的复杂群体行为。

Reynolds 提出的 boid 模型包括三个简单的规则：①避免与其他 boids 碰撞；②与附近 boids 的速度相一致；③向群体中心移动。正如作者预期的，结果表明，受这三个简单规则控制的生物之间的相互作用会涌现更复杂的群体行为。

Tu 和 Terzopoulos 创造了一个逼真的人造鱼栖息环境［TT94］，通过模拟个体鱼的行为（个体的互动产生群体行为）再现了复杂的水中生活环境，包括捕猎、交配和学习等鱼类之间的相互行为。在此层面上，这项工作类似于前面段落中讨论的 Reynolds 的工作。

然而必须强调的是，由 Tu 和 Terozopoulos 创造的人造鱼比 Reynolds 创造的 boids 复杂得多。例如，每条鱼的身体被模拟为一个弹簧 - 质量系统；一些弹力模拟肌肉可以收缩以实现如摇摆尾巴的运动；鱼类运动是根据水动力学模型得到的结果，例如随着人造鱼尾巴的摆动而流出大量的水；鱼的感知能力包括视觉和温度感知。

关于行为模型，仿真鱼也比 boids 复杂得多。它们拥有内部状态，包括饥饿、性欲和恐惧等变量，还有一些"习惯参数"表明它们更喜欢寒冷或是温暖。鱼的意图是通过一个算法生成的，即利用所有这些方面（除了感知）计算得到的结果。在虚拟环境中通过"例行行为"来生成仿真鱼的意图，这些行为规定了为了实现其目的鱼必须执行的低层次行为。

为了能进一步使用更真实的仿真实体模型，Brogan 和 Hodgins 提出了一个算法，该算法使用遍布于群组的"有效动态"来控制群体中的实体运动［BH97］。"有效动态"的意思是，仿真系统的动态十分复杂，可以对仿真实体的运动产生强烈的影响。例如，作者提出了一个单腿机器人的动力学仿真案例，其运动方式为跳跃式。这些机器人具有"有效动态"，因为它们在跳跃时没有与地面接触，从而不能主观地改变其速度。除了单腿机器人，作者还提出了几个仿真案例，包括一个自行车骑手模型和一个简单的点 - 质量系统，其中自行车骑手模型由关节连接的刚体结构构成。与其他两个研究的系统不同，点 - 质量系统没有复杂的动态，放在实验中是为了帮助了解动态对算法性能的影响。

本书中描述的群体行为算法分为两部分：感知和安置。感知部分的工作是使仿真实体感测靠近它的实体的相对位置和速度以及静态障碍。安置部分的工作是通过计算实体的期望位置，给出其他可见实体和障碍物。这种高级感知和安置算法在三个仿真系统中是相同的，但是低层细节有所不同：每一个都具有特定的控制系统，该系统将期望的位置转换为期望的速度，并为了达到期望的速度以最有效的方式遵从仿真实体的动力学。

Musse 和 Thalmann 在一个涉及人群结构和人群行为的工作中，实时仿真了人群 agents ［MT01］。人群的结构分为三个层次：群体本身、团体和个体。一些群体参数可以在较高级别进行设置，并被继承到较低级别。但也有可能在较低级别为某些特定结构重新定义这些参数。这样就很容易创建一个仿真场景，例如在开心的人群中存在一个悲伤的群体：只需要将人群的情绪状态设置为"开心"，并将指定团体的情感状态重新定义为"悲伤"。

在模型中采用团体这种方法也可以优化系统，以便在大规模人群中保证实时性。事实上，团体是模型中最复杂的结构：团体成员共享决策过程（大部分信息对决策过程非常必要），该过程用于定义仿真过程中的执行行为。团体也可以选择启用社会效应。如果是这种情况，仿真期间可能会出现更复杂的行为，如团体分裂和团体领导者的变化。

关于人群行为，作者提出了一个具有三个不同层次自主性的模型：自主控制、脚本控制和引导控制。根据动画师制定的行为规则，自主控制团体对事件自行做出反应。脚本控制团体在仿真期间根据脚本定义的动作产生行为。引导控制团体运行时受到用户交互式引导。图 5.1 显示了基于该模型的仿真截图。

Ulicny 和 Thalmann 提出了另一个虚拟人的群体仿真模型［UT02］。与之前描述的模型不同，该模型侧重于个体而非群体 agent。行为模式由三个层次组成。最高层由一组规则组成，每个规则都有一个先行部分（指定哪些 agent 在哪种情况下被允许使用规则）和后续部分（描述触发规则的效果）。执行规则可以更改当前 agent 行为、agent 属性或触发事件。

当前的 agent 行为是在中间层执行的，其中将每个可能的行为描述为驱动虚拟人低级动作的有限状态机（FSM）。最后，在较低的模型级别执行路径规划和冲突避免。图 5.2 是基于该模型的仿真系统截图。

图 5.1　火车站的人群仿真［MT01］

图 5.2　正在进入清真寺的群体［UT02］

5.3　群体行为模型

理想情况下，人群的行为模型应该真实有效，也就是说，它能够有效地仿真具有大量 agent 的人群，而仅对应用程序的帧速率造成轻微的影响。然而在真实感和效率之间通常需要权衡，因此人群行为模型的特征根据其预期的应用有很大的不同。

本节描述了成功用于人群仿真的两个行为模型。第一个是添加了性能限制的实时互动应用。因此，该模型力求有效且足够真实以达到其应用目的。第二个模型基于物理，运行时需要大量的计算资源。在当前硬件条件下该模型不适用于大规模人群实时仿真。

5.3.1　PetroSim 行为模型

PetroSim 是户外城市疏散的实时仿真系统［BdSM04］。它是巴西石油公司合作开发的，该公司在居住区附近有一些设施。PetroSim 是帮助安全工程师完成任务的工具，例如改进现有的疏散计划，以及在人口稠密地区评估新建潜在危险设施的最安全区域。PetroSim 的本质是其行为模型能仿真紧急情况下的常见行为，而且允许对数百名 agent 的群体进行有效仿真（和可视化）。

为了简化仿真 agent，仿真中所需的大部分地形信息都存储在环境中，并且可根据需要由 agent 查询。每个 agent 是一个自主控制的实体，包含知识、状态和意图三重信息。agent 模型和决策过程详述如下。

1. 知识

agent 的知识由实时计算或从环境获取的信息组成：

- 从环境中获得的环境信息。包括重要场所（如避难所或拥挤地点）的位置以及不同地点之间的可能路径。
- 对附近 agent 的感知：位置和状态。
- 对受到意外影响区域的感知，即通常应避免的地区。

通过 agent 感知（其他 agent 和意外）的实时计算，可以察觉感知半径内的一切信息。

2. 状态

agent 状态包含在仿真开始之前预先设定的信息，并且可由触发事件而改变（例如，agent 可能因事故而受伤）。以下项目是状态的一部分：

- agent 的模式，定义了在紧急情况下可以观察到的不同行为模式。PetroSim 使用了三个模式：①正常 agent，在发生事故时具有正常的精神和身体状态从某个地区疏散；②领导者，在危险情况下试图帮助其他 agent 逃离；③依赖型agent，如果没有其他 agent 的帮助，则无法远距离行走。

- 意外事故的后果，用于衡量 agent 所遭受的伤害程度。
- 情境，可能是正常、危险或安全，代表危险情况前、中、后三个阶段。

3. 意图和决策过程

意图是 agent 致力于实现的高级目标。agent 的意图是从其知识和状态中产生的。PetroSim 的前提是，任何 agent 在任何时候都有一个明确的意图。如本节稍后所述，使用有限状态机（FSM）来模拟 agent 行为以确保这一前提受到重视。

行为架构应该提供方式来表达在某些情况下某些意图的顺序是自然的。例如，领导者可以从"寻求需要帮助的人"这一意图开始。在聚集一些依赖型agent后，领导者会将意图改变为"转到安全地带"。而且抵达安全的地方后，领导者的意图应变为"让依赖型 agent 停留在安全地带"。

事实证明，决策过程不能像之前所述那样完全线性化。例如，在将依赖型agent放在安全地带后，可以有两种不同的意图："在安全地带停留"，或者"再次寻找需要帮助的人"。

如前所述，这个模型中 agent 在任何给定的时间都有一个意图。这允许将决策过程表示为 FSM，其中每个状态对应一个意图。状态之间的转换是通过验证某些条件（基于 agent 的知识和状态）是否成立来触发的。PetroSim 中使用的 FSM 具体示例在 5.3.1 节中给出。

由于意图是高层目标，因此必须将其转换为可由 agent 执行的低层次行为。因此，我们通过三个要素来描述一个意图：运动、动画和交互（统称为 MAI）。

运动指出了 agent 从现在的位置到另一个地方的运动。可能的动作是"无""去往安全地带""去往拥挤地带""跟随领导者""去往事故附近地带""去往随机区域"和"去领导者指示的地方"。"安全"或"拥挤"地带的定义是从环境中获取的。

运动的执行基于 Reynolds 转向行为［Rey99］，比如正常步行速度等的数据都来自 Fruin 的工作［Fru87］。

动画描述了 agent 正在进行的一些可见活动，并直接传递到负责播放的可视化模块中。"无""呼喊""挥手""打电话""到处看"和"跌倒"都是有效的动画。

交互指的是涉及其他 agent 的任何行为。可能的交互有"带离依赖型 agent"（例如，领导者成功地将一群依赖型 agent 带到安全的地方）、"聚集依赖型 agent"（例如，领导者正在寻找需要帮助的人）、"开始跟随"和"停止跟随"。

每个意图与一组 MAI 相关联，这反映出可能有各种不同的方式来执行给定的意图。每当 agent 取消执行意图时，它随机选择与之相关联的一个 MAI。该功能是增加仿真多样性的一种简单方法。

例如，考虑一下"寻找依赖型 agent"这个意图：通常由领导者来试图找到需要帮助的人。它可以被描述为 ｛"去往拥挤地带""挥手""聚集依赖 agent"｝，｛"去往拥挤地带""呼喊""聚集依赖型 agent"｝，｛"去往事故附近地带""挥手""聚集依赖型 agent"｝ 等。

4. 简单 FSM

可以设计一个大型 FSM，其中包含所有可能 agent 的所有可能意图。然而，这样的 FSM 将难以理解和修改。解决这个问题的方法是使用几个更简单的 FSM。

与 PetroSim 行为最相关的两个因素是 agent 的情境（正常、危险或安全）和配置文件。基于这两个属性（情境和配置文件），我们定义了一个决策树（图5.3），其任务是选择哪个 FSM 用于给定 agent。可以使用不同的决策树实现该模型的其他情境。

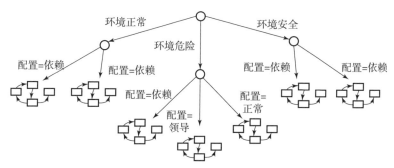

图 5.3　用于选择 FSM 的决策树。叶表示用于对 agent 行为进行建模的 FSM

5. 一个 FSM 例子

举一个具体的例子：在危险情况下，具有正常配置文件的 agent 的 FSM。该 FSM 如图 5.4 所示。

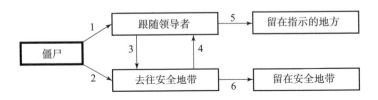

图 5.4　在危险情况下，正常 agent 使用的 FSM

状态（即意图）表示为矩形；初始状态使用加粗边框；箭头表示可能的状态转换（即 agent 意图的变化）

在初始状态"僵尸"，不具有真正的意图。当两个或多个意图被认为是明智的初始意图时，创建具有单一初始状态的 FSM。在任何时候，离开"僵尸"状态至少要保证一个转换是可用的。因此，agent 尽快离开这个状态，并进入代表真实意图的状态。

在这个例子中，危险情况下的正常 agent 可能有两种不同的意图：跟随领导者或单独寻求安全的地方。这两种可能性分别对应于状态"跟随领导者"和"去往安全地带"。根据某些事件的发生情况（本节稍后讨论），agent 可以从这些状态之一变为另一个状态。在成功疏散时，领导者最终会指出一个安全的区域，其追随者将会留下来。打算到指定区域并在此停留的意图由"停留在指定区域"来表示。同样，一个正常的 agent 也可以在没有领导者帮助下到达一个安全的区域，最终将会到达避难所。到达后，它的意图将是停留在那里，使用"停留在安全区域"表示这一状态。

每个状态之间的过渡都是通过表达式实现的，这种表达式可以是 true，也可以是 false，这取决于有关 agent 的状态和知识。当确定给定 agent 的下一个意图时，我们依次评估表达式，该表达式与离开当前状态并进入下一状态相关。当"休息"（Rest）表达式为 true 时，停止此顺序评估。在这种情况下，转换即被执行并且 FSM 更改其当前状态（即 agent 改变其意图）。如果所有表达式都为 false 的，则 agent 仍然保持当前意图。

关于用什么方式来构造这些表达式，每个 agent 都有一组可以在表达式中直接访问的标识。这些标识包含了 agent 的状态和知识，其列表如下：

- LEADER PERCEIVED（领导者的感知）：至少有一位具有领导者配置文件的 agent，则值为 true。
- DEPENDENT PERCEIVED（依赖型 agent 的感知）：当至少有一名具有依赖型 agent 配置文件的 agent 被感知时，则值为 true。
- LEADER INDICATED PLACE（领导者指定区域）：被追随的领导者指示 agent 停留在一个地方，则值为 true。
- ABANDONED BY LEADER（领导者遗弃的 agent）：被追随的领导者放弃了 agent，则值为 true。只有当领导人因为事故死亡时才会发生这种情况。
- AT SAFE PLACE（在安全区域）：agent 目前在安全的地方，则值为 true。
- AT GOAL（在终点）：agent 目前处于跟踪路径的尽头，则值为 true。

除了这些标识，表达式中使用的唯一信息是常量 true、连接词 AND 和 OR 以及 RandBool（p）函数，其返回 true，否则为 false。

在作为示例的 FSM 中，使用以下表达式（数字对应于图 5.4 中的转换的标签）：

（1）领导者感知和 RandBool（0.1）；

（2）真的；

（3）领导者抛弃的 agent；

（4）领导者感知和 RandBool（0.01）；

（5）领导者指定区域；

（6）在安全区域。

6. 结论

PetroSim 在位于巴西的里奥格兰德北州（Rio Grande do Norte）的圣若泽村（São José）进行了仿真测试，约有 350 人住在 Petrobras 的设施附近。其行为模型能够生成疏散时预期的行为，并且仿真结果可以被验证，例如，在紧急情况下增加更多训练有素的领导者来帮助居民疏散。运行的仿真结果如图 5.5 所示。

图 5.5　PetroSim 中的疏散仿真

为了评估行为模型的性能，使用了不同数量的 agent 进行了两组仿真。第一组仿真使用完整的 PetroSim 系统，启用了行为和可视化。第二组仿真只启用可视化。比较两组仿真可以推断行为模型的性能。这些实验的结果总结在图 5.6 中。

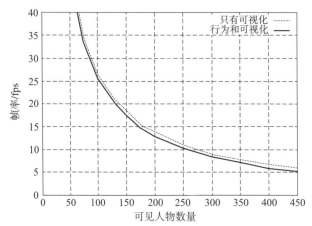

图 5.6　基于 3 GHz 奔腾 4 处理器、1 GB RAM 和 GeForce FX 5900 GPU 的系统，上图显示了 PetroSim 的两个行为模型的性能

5.3.2　物理行为模型

本书第二个行为模型的例子是由 Braun 等人提出的 ［BMB03，BBM05］。它

被设计为一个参数模型，该模型仿真内部环境的人群疏散，内部环境包括几个房间和障碍物，其中有诸如烟雾或预传播的危险事件。该模型基于已在第 2 章讨论过的 Helbing 等人提出的原始模型［HM95，HFV00］。

Helbing 的模型将人类视为均匀的粒子系统，即不考虑任何 agent 的个性。这里提出的模型允许人群是由具有不同属性的个体组成。具体地说，使用以下属性（与 agent i 相关）：

IdFamily——家庭标示符。一个家庭是一个预先定义的团体，团体内的 agent 相互认识。

M_i——由［0，1］范围内值表示的 agent 的移动能力水平，是指在没有帮助的情况下的移动能力。

A_i——个人的利他主义水平，由［0，1］范围内的值表示。它代表了帮助另一个 agent 的倾向。为了简单起见，我们认为只有同一家庭成员之间存在利他主义，即具有高利他主义的 agent 试图拯救同一家庭的依赖型 agent。

为了模拟移动参数对各个速度的影响，计算所需速度 v_i^0 作为 M_i 变量和最大速度 v^m 的函数，由

$$v_i^0 = M_i v^m \tag{5.1}$$

如果 agent i 完全依赖（$M_i = 0$），则 v_i^0 将等于 0，这尤其适用于残疾人、小孩等群体。对所有 agent 来说，当 $M = 1$ 时，则恢复了 Helbing 的原始模型。

在虚拟环境中疏散时，使用利他驱动力将同一家族成员以团体的形式统一疏散。利他驱动力将 agent i 和 agent j 组合在一起（两者属于同一家庭），其计算方法是

$$\boldsymbol{fa}_{ij} = K A_i (1 - M_j) \mid \boldsymbol{d}_{ij} - \boldsymbol{d}_{ip} \mid \boldsymbol{e}_{ij} \tag{5.2}$$

式中，K 为常数；$\boldsymbol{d}_{ij}$ 表示 agent i 和 j（源于 agent i）之间的距离；$\boldsymbol{d}_{ip}$ 为从 agent i 到其当前目标的距离向量；$\boldsymbol{e}_{ij}$ 为 agent i 指向 agent j 的单位向量。

在这个扩展模型中，Helbing 等人的公式重写为

$$m_i \frac{\mathrm{d}\boldsymbol{v}_i}{\mathrm{d}t} = \boldsymbol{F}_i^{(H)} + \sum_{j \neq i} \boldsymbol{fa}_{ij} + \sum_e \boldsymbol{f}_{ie} \tag{5.3}$$

式中，$\boldsymbol{F}_i^{(H)}$ 为根据原始模型建模的 agent i 的合力；$\sum_{j \neq i} \boldsymbol{fa}_{ij}$ 为利他驱动力的合力；$\sum_e \boldsymbol{f}_{ie}$ 为 agent i 和危险事件 e 之间产生的合力。下一节将展示扩展模型的详细

信息。

1. 与环境的相互作用

在 Helbing 的模型中，作者只考虑了简单的环境，如房间和走廊［HFV00］。然而，这里描述的模型的主要应用之一是能够让安全工程师和架构师在现实环境中指定不同场景进行仿真。因此，能够处理更复杂的虚拟环境是至关重要的。在现实生活中，如在购物中心、学校、建筑物中，其中包括可能干扰人流的房间和内部走廊。此外，物理空间通常具有几种障碍物（如家具、柱子和植物）。

该模型介绍了虚拟环境中区块的概念，该概念涉及可以填充的已知物理空间。区块展示了由墙壁和出口限制的地理环境，并由凸多边形定义。每个场景由用户指定，以便描述以下属性：

（1）对房间的一组墙壁限制。每面墙壁由两个点表明其限制范围。

（2）agent 能够前往的地点定义为兴趣点（IP）［MT01］。它们可以位于出口处，代表了 Helbing 模型中 agent 所期望的目的地。agent 的目的地由兴趣点（IP）定义，兴趣点（IP）在仿真过程中可能会发生变化（详细情况将在后面解释）。

（3）表示环境中层次结构的级数（n）。更内层的房间比直接与外部相通的房间级别更高。在疏散期间，agent 可以改变自己所处的区块。通常情况下，agent 从高级别的区块离开，进入另一个同级或低级的区块。agent 以环境中层次结构的级数（n）作为决策函数，以此改变自己所处的区块。图 5.7 展示了 6 个区块及其各自级数（n）的环境。

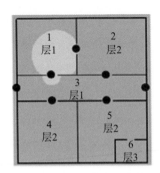

图 5.7　具有 6 个区块的环境的二维图

区块 3 是第一级别，因为它直通外部；区块 1、2、4 和 5 是第二级别；区块 6 是第三级别。出口处的点表示 IP

（4）危险事件代表造成人群疏散的事故，如火灾、爆炸、冒烟等。这些事件的处理将在后面详细介绍。危险事件由起始位置、传播速度（s）和危险等级（L）来描述。

每个区块内包含一个 agent 列表。这些 agent 只能与墙壁、事件以及同一区块的其他 agent 进行交互。唯一的例外是，为避免 agent 通过门时产生问题，某一区块中的 agent 与相邻区块中的 agent 需要进行碰撞规避。在疏散过程中，agent 去往由 IP 定义的区块出口。当 agent 改变所处区块时，它们将获得下一区块的全部属性。一个区块内可能拥有多个出口，我们的模型可以处理这种情况，如图 5.7 所示，并且将在后面详细介绍。

2. agent 的感知

Helbing 的模型设定为事故可以被立即感知，即所有的 agent 能同时感知到事故。然而，在实际情况下（特别是涉及更复杂的环境时），人们不可能同时感知到紧急情况，除非存在大规模的报警系统。

为了应对这种情况，可以赋予 agent 一种感知技能，从以下三种技能中选择：①感知全局报警的技能（仿真环境中的所有 agent 同时得知事件的发生）；②感知危险事件进入当前区块的技能（所有该区块内的 agent 都会得知事件的发生）；③从其他已知危险事件并正从环境中撤离的 agent 处感知其意图的技能，这种技能效仿了人际沟通能力。

如果触发了危险事件并被 agent 感知到，疏散过程就会开始。用户可以为 agent 配备感知技能。这为用户提供了定义不同场景和公共空间配置的选项。

考虑到这些不同的情境，定义了危险事件传播的简化模型。用户设置危险事件的起始位置（x, y, z）、传播速度和危险等级（L），可将其解释为事件类型：煤气泄漏、火灾、洪水、爆炸等。在简化的模型中，危险事件从指定的起点以均匀的速度传播，直到到达当前区块出口并进入新的区块。此时，初始化下一个区块中的新事件，初始位置为 IP。事件占用面积的危险程度是不变的。

一旦 agent 感知到紧急事件（取决于其能力），就必须决定立即离开该地点还是帮助他人。这一决定取决于 agent 的个性（上文讨论的利他驱动力）和 agent 的感知能力。根据这两个方面，agent 可以采取不同的行为。下文描述了使用

FSM 实现的 agent 决策模块。

3. agent 的决策和行动

根据仿真过程中发生的事件，agent 采取几种可能的行为。图 5.8 阐述了这些行为。下文解释了这些可能的行为以及触发行为变化的规则。

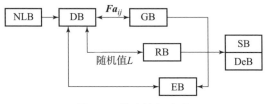

图 5.8　仿真执行流程

正常行为（NLB）：agent 不知道危险事件，在这种情况下，agent 在当前区块中随意走动，避免碰撞障碍物，并避免穿透墙壁和其他 agent。这代表正常的状态，agent 感知危险事件前，它们保持在这种状态。方程（5.3）右侧第一项描述了 NLB。当 agent 感知到危险事件时，结束此状态（并转换到 DB）。

决策行为（DB）：该状态模拟了感知危险事件的 agent 行为，同时 agent 需要决定下一步做什么。可选择以下三种情况：与其他 agent 组合（GB），试图逃离（EB），或冒着受危害事件影响的风险而行动（RB）。

团体行为（GB）：使用上述利他驱动力［式（5.2）］，agent 与同一家族的其他 agent 组合。

$$F = LA\exp[(R_{ie} - d_{ie})/B] \, \boldsymbol{n}_{ie} \tag{5.4}$$

式中，R_{ie} 为 agent i 的半径和事件 e 的半径之和；d_{ie} 为 agent i 和事件 e 的初始位置之间的距离；n_{ie} 为从事件 e 指向 agent i 的单位向量；A 和 B 为 Helbing 提出的常数。

逃离行为（EB）：agent 试图从危险区域逃离。通过分配给事件危险等级（L）的排斥力力场来描述逃离行为。除了包含描述事件危险等级的因子 L，该力与 Helbing 提出的 agent 之间的排斥力相似。危险事件等级越高，agent 所受的排斥就越强。

当 agent 感知到新信息时，应采取新的决策，这意味着其行动的改变。例如，如果最初的期望路径变得危险，则可以修改逃离轨迹。因此，由于仿真环境是动态的，系统必须允许新的决策。在这个意义上，系统必须重新评估既定频率下每个 agent 的 IP 选择。为了选择 agent 疏散区块的最佳 IP，基于 IP 与 agent 之间的距离和 IP 中存在的危险，我们为每个 IP 设置权重，每个 IP 权重计算如下：

$$W_{\text{total}_{IP}} = W_{\text{distance}i_{IP}} + 2W_{\text{danger}_{IP}}$$

IP 的总权重越大，agent 选择此 IP 的概率就越大。根据危险标准，无危险的 IP 接收权重为 1，而其他 IP 接收权重等于 $1-L$，其中事件的危险等级 L 在 $[0,1]$ 区间内。这样一来事件的危险等级越高，其权重就越小。如果比其他 IP 更安全，大多数人会更喜欢采取该路径，所以与危险标准相关的权重乘以 2。

● 冒险行为（RB）：如果 agent 决定冒险，它会试图离开环境进入危险区域。该行为模拟了穿过危险区域而非逃离的人。做出此选择的可能性取决于事件的危险程度。我们通过生成 0 ~ 1 的随机数来评估这种概率。如果该数字大于事件的危险程度，则 agent 决定潜入危险区域。在这种情况下，由于 agent 不再逃离而是进入危险区域，式（5.4）定义的力消失了。例如，如果危险等级为 0.9（一个非常危险的事件），则 agent 进入该区域的可能性只有 10%。如果 agent i 位于受事件影响区域，根据事件的危险等级（L）其移动能力（M_i）随着时间衰减，如式（5.5）。

$$M_i(t) = M_i(t - \Delta t) - L\Delta t \tag{5.5}$$

因此，移动能力降低，其期望的速度也降低［根据式（5.1）］。修改移动能力以及期望速度，以模拟像虚弱或受伤这样的情况。

● 安全行为（SB）：agent 成功撤离场景，继续行走。

● 死亡行为（DeB）：agent 的移动能力等于 0，停止移动。

为了阐述决策模块对 agent 行为的影响，图 5.9 显示了描述 agent 采用的行为图像序列。

4. 结论

本节描述的 Helbing 扩展模型已经能够以良好的准确性进行疏散仿真。我们完成了一项四层建筑物的疏散仿真实验，并将其结果与真实演练的结果进行比较。表 5.1 展示了该比较的结果。

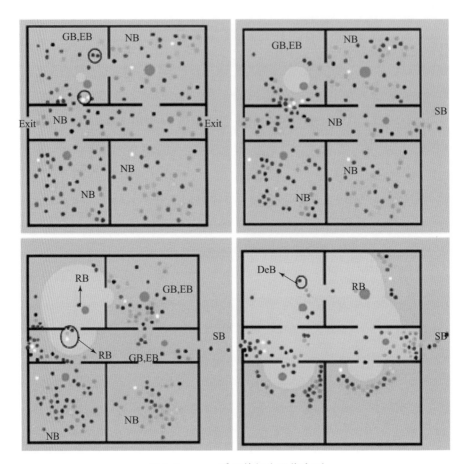

图 5.9 agent 采用的行为图像序列

环境包括 5 个区块（4 个房间和 1 个走廊），黄色表示事件所占面积。最大的圆（灰色）表示障碍物

表 5.1 真实演练数据与仿真结果的比较

标　准	真实演练数据	仿真结果
无拥堵走廊的平均速度/(m·s⁻¹)	1.25	1.27
拥堵走廊的平均速度/(m·s⁻¹)	0.5	1.19
无拥堵楼梯上的平均速度/(m·s⁻¹)	0.6	0.6
拥堵楼梯上的平均速度/(m·s⁻¹)	0.5	0.47
最高密度/(人·m⁻²)	2.3	2.4
疏散总时间/s	190	192

5.4　人群导航

导航是计算机仿真中最关键的群体行为。安全研究中的室内疏散仿真，建筑设计中公共场所的改善，视频游戏中的军队行动，这些例子都可以归为人群导航。

上述应用程序都是为满足特定的需求详细设计了专门的技术来解决相应的导航问题。可以分为三大类应用：第一类是与建筑安全相关的；第二类是与娱乐相关的，如视频游戏或电影等应用；第三类是虚拟现实应用，例如观众沉浸在有大量人群的虚拟空间中进行漫游探索。

建筑安全应用程序需要精确的仿真：人群导航的方式必须符合现实。其目的是在建造和改造建筑物或公共场所之前检查其设计是否合理。仿真能够处理多达数千行人的大型场景，从购物中心、体育场馆、车站到整个城市。仿真设置（如行人的初始状态和目标，以及环境的数字模型）不同，仿真的结果也不相同。通常，这类仿真在后处理阶段分析结果数据时，不需要交互性和实时输出。

对于娱乐应用程序，如视频游戏，交互可能是最重要的因素。一个典型的例子是一个实时战略游戏，用户控制一支军队攻打另一支军队（或由计算机控制）。玩家选择大批单位发出战略指令，主要是一些导航任务；即使计算机同时运行其他任务（渲染、电脑敌人 AI 等），各单位之间必须提供交互反馈。因此在这种应用中，导航问题必须以有效的方式在线解决。

最后，虚拟现实应用程序需要做到真实可信。主要目标是将观众沉浸在一个有大量人群的空间，让他能按需进行导航、探索和观察虚拟场景。在他面前移动的行人看起来必须是自然的：不仅是他们的外表，还有他们的行为方式，着重考虑他们的导航方式。性能是一个关键点，因为在人群仿真的过程中，很大一部分计算资源都用于渲染场景和行人。因此，规划导航可以减少仿真需要的资源，同时确保仿真的可信性。

在上述情况下，人群导航问题都可以被归为运动规划问题。给定行人的初始状态、期望的最终状态和环境的几何描述，如何计算连接这些状态的路径，同时避免与障碍物的碰撞呢？

机器人技术研究运动规划问题，为机器人提供了运动自主性：下一节简述了文献中提供的解决方案的主要类型，给出针对人群导航问题的解决方案。5.4.3节介绍了"导航图"方法［PdHCM＊06］。

5.4.1　机器人运动规划

运动规划技术可以计算在障碍物环境中目的地之间的无碰撞路径。机器人技术解决了这个问题以给予机器人运动自主性。机器人技术领域开发的主要方法并不直接适用于人群导航问题；然而，人群导航的专用方法是基于类似的原则。本节概述了不同类型的运动规划技术，详见文献 *Robot Motion Planning*、*Robot Motion Planning and Control* 和 *Planning Algorithms*［Lat91，Lau98，Lav06］。

值得一提的是，大多数运动规划解决方案使用了配置空间的抽象来替代 3D 几何空间。Lozano – Pérez 在 20 世纪 80 年代初首先引入了配置空间的抽象［LP83］，通常表示为 C_{space}。C_{space} 可以看作适用于机器人变换的状态空间：该空间的每个点对应机器人的唯一配置。它是 n 维的，n 表示机器人的自由度。在 3D 欧几里得空间中一个关节连接系统的运动规划相当于 C_{space} 中一个点的运动规划。

1. 离散运动规划

在实践中离散方法可能是最流行最简单的方法。其基本思想是使用离散方式表现环境：在导航规划的环境地面使用 2D 网格，或针对关节连接系统使用离散化的 C_{space}。然后，为了描述空间，每个网格单元与一个状态变量相关联：基本上，一个网格单元是可用的或被障碍物占据的。允许在相邻的可用网格单元之间运动：使用例如前向搜索技术将到达给定目标的问题简化为搜索。A – star 算法或 Dijkstra 算法［Dij59］可以计算最佳路径，但是在精确定义空间的情况下最优性无法保证。

为了获得尽可能接近现实环境的离散表示，必须使用足够的精度（网格步长）。当遇到狭窄路径问题（例如，大环境中狭窄的通道的问题），内存要求和搜索时间的限制使得解决方案不切实际。这种限制可以通过使用层次离散化解决一部分：相邻的可用网格单元打包成更高层次的独立自由区域。因此，在层次结构的最底层捕获环境的几何形状，同时在最高层捕获其拓扑结构。首先在较高层次上解决问题，然后探索较低的层次，以此来改进解决方案。

2. 精准的运动规划

这类方法采用空间的精准几何表示。因此，通常限于具体情况（例如，多边形世界）。单元分解技术属于这一类［Cha87］。基本思想是将可用空间的完整分区计算为一组有限区域，称为 cell 单元。单元通常是凸起的，以便于将移动物体导航到给定的单元中。单元的邻接被记录到图中以便表示可用空间（且通过减去其拓扑）的连通性。然后将规划问题再次简化为图形搜索，如上述的离散运动规划。

最大间隙是另一种精准的方法（也称为广义 Voronoï 图［For97］或回缩法［OY82］.）。其关键思想是尽可能保持远离障碍物，以安全地执行导航任务。间隙图提供了空间中任意一点到最近的障碍物的距离。该图的局部最大值的并集形成最大间隙图。最大间隙图显示为捕获可用空间拓扑的框架。为了避免碰撞，最大间隙路径相当于最安全的路径，所以这种方法在机器人技术领域很受欢迎。

3. 基于抽样的方法

通过精准方法和离散方法对 C_{space} 整体进行建模来探索解决方案。在遇到复杂障碍物和机械系统（自由度数）时，所产生的复杂程度可使这种方法不可行。基于该情况提出了部分采样和随机 C_{space} 的解决方案。

文献中有两个早期方法：概率路线图方法（Probabilistic Roadmap Method，PRM）［KSLO96］和快速随机树方法（Rapid Random Trees，RRT）［KL00］。第一个方法构造可重用的数据结构以便解决多个运动规划查询，而第二个方法构建临时结构以尽可能快地应答单个查询。这两个方法的原理是相似的。

概率路线图方法用于搜索无碰撞情况，并尝试将使用转向方法计算的路径连接起来，然后进行这些路径的碰撞检测。有效路径和配置形式分别形成图或树的边和点（PRM 的路线图和 RRT 的树）。此结构将存储导航查询的解决方案。

快速随机树方法具有一般性，并且适合许多类型的问题，近 15 年来非常受欢迎，许多文献中出现了该种方法的数百种变体：具体指标和伪随机抽样技术、建立路线图的探索法或策略法［SLN00］、优化技术、适应时变问题（动态环境）等。

4. 反应方法

上述方法提供了计算到达规定目标完整路径的方法，而反应方法仅考虑局部问题。从当前环境的局部视角，每个步骤计算一个新的动作。反应方法通常易于实现，但是由于只考虑局部环境，可能会陷入僵局。因此，该方法也可仅用作反馈控制法：计算完整路径，而反应方法仅用于跟踪路径。反应方法的这一应用使导航过程中能够考虑动态环境（有移动物体）。

势场是一种反应方法［Kha86］。这种方法在追寻目标的同时躲避障碍。通过跟踪所得到的矢量场的梯度，实体向目标移动。

5. 多机器人仿真

为了解决对多个机器人同时进行运动规划的问题，提出了两种方法：协调式方法和优先式方法［BO05］。协调式方法可以是集中式或解耦式的［SL02］。简言之，集中式方法将不同的机器人视为单个关节连接的结构，并将每个独立机器人的 C_{space} 组合成单个事先规划好的复合运动。在解耦式方法中，机器人的运动是独立规划的，然后协调处理以避免碰撞。在优先式方法中，为每个机器人分配优先级并按顺序处理。相对于静止的机器人，具有规划轨迹的机器人将成为移动的障碍物。

5.4.2 群体运动规划

文献采用许多不同的方式解决了群体运动规划问题，其中涉及的约束条件有：群体与环境的规模，客观性（真实性、交互性、可靠性）等。机器人运动规划技术适应人群问题的特殊性，被用作开发解决方案的基础。

1. 安全应用模型

近 30 年来出现了用于安全应用的行人模拟器，文献 *Critical review of emergency evacuation simulation models*［SA05］对现有的不同商业软件进行了很好的综述。这些软件的主要目标是提供精准的结果：撤离时间、恐慌情境探测等。因此模型的校准和与实际数据的比较至关重要，导航规划往往变为次要问题。主要分为三大类方法：基于流的模型、基于 agent 的模型和元胞自动机。

基于流的模型从全局角度解决人群仿真问题：行人不作为单个实体而是作为流的一部分建模。该模型定义了撤离场景中流和环境的物理属性。EVACNET4 是基于流的模型的例子［KFN98］。环境表示为节点网络。节点形成环境的有界部分，例如房间、走廊、大厅等。节点的状态使用高级参数描述，诸如占用率、人与人之间的平均间隔或其他定性描述。环境两部分之间的关口由连接两个对应节点的弧进行建模。用户必须定义每个弧的流量以及遍历所需的时间。为了建立仿真，用户定义了节点的初始状态（每个节点中的人数，调整节点状态的其他参数）以及一些目标节点（撤离出口）。可以观察到该模型没有明确地描述几何环境，而只是隐式地使用节点网络，因此不能解决几何视角的路径规划问题。EVACNET4搜索最小撤离时间，并且使用先进的网络流交换算法来查找解决方案。EESCAPE 和 FireWind 是基于流的模型的其他例子。

在元胞自动机方法中，环境运用单元网格进行建模，行人占用了单元，并考虑单元的局部密度、流量或速度来计算行人如何在单元间移动。需要注意的是，任何离散运动规划技术（本书此前介绍的）都适用于此类框架。AEA EGRESS是基于该方法的一个例子［Tec］。EGRESS 使用六边形单元来更好地预估运动方向（实际上使用方形单元的误差更高）。一些单元被定义为有吸引力的目标，其他单元被障碍物所占用。在预备步骤中计算距离图：计算从任意单元到最近目标单元的距离。仿真从人的初始位置开始，然后在每个单位时间步长中，每个人从四个可能的动作中选择一个执行：靠近出口、远离出口、移动到与出口距离相等的单元以及静止不动。每个动作有相应的概率，用于确定选择哪个动作。

Simulex 还使用从 CAD 文件生成的 2D 网格上的距离图来引导行人［TM94］，但 Simulex 属于基于 Agent 的模型。通过几个距离图为行人分配不同的目标。距离图是离散矢量场，行人按照梯度达到目标。行人运动模型（步行速度、加速度和相互作用）通过人类真实的数据进行校准。

Helbing 模型被称为"社会力模型"，是最受欢迎的方法之一［HM95］。力的总和对运动产生影响。有些是吸引力，其他的是排斥力，所以考虑其他行人和静态障碍物的存在，行人可以遵循所想的方向、按照所需的速度位移。这种模型在其他许多方法中重复使用和改进，如 5.3.2 节所述。

Legion™ 也属于基于 agent 模型的行人交通模拟器。它主要源于 Still 的工作成果（Crowds Dynamics Ltd.）［Sti00］。环境以特定的方式建模（iSpace）。agent 和环境通信：例如 agent 请求获得移动至其目标的方向，同时 agent 向环境通报他们此前观察到的事实。该机制可以通过环境在 agent 之间传播信息。由于商业保密协议，用于规划行人路径的方法并未详细给出。但该解决方案是全局的，基于最小代价算法，搜索满足一组约束条件（速度分布、分配的目的地、碰撞）的最佳（最优性不能保证）路径。路径的成本根据其长度、遍历所需的时间和代价来计算。

EXODUS 是格林尼治大学消防安全工程组开发的一种基于 agent 的撤离模拟器，在文献 *A brief description of the exodus evacuation model*［GG93］中首次提出。行人模型综合了许多心理因素来模拟撤离。寻路系统专门用于撤离应用。鉴于行人对导航环境的认知水平，行人知道他们的行程，并能对标牌做出反应或者从其他 agent 获得指示。导航任务使用了基于规则的系统实现。

2. 娱乐应用模型

娱乐领域的主要诉求是交互性。然而，交互性需求根据具体的应用分别考虑。电影行业运用人群仿真技术来构建具有数以千计虚拟演员的场景，给观众留下深刻印象。仿真通常是离线计算的，但必须足够快地来实现多次测试以及制作多个版本：用户作为真正的动作编导参与交互。用户既可以在较高层级上进行整个人群的动作设计，也可以在最底层精确控制人群中的一些元素，如连续动作的计时等。

Massive Software 是为了满足电影行业的需求而设计的［Sof］。该软件结合了几种导航技术，允许用户通过人体工学界面来创建人群运动。用户设置的人群越多，拥有自主性的 agent 越少。因此，在最底层使用基础技术如势场来控制 agent 以产生运动流。然而，配备人工智能（大脑）的 agent 以自主的方式执行导航任务，以便对障碍物或其他 agent 的存在做出反应。虚拟人运用视觉合成检测静态或动态障碍物，并根据简单的模糊规则来采取恰当的反应，这样他们能够在人群拥挤的 3D 环境中无尽地漫游。

创建人群运动的另一种方式是定义约束条件：动作时间、协调性。由 Sung 等人提出的方法，能够精准地满足这些约束条件［SKG05］。特别是虚拟角色能够在给定时间移动到某个地方或执行某个动作。计算 PRM（见 5.4.1 节）以实现环境中的无碰撞导航，可以使用 Dijkstra 算法搜索足够大密度的路线图获取最佳路径而无须任何进一步优化。特定的动画技术将规划的路径转换成轨迹（即具有静止操作的时间属性）。在规划阶段可以直接预见行人之间的碰撞。角色按顺序进行处理。已经进行了运动规划的角色会成为之后生成角色的移动障碍物（如 5.4.1 节所述的机器人技术优先运动规划方法）。

互动性对于视频游戏应用也至关重要，如具有超大型军队的实时战略游戏。但是在这种情况下，为了确保实时性，计算时间是限制性最强的约束条件。玩家必须即时观察指令的反馈，不能因此在游戏中产生延迟。

5.2 节中已经介绍了 Reynolds 的成果，阐明了人群行为如何从一个有效的基于 agent 的仿真中涌现［Rey87］。最近的工作扩充了可以进行仿真的 agent 行为，为玩家查询信息（寻找、逃跑、追踪、躲避、避障、集群、寻路或沿墙导航等）也提供了解决方案［Rey99］。

在文献 *Precomputed search trees：Planning for interactive goaldriven animation*［LK06］中，提出了一种技术用于解决在高度动态环境中大规模行人（最多 150 个）的在线路径规划问题。在这种方法中，使用 2D 网格进行环境建模，网格单元表示是否被障碍物占用。给定每个行人的目标，运用专用的搜索算法计算全局的解决路径［Kuf04a］。使用运行路径查找算法从解决路径中选取子目标。事实上，它能够处理其他角色的存在以及动态特定障碍物（迫使角色跳出或从下方通过）。在这个阶段使用运动合成系统，以便直接规划可信的运动。需要注意的是，这种方法是文献 *Behavior planning for character animation*［LK05］中方法的延伸，其中使用优先运动规划工具来解决行人和其他行人之间，以及行人和移动障碍物之间的碰撞（在搜索之前必须完全确定轨迹）。

在文献 *Continuum crowds*［TCP06］中，Treuille 等人将人群建模为粒子系统。环境使用能够映射不平坦地形的 2D 网格进行建模。全局人群状态的演变是通过叠加捕获不同信息的网格来计算的，如密度网格（人的位置）、目标网格（目标位置）、边界网格（环境本身）等。叠加产生势场，行人跟随势场的梯度运动。

Kamphuis 和 Overmars 专门研究了团体行人的运动规划［KO04］，主要思想是为包含同一组所有成员的可变形团体进行运动规划。由形状覆盖的表面保持相同，使人总是有足够的空间移动，同时保持分组。该形状是可变形的，使狭窄的通道和宽敞的空间一样可以被通过。

3. 虚拟现实应用模型

人群仿真的解决方案是之前所述模型需求的综合。它结合了现实和虚拟，以将观众沉浸于虚拟人群中。实时仿真需要与用户进行交互，同时需要可信的结果来消除用户的怀疑。

为了满足这些需求，Musse 和 Thalmann 在文献 *A hierarchical model for real time simulation of virtual human crowds* 中引入了人群仿真中可扩展性的概念［MT01］。检测和避免碰撞的方式因距观众视点的距离而不同。使用基于 agent 的模型进行人群仿真。当具有相容的社会因素时，agent 聚集在一起。当遇到其他 agent 时，每个 agent 的情绪状态都会发生变化。

在文献 *Image - based crowd rendering* 中，Tecchia 等人使用连续层（地图）来控制行人的行为［TLC02a］。给定行人的当前位置，该方法在各层中连续地查找信息以更新行人位置。一个层专用于碰撞检测（行人和静态障碍物之间），一个层专用于互碰检测（行人之间），一个层用于定义在给定位置实现的局部行为或任务，还有一个层用于定义有吸引力的区域（目标）。根据作者的介绍，这四层的结合足以产生可信的人群行为。

Lamarche 和 Donikian 提出的解决方案是从一个环境网格开始，为此指定了一个平坦的行走表面［LD04］。将 2 m 高的障碍物投影到行走表面上以创建环境蓝图。然后使用 2D 单元分解技术分析生成 2D 图：三角剖分生成的结果（优化和组织成层次结构以增强路径搜索）被存储到图中。通过对加入了所需单元网格路径的图形搜索来解决导航规划查询（预先计算路径提高了计算次数）。

所得到的导航规划遍历一系列单元网格（自由区域）和入口（线段，它们是相邻单元网格的公有边界）。考虑到在一个单元中同时存在多个行人，使用反馈技术来执行规划。入口交叉通行的方式取决于行人视线方向和入口二者形成的角度，行人周围保留了一个自由空间，并且通过轨迹进行线性推测以预见和避免碰撞。

在文献 *Autonomous pedestrians* 中，Shao 和 Terzopoulos 将环境建模为地图的分层集合 ［ST05］。最底层描述了一些特定的对象及其属性（如座位、等候线等）。在中间层，使用网格图和四叉树图来描述几何环境。在同一级别，感知图存储了当前位于相应区域中的静态对象列表，以及当前在该处的行人标识符。在顶层使用一组有界的 3D 体积（如房间或走廊）以及它们之间的相互连接进行建模，从而获得能够捕获环境的拓扑图。行人配备了一套基本的反馈行为，能够执行基本任务（如沿着某个方向行进），同时避免与其他可移动对象（如其他行人）的碰撞。该反馈行为集考虑到大规模人群的区域或高动态的场景。拓扑图可以实现更高级别的任务，例如达到较远的目的地。全局路径是一系列有界区域交叉的地方（因为该地图的节点都是 3D 有界体积）。然后使用几何描述拓扑图的每个节点的网格图来改进路径。该解决方案允许以 12.3 帧/s 的平均速率仿真 1 400 个行人。

VR 应用程序通常需要在实验过程中定义并运行不同的场景。Ulicn 等人设计了一个专用工具来简化这些工作，称为 Crowdbrush，如图 5.10 所示。在许多其他功能中，Crowdbrush 能够设计出大小可变的位置序列来定义路径。Crowdbrush 还能够将行人分配给路径。由于路径是人工设计的，所以不涉及运动规划方法。Helbin 的社会力模型用来避免虚拟人之间的相互影响 ［HM95］。

Dobby 等人使用简单的导航图作为纹理存储在图形硬件上，以从障碍物中区分可导航区域 ［DHOO05］。最近，Allen 等人也提出了"礼貌"agent 穿越密集人群的概念 ［AMTT12］。

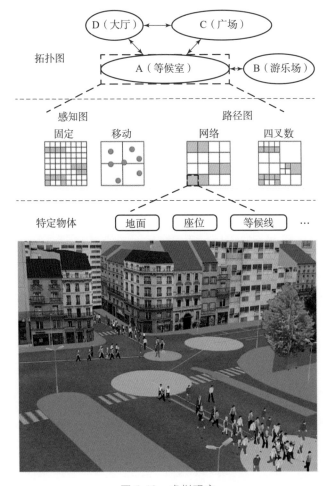

图 5.10　虚拟现实

5.4.3　人群导航的分解方法

导航图（Navigation Graphs）是解决人群导航问题的一种新颖方法。本节将介绍目的和导航图的目标，然后详细说明支持该解决方案的数据结构及其计算方法。最后介绍了基于导航图的两个工具的原理、人群导航规划工具和人群导航仿真工具。

1. 目的

导航图的主要目的是对有大量居民存在的虚拟世界进行空间探索，人群的活动受限于导航任务。为了实现这个目标有两个主要问题亟须解决：虚拟人群的设计和导航任务的仿真。

关于人群设计，主要目标是简化过程：使用我们的技术只要几分钟，鼠标点击几下，足以完成在虚拟世界中添加人群，并且具有条理性和较高的可信度。次要目标是交互性：用户能够立即观察到设计的操作结果，并编辑设置直到对仿真结果满意为止。最后，该解决方案能够处理一大类环境（城市、景观、自然场景、建筑物等）和各种人口规模（人口规模数以万计）。

为了实现这些目标，基于导航图的人群规划工具（crowd planner）可以让用户给行人设置目标。为加快设计过程，对各组行人进行同时处理。为了增加真实性，每个行人都有个性化的解决方案以达到其目标，该方案随着时间的推移而变化，最终有不同的效果。本人群导航计划工具解决了导航流（navigation flows）查询，其结果如下："要求 n 个人在 A 和 B 之间以 $x\%$ 的分散度进行导航"。其主要原理将在本节后续部分给出。

人群导航模拟器（crowd navigation simulator）的主要目标是为沉浸于存在大量人群虚拟世界中的空间探索者提供最真实的体验。由于对大规模人群进行实时仿真，需要分配可用的计算资源以保持高刷新率。这些资源应主要集中在空间探索者的视线焦点上：引导行人所走的路径是最优的，随着行程的渐远而逐渐简化。因此仿真应该是可扩展的。

导航图可以简化人群仿真的规模，维持被导航的行人和环境之间的关系。此外，导航图还实现了仿真级别（Levels of Simulation，LoS）的分配，这表明在给定的地点和时间能够有效按照所需的质量进行仿真。更多细节将在本节后续给出。

本目标集使基于导航图的规划和模拟器成为 VR 和娱乐应用的理想选择：可以快速创建不同的仿真设置，并且由于观众的视线焦点区域具有最佳仿真质量，丰富了沉浸式体验。

2. 导航图

导航图是捕获给定环境可导航空间的拓扑和几何的数据结构。该结构的灵感来自机器人技术领域的单元分解技术；但分解是不完全的。对于给定的环境，可导航空间由足够平整以及没有障碍物的表面组成。导航图将可导航空间分解成一组圆。相交圆是相邻的导航区域，因此通过导航图中的一条边连接。图 5.11 展示了理论示例（顶部的图）中和测试环境（底部的图）中的导航图。理论示例展示了以特定方式放置的图形顶点：以最大间隙路径为中心（广义 Voronoï 图），并且每个顶点以最小距离分隔，以寻求图形复杂度和其覆盖质量之间的平衡。从几何角度，边是连接相交圆交点的线段。它们划定了行人从一个可导航区域到另一个可导航区域必须穿过的门。底部的两张图展示了计算所测室外环境导航图的示例，分别显示了顶点和边。该示例说明了导航图能够处理不均匀和多层环境。

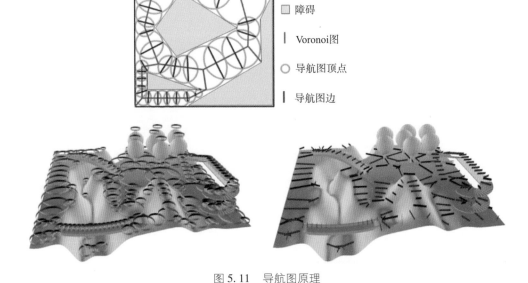

图 5.11　导航图原理

顶部：2D 理论示例导航图；底部：对自然场景计算导航图的顶点（左）和边（右）

　　导航图计算技术的输入是环境的网格和少部分用户定义的参数。这些参数首先是行人的规模（人群最大宽度和高度 h），其次是交叉的偏移角度，最后是计算精度。

　　文献 *A navigation graph for real – time crowd animation on multilayered and uneven terrain* 给出了使用图形硬件计算导航图的方法［PLT05］。该方法使用中间网格来简化计算。主要的方法步骤是：

（1）环境网格采样（Environment Mesh Sampling）：以用户定义的精度对网格采样，并将其存储为多视图（水平坐标是指一个或多个高程）。

（2）地图过滤（Map Filtering）：对用户定义的高度 h 内的垂直距离分离的叠加点进行过滤，删除最低点。

（3）地图点连接（Map Points Connection）：将地图点相互连接。每个点可能连接四个邻边。每两点之间的连接在以下条件下完成：无障碍物处于其间，斜率在用户定义的最大偏移角度内。

（4）间隙（Clearance）：计算从地图的每个点到最近障碍物或到无法通过的偏移角的距离。

（5）导航图顶点（Navigation Graph Vertices）：从一组选定的高程图点中创建顶点。其特征直接从先前的计算推导出来：圆的中心是所选顶点，半径是对应的间隙。

（6）导航图边（Navigation Graph Edges）：在重叠顶点之间计算并创建边。

对每个环境只计算一次导航图。存储导航图以供将来进行复用。导航图的优点是用一种节省内存的方式表示环境（一组对圆和线段的描述）。计算导航图无须专业知识，所需的输入参数可从环境特征（场景和通道的规模）中简单推导得来。然而具有一定的专业知识能使用户添加一些可选参数，从而在生成图形的复杂度和质量之间寻求平衡。

3. 多种路径规划

通过规划两个所需位置之间的路径来解决导航流查询：预先定义"n 个人位于位置 A 和位置 B 之间，x 为分散因子"。对于其他基于单元分解的方法，使用 Dijkstra 算法获得了最优解。给定导航图结构中，路径解是要穿过的一组门。门界定了多边形通道，在其中确保了具有静态障碍物的无碰撞导航。留在通道内的行人在完成导航目标的同时还要避免相互碰撞。该路径的例子如图 5.12 所示。

通道的宽度为行人的轨迹提供了初级多样化。但是，解决方案中的门狭窄可能会出现阻塞点。因此，搜索替代的解决方案以提供第二级多样化。通过修改导航图的边代价可以找到替代路径，然后再次执行图搜索。搜索替代路径的深度取决于所需的分散因子 x。一组路径解（解决方案和替代方案）组成一个导航流［图 5.12（右）］。

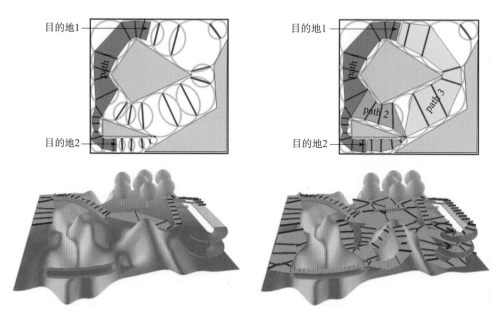

图 5.12　导航规划原则

顶部图：两个目的地之间导航路径（左）和导航流（右）的理论环境；底部图：两个目的地之间导航路径（左）和导航流（右）的自然环境

多样化是一个重要因素。事实上，如果行人在规划阶段直接获得个性化的轨迹，就会减少潜在交互（相互碰撞）的数目，因此分散的行人在仿真阶段节省了计算时间。此外，这还允许我们更有效地扩展仿真：在远距离处观察者几乎没有（甚至完全没有）检测到相互碰撞，就能够禁用避障系统；行人仍然自然地分散，这是可信仿真所需的。在其他方法中，行为的多样化往往仅由人之间的相互作用产生（特别是当几个行人的目标和初始条件一致时）。最后，导航流能够在规划阶段批量处理行人，这将减少仿真设置。

使用算法 5.1 解决导航流查询，该算法验证了之前介绍的技术。最初，边代价等价于相邻区域中心点之间的距离。E_{inc} 是一组边，其代价已经增加（初始值为空，第 4 行）。只允许增加一次给定边的代价（第 15 行）。P_{ref} 是属于解决方案导航流 F_{sol}（第 5、6 行）的最短路径。其长度用作参考，并且算法将不会搜索长度大于

P_ref（第 10 ~ 13 行）x 倍的路径，其中 x 是用户定义的分散因子。在寻找新的替代路径之前需要修改边代价（第 15 ~ 18 行）：尚未修改的最窄门代价增加了。

算法 5.1：导航流程查询

Data: locations A and B, Nav. Graph $\mathcal{NG}$, scattering factor x
Result: a navigation Flow F_{sol} set of solution paths $\{P_{ref}, P_{sol_1}, \ldots, P_{sol_n}\}$

1　**begin**
2　　$v_A \leftarrow$ the $\mathcal{NG}$ vertex including A
3　　$v_B \leftarrow$ the $\mathcal{NG}$ vertex including B
4　　$E_{inc} \leftarrow \{\}$
5　　$P_{ref} \leftarrow Dijkstra(v_A, v_B, \mathcal{NG})$
6　　$F_{sol} \leftarrow \{P_{ref}\}$
7　　**while** *true* **do**
8　　　　$P_{sol_i} \leftarrow Dijkstra(v_A, v_B, \mathcal{NG})$
9　　　　**if** $P_{sol_i} \notin F_{sol}$ **then**
10　　　　　　**if** $length(P_{sol_i}) < x \times length(P_{ref})$ **then**
11　　　　　　　　$F_{sol} \leftarrow F_{sol} \bigcup \{P_{sol_i}\}$
12　　　　　　**end**
13　　　　　　**else return** F_{sol}
14　　　　**end**
15　　　　**if** $\exists e \setminus e \leftarrow Thinnest(\{e \mid e \in P_{sol} \wedge e \notin E_{inc}\})$ **then**
16　　　　　　$e\_cost = e\_cost \times 10$
17　　　　　　$E_{inc} \leftarrow E_{inc} \bigcup \{e\}$
18　　　　**end**
19　　　　**else return** F_{sol}
20　　**end**
21　**end**

该算法产生了一组连接 A 和 B 的路径。所有路径都是不同的，并且已默认按由短到长的顺序排列，因为路径是按照这个顺序依次得出的。

4. 可扩展仿真

使用人群导航模拟器给预先派遣的行人赋予生命。此模拟器设计用于在台式计算机上实时处理超大规模（数以万计）的行人。目前这种计算机不支持对所有行人同时进行高保真仿真。因此，必须扩展仿真以分配可用的计算时间。这样沉浸在虚拟世界中观众周围区域真实，而在其他地方进行简化。

为了做到这一点，每帧都要考虑观察者观看的位置和方向，并根据每个行人之间的相对位置计算其仿真级别。LoS 取决于所执行导航任务的精度，由以下因素决定：

- 仿真更新频率；
- 行人之间是否能够避免碰撞；
- 导向质量。

在一个大场景中，在给定的时间下大多数行人对于观察者来说都是不可见的。这些行人将以低质量进行计算更新（以低频和低精度进行）。

在大规模虚拟人群的情况下，计算 LoS 和仿真所需的时间可能会向实时速率妥协。批量计算可以减少这一限制。关键思想是复用由导航图捕获的空间分区。事实上 LoS 是针对整个可导航区域计算的，并且会影响该区域中包含的所有行人。根据观察点重新分配 LoS 值的方法如图 5.13 所示。

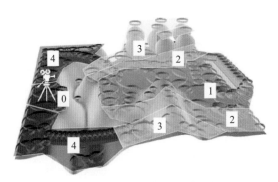

图 5.13　可扩展仿真：根据观察点分析 LoS 值

算法 5.2 更新了仿真。与其他仿真不同，该循环首先扫描从导航图（V，第 2 行）捕获的所有可导航区域。为每个区域计算一个 LoS（第 3 行）[1]。根据 LoS 值和所考虑区域上次更新的时间（第 4 行），确定是否需要更新。低质量的 LoS 值（远处或不可见区域）以较低的速率（例如，1 Hz）进行更新，而在观察者面前需要实时更新（25 Hz，高品质的 LoS）。对每个区域（第 3 行）进行计算。

1　In some rare cases, an area may correspond to several LoS (e. g. , because the area is very large) , and each pedestrian is then considered individually. This case is not detailed here in the interest of readability.

算法 5.2：仿真循环

Data: simulation initialized, Navigation Graph $\mathcal{NG}$, spectator's point of view
      PoV
Result: updated situation
1　**begin**
2　　　**forall the** *vertex V* $\in \mathcal{NG}$ **do**
3　　　　　LoS $\leftarrow$ ComputeLoS(*V*, *PoV*)
4　　　　　**if** *UpdateRequired(LoS, V::LastUpdateTime)* **then**
5　　　　　　　*V::LastUpdateTime* $\leftarrow$ *Time*
6　　　　　　　**forall the** *pedestrian P* $\in V$ **do**
7　　　　　　　　　Steering(P,LoS)
8　　　　　　　　　**if** *WayPointReached* **then**
9　　　　　　　　　　　**if** *EndOfPath* **then**
10　　　　　　　　　　　　GoBackward
11　　　　　　　　　　　　ChooseCurrentBestPath
12　　　　　　　　　　　**end**
13　　　　　　　　　ComputeNewWayPoint
14　　　　　　　　　MoveToNextVertex
15　　　　　　　　**end**
16　　　　　　**end**
17　　　　　**end**
18　　　**end**
19　　　UpdatePathsTravelTimes
20　**end**

现在单独考虑 V 中包含的行人（第 6 行）。根据 LoS 再次对行人导向：是否避障，是否平滑 ［HM95，Rey99］（平滑：文献 *Steering behaviors for autonomous characters* 中仅使用寻路行为 ［Rey99］；不平滑：线性导向路线点）。遵循路径计算路线点：在每个要穿过的门内挑选一个点，因此到达路线点对应于行人从一个顶点到另一个顶点的过渡。对每个顶点 V 内导航中行人的参照也相应地改变（第 13、14 行）。这些参照至关重要：允许在给定区域内快速选择行人进行导航。

根据个性化参数在每个必须穿过的门处计算路线点。该参数的范围是 0~1，0 对应于门的左端点，1 是右端点。参数从 0~1 取值，对应于路径点从门的左侧向右移动，如图 5.14 所示。

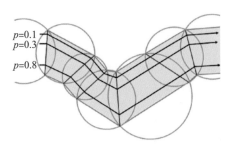

图 5.14   根据个性化参数 p 进行路线点计算

当到达路径的尽头时，行人处于流的末端（见 5.4.3 节）。然后行人按照组成流的任意路径回到前一个末端（第 9 ~ 12 行）。该解决方案选择目前路径中遍历时间最短的路径。考虑距离和路径的人群密度（第 19 行）来预估遍历时间。

5.4.4 基于兴趣区域的混合架构（ROI）

最近，Treuille 等人提出了人群的真实运动规划［TCP06］。该方法是产生一个势场，为每个行人提供空间中下一合适位置（一个路线点）以避免所有的障碍。与基于 agent 的方法相比，这些技术能够实时仿真成千上万的行人，同时还能显示紧急行为。然而实践产生的结果可信度较低，因为每个虚拟人不具有个性化的行为特征。例如，只可以定义有限数量的目标并分配给不同的行人组。其性能取决于网格单元的大小和组的数量。

本节提出了一种混合架构，用于实时处理数千个行人的路径规划，同时确保动态避障［MYMT08］。本方法的可扩展性在于允许手动创建和分配不同的兴趣区域，其中使用不同的算法规定运动规划。实际上，高兴趣区域是基于长期势场法管理的，而其他区域则利用环境图和短期回避技术。本方法还确保了切换运动规划算法时行人运动的连续性。测试和对比结果表明本架构能够实时地对多组人群、在多种环境中为数千人进行运动规划。

本架构的目的是实时处理数以千计的行人，因此利用上述顶点结构将环境划分为使用不同运动规划技术规定的区域。兴趣区域（ROI）可以在可行走区域中用高级参数定义任意数量、任意位置，并在运行时可修改。

通过定义三个不同的兴趣区域，可获得一个基于真实结果的简单灵活架构：ROI 0 由高兴趣点组成，ROI 1 由低兴趣点组成，ROI 2 由无兴趣点组成。

对于无兴趣区域（ROI 2），路径规划由导航图确定。行人被线性导向到路径边上的一组路线点。为了使用最少的计算资源，不进行躲避障碍物处理。

导航图还规定了低兴趣区域（ROI 1）的路径规划。为了引导行人到达其路线点，使用类似于 Reynolds 在文献 *Steering behaviors for autonomous characters* 中使用的方法［Rey99］，并且使用基于 agent 的短期算法来避障。虽然是基于 agent 的方法，但该算法工作在较低级别，因此保持简单高效。

在高兴趣区域（ROI 0）中，路径规划和避障都使用了基于势场的算法，与 Treuille 等人的工作相似［TCP06］。图 5.15 总结了这一情境。

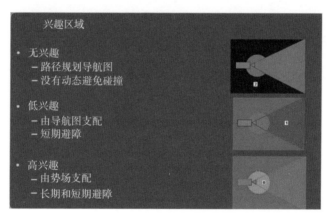

图 5.15　三个兴趣区域

这一混合架构能够进行数千个行人的真实的实时人群运动规划。本方法是可扩展的，可以将场景划分为不同区域，并根据兴趣级别采用不同的运动规划算法。架构的灵活性允许用户根据所期望的性能相应地选择和划分兴趣区域（ROI）。在本实现中，我们对 ROI 0 中的行人采用精准的基于势场的方法。在 ROI 0 和 ROI 1 中都采用了简单有效的短期避障算法，从而确保区域边界过渡自然。结果表明，在定义更多组而不是单纯地基于势场方法的情况下，可以实时仿真超过 10 000 个角色。可以观察到的紧急行为，如人流对冲和恐慌逃生，更加证明了该仿真的真实性。图 5.16 展示了使用混合路径规划算法的人群移动。

图 5.16　使用混合路径规划算法的人群移动

以一个包括周围几条街道和建筑物的城市步行区场景为例。道路上有 5 000 个行人和一些汽车，如图 5.17 所示。每个网格单元的面积为 3 m × 3 m。由于用户关注点主要受到有威胁汽车的影响，因此在每辆车周围都设置高兴趣区域（ROI 0）。此外，为了使行人逃离潜在的碰撞，汽车前方设置了不适感和加速区域，如文献 *Continuum crowds* 所述［TCP06］。所以靠近汽车的行人总是处于高兴趣区域，因此被一个潜在的势场所影响。特别是在汽车前方，行人逃离危险区域是一个紧急的恐慌行为。剩余的可见环境划分为低兴趣区域（ROI 1），该区域行人仍要注意避免彼此之间碰撞，而视野外的区域被划分为无兴趣区域（ROI 2）。最终帧率（帧/s）在 15 ~ 30 变化，取决于可见车数量（1 ~ 3）以及车周围 ROI 0（半径为10 ~ 15 m）的大小。

该架构存在一些限制。首先，在太过狭窄的环境中使得基于势场的方法浪费了计算时间，可能出现严重的性能瓶颈。但可以在这些区域强制设置低兴趣区域，例如使用短期避障算法。另一个限制是基于组的方法：受限于为不同行人组分配通用目标，在实时应用中无法为每个行人设置一个目标。但本架构相对于之前使用基于势场的方法能够处理更多的组，这主要是由于大幅减少了实际计算单

图 5.17　恐慌逃生

元的数量，并且意味着能够优化网格以获得更准确的结果。

　　未来工作的一个方向是在架构中添加其他避障算法，以便在拥挤的狭窄空间中获得更好的结果。应该调查研究根据每个行人的特点独立仿真的算法，并添加到 ROI 架构中。此外，应该探索使行人动画与其动作完美同步的技术。人群仿真的另一方面——小规模人群仿真引发了我们的兴趣。事实上，在现实生活中很少能观察到人们单独行动，因此有必要通过集群行为获得真实结果。

5.5　基于空间殖民算法的避障方法

　　本节提出的人群建模方法基于空间殖民算法，最初是为了建立叶脉图案［RFL*05］。该算法的变体可以生成分支或网状图案。此处回顾一下更为直接应用于人群动画的分支叶脉模型。

　　叶脉模型仿真迭代循环包括三个过程：叶片生长、标记自由空间的放置和添加新叶脉。根据一种生物学假说，这些标识对应植物激素生长素的来源，其出现在未被叶脉穿过的生长中的叶片区域［ASLU03］。一组标识 S 与叶脉图案相互作用，由称为叶脉节点的点 v 组成。这种图案向着自由空间的标记迭代扩展。因为标识周围的空间不再空闲，逐渐移除被高级叶脉逼近的标记。随着叶片生长，现有的叶脉和标识之间的空间中添加了额外的空闲空间标识。这个过程一直持续到生长停止，那时将不会有标识存在。

空间殖民算法的核心是空闲空间的标识和叶脉节点之间的相互作用。在每次迭代期间，叶脉节点受到所有距其更近标识的影响。因此，叶脉在其生长时会竞争标识，从而争夺空间。有几种影响单叶脉节点 v 的标识，这组点由 $S(v)$ 表示。如果 $S(v)$ 不为空，则会创建一个新的叶脉节点 v'，并通过一个代表叶脉段的边连接到 v。节点 v' 定位与 v 相距 D 处，其方向为指向所有标识 $s(s \in S(v))$ 的单位向量的均值向量（和向量的单位化）。因此，$v' = v + D\hat{n}$，其中，

$$\hat{n} = \frac{n}{\|n\|} \text{ 和 } n = \sum_{s \in s(v)} \frac{s - v}{\|s - v\|} \tag{5.6}$$

距离 D 作为模型中距离的基本单位，并提供对结果结构分辨率（解析度）的控制。一旦新节点被添加到 v 中，则检验是否去除空闲空间的标识，这取决于这些叶脉是否已经增长到与标识接近。

空间殖民算法随后被用于对树木进行建模［RLP07］。除了 3D 结构的扩展之外，树的算法引入了影响半径的概念，这限制了空闲空间标识可以吸引树节点的距离。此外，通常在仿真开始时预先定义标识集合，并且之后不再添加新的标识点。因为与扩展叶脉相反，树的生长空间保持固定。

5.5.1　人群模型：Biocrowds

本节提出的人群建模方法基于空间殖民算法。在原始的生物模型中，叶脉或树枝可以被视为由叶脉或树枝末梢穿过空闲空间产生的路径。在人群仿真中，由移动的 agent 识别这些生长中的树枝末梢。有趣的是，在与粒子系统相关的开发和应用中可以看出路径和动作之间的类似关系。虽然一些应用关注粒子的运动（例如火焰和烟火的仿真），但其他的更关注粒子的路径（例如草和树的仿真）［Ree83，RB85］。

所提出的方法保留了原始空间殖民算法的许多特征及其对树的扩展。下面列出了空间殖民算法适应人群仿真的新关键要素。

（1）标识的持久性。与达到叶脉时永久去除的生长素来源不同，人群仿真中的标识在进入 agent 的个人空间时被暂时声明，并在 agent 离开时被释放。释放的标识随后被其他 agent 使用。

（2）目标搜索。叶脉的发育受到近叶脉生长素源的局部引导。相反，人们的动作受到个人意愿的影响。

（3）速度调节。在原始的空间殖民算法中，叶脉以恒定的速度生长。相反，agent 根据人群模型中的可用空间来改变速度。

1. 输入

本方法的输入包括几个参数，即：

- agent 在其中移动的场景的规格（例如障碍物）。
- agent 的数量和初始位置。
- 目标的位置，可以按个人或按组分配，具体取决于应用。
- 标识 μ 的密度，主要控制将要创建的标识的数量。
- agent 感知域的半径 R（agent 可以感知标识的最大距离）。
- agent 的最大速度 s_{max}。

需要着重注意的是，无论人群仿真算法如何，前三个参数（障碍、目标和 agent 的位置）对于定义仿真本身至关重要。可以调整其余参数（μ、R 和 S_{max}）以获得不同的仿真结果，但是如 5.5.2 节分析的，默认的设置值完全适用于各种环境。

2. 初始化

在初始化步骤中，虚拟世界由空闲空间标识所填充。这些标识使用飞镖投掷算法［Coo86］在允许 agent 移动的部分空间上随机放置。通过放置标识来指定可步行区域，例如使用交互式"喷涂工具"（见 5.5.2 节）。要避开的障碍物没有标识。事实上，任何格式的形状都可以当作障碍物。标识的最佳密度表示为轨迹形状（密集分布的标识产生平滑轨迹，这与最小代价理论一致）和计算时间（随标识数增加）之间的折中。5.5.2 节将讨论与标识密度选择相关的实验结果。

3. 计算运动方向

迭代地计算每个 agent I 的运动。在每个仿真步骤中，同步更新位置 $p(t)$ 和指向 agent 目标的目标向量 $g(t)$ [1]。此外，计算包含 agent 个人空间内所有标识的集合 S。这个空间包含比任何其他 agent 更靠近 agent I 的所有点（这表示与 agent I 相关联的 Voronoi 区域，该区域也驻留在 agent I 的感知域中），见图 5.18。

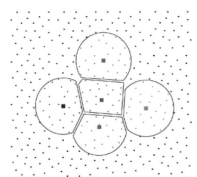

图 5.18　与 5 个示例 agent（正方形）相关的个人空间（阴影区域）和标识（点）。用同一颜色显示每个 agent 及其捕获到的标识

考虑一组与 agent I 相关联的 N 个标识 $S = \{a_1, a_2, \ldots, a_N\}$。为了计算这个 agent 的下一个动作，首先找到由方向向量组成的集合 S'，这些方向向量从 agent 指向 S 中所有标识：

$$S' = \{d_1, d_2, \cdots, d_N\}, d_k = a_k - p \tag{5.7}$$

在叶脉的发育仿真中，将方向向量进行归一化和简单的平均化，以确定叶脉生长方向［方程（5.6）］。但在 agent 的动作仿真中，还需要考虑其目标向量。为此，根据与 agent 目标校准的程度来对每个方向向量进行加权。具体地说，暂定运动矢量 m 计算为

$$m = \sum_{k=1}^{N} \omega_k d_k \tag{5.8}$$

式中系数 ω_k 是使用下式计算的权重：

$$\omega_k = \frac{f(g, d_k)}{\displaystyle\sum_{l=1}^{N} f(g, d_l)} \tag{5.9}$$

1　For clarity, the time index t will be omitted from now on, unless necessary.

为了确定函数 f，我们首先假定所有影响 agent I 的标识 $\boldsymbol{a}_k$ 与 agent 具有相同距离 $\parallel \boldsymbol{d}_k \parallel$。那么函数 f 应该是：①当目标和方向向量之间的（非定向）夹角 θ 等于 $0°$ 时，函数 f 达到最大值；②当 $\theta = 180°$ 时函数 f 达到最小值；③当 θ 从 $0°$ 增加到 $180°$ 时单调递减。如果距离 $\parallel \boldsymbol{d}_k \parallel$ 不同，距离 agent 较远的标识应具有相对较小的权重，以防止它们主导暂定运动向量 $\boldsymbol{m}$ 的计算。

为满足这些假设，函数 f 的可能选择：

$$f(\boldsymbol{g}, \boldsymbol{d}_k) = \frac{1 + \cos\theta}{1 + \parallel \boldsymbol{d}_k \parallel} = \frac{1}{1 + \parallel \boldsymbol{d}_k \parallel}\left(1 + \frac{<\boldsymbol{g}, \boldsymbol{d}_k>}{\parallel \boldsymbol{g} \parallel \parallel \boldsymbol{d}_k \parallel}\right) \qquad (5.10)$$

式中 $<\cdot, \cdot>$ 表示内积。如果 agent 声明的标识在其个人空间中和 agent 的感知域内均匀连续分布，则 f 的选择将保证暂定运动向量 $\boldsymbol{m}$ 指向 agent 目标方向。显然，对于其他标识分布（例如当用户插入障碍物时）或当 agent 的感知域不位于其个人空间内（例如当近处有邻居时），agent 的方向可能会从目标偏离一些。

4. 速度向量的计算

也可以表明：①由向量 $\boldsymbol{m}$ 替代的 agent I 的位置保持在 agent I 的当前个人空间内；②向量 $\boldsymbol{m}$ 的大小随着该空间的大小而增加。综合起来，这些属性使向量 $\boldsymbol{m}$ 成为指定 agent 下一步运动的较优备选向量，在更大空间中保证了无碰撞轨迹并捕获了速度增长。然而，在计算实际位移时，还必须考虑 agent 的最大速度 $s_{\max}$（每个仿真步骤的位移）。因此，计算实际位移 $\boldsymbol{v}$ 为

$$\boldsymbol{v} = s\frac{\boldsymbol{m}}{\parallel \boldsymbol{m} \parallel}, \text{其中 } s = \min\{\parallel \boldsymbol{m} \parallel, s_{\max}\} \qquad (5.11)$$

式（5.11）意味着如果 $\parallel \boldsymbol{m} \parallel > s_{\max}$，agent 的速度受到 $s_{\max}$ 的限制。否则，速度由 $\parallel \boldsymbol{m} \parallel$ 给出。需要注意的是，如果感知域的半径 R 过小，则式（5.8）中计算的方向向量的大小将总是小于 $s_{\max}$，使 agent 不可能实现其最大速度。

作为特殊情况应注意，当分母为零时，式（5.9）定义的权重不满足归一化条件 $\omega_1 + \omega_2 + \cdots + \omega_N = 1$。这种情况在 agent 的个人空间不包含标记或所有标记都与目标的方向完全相反（$\theta = 180°$）时出现。在这些情况下，设置 $\boldsymbol{m} = 0$，表明 agent 不应该按照给定的仿真步骤中移动（这是有道理的，因为向 S 中的标记移动将使 agent 离开目标）。

5. 有限规模 agent 之间的碰撞消除

如前所述，由于 agent 的个人空间总是不相交，不管人群或标记的密度如何，agent 的运动是无碰撞的。此外，在任何仿真步骤中，不仅是位置，agent 的轨迹也不相交，这似乎增强了运动的现实性。然而，这些观察仅适用于较小规模的agent，并且在限空间的 agent 理论上可能会碰撞（如果他们从相对侧接近 Voronoi 多边形边缘上的同一个点）。通过确保每帧中每个 agent I 保持从其当前 Voronoi 区域的边到自身的最小距离（基于每个 agent 的半径），在这种情况下生成一个有保证的无碰撞运动。因为在使用基础算法的仿真中无法看到任何碰撞，我们没有实现该扩展，这将增加计算时间。

5.5.2　实验结果

本节中提出了几个例子，阐述所提出的人群仿真方法的各种特征。特别是本节表明了 2.1 节中概述的人群动力学的不同方面是模型的涌现性。需要提到的是，除非另外说明，否则所有结果都是使用相同的参数集获得的，而不考虑仿真人群的密度。标识的密度设定为 15 个标识/m^2，围绕每个 agent 的个人空间 R 的半径为 1.25m。由于现实生活中的每个人都有自己的最佳速度，所以每个虚拟agent I_i 的个人最大速度 s_{max}^i 以 0.9 ～ 1.5 m/s 的间隔随机绘制（帧/0.03 ～ 0.05 m）。默认仿真环境为 50 m ×50 m。

使用两种方法可视化仿真结果。在 2D 可视化中，agent 使用与线段相关联的动点来表示，并且这些线指向影响每个 agent 的标识。图 5.19 给出了这种可视化的例子。可以看出在这种情况下，人群中心的 agent 有较少的标识可以使用，因此与边界附近的 agent 相比，其运动范围有限。在 3D 可视化中，agent 使用带关节的虚拟人来表示。这种可视化的例子如图 5.20 所示，其中 50 个 agent 从场景的左下角出现，并朝对角的旗子移动。此动画还说明了为一组 agent 指定目标的可能性。

图 5.19　2D 可视化中线段连接
agent 和相应的标识

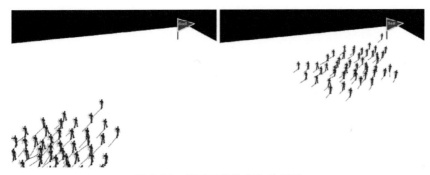

图 5.20　搜寻目的地行为的例子

虚拟 agent 从左下角出现，到达场景对角的目的地

1. 标识密度影响

为了在进一步的实验中能设定适当的参数，此处分析了标记密度对 agent 轨迹和仿真计算效率的影响。根据最小代价理论，最简单情况下单个 agent 的理想轨迹是初始位置和目标之间的直线。图 5.21 显示了几种标识密度的 agent 方向角度变化的平均值和标准差（垂直线段）。可以观察到，标识密度从 7.5 个/m^2 增加到 15 个/m^2，其平均角度（以及标准差）快速减小。标识密度超过 15 个/m^2 后，角度变化的平均值和标准差减小变慢。

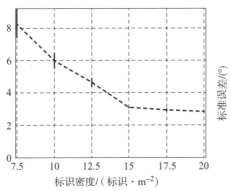

图 5.21　每个模拟步骤下的 agent 方向平均变量关于标识密度的函数

垂直方向表示标准误差

此外，还分析了标识密度与仿真时间的关系，得到的结果以 4 种不同密度的标识分布在尺寸为 80 m × 80 m 的正方形上。如图 5.22 所示，如预期的，仿真速度随着标识数量的增多而减少。

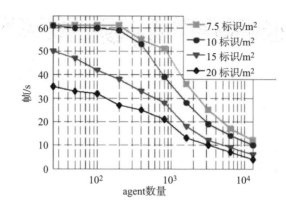

图 5.22 仿真速度作为 agent 数量的函数，评估了 4 种不同的标记密度对仿真的影响

所有标准差小于 1，因此未显示。这些结果是使用 3 GB 667 MHz 共享双通道 DDR2 内存，128 MB NVIDIA（R）GeForce（R）8400M GS 显卡，Intel（R）CoreTM 2 Duo T7500 2.2 GHz（移动技术）处理器获得的

根据图 5.21 和图 5.22 所示，在随后的所有实验中使用 15 个标识/m²。该值表示计算时间（可以实时执行 800 个 agent 的仿真，30 帧/s）和轨迹平滑度（标识密度在每平方米增加 15 个以上，角度变化不会显著减小）的拆中。

有趣的是，可以很容易地用公式表示标识到 Voronoi 多边形的连续分布，只需用积分代替方程（5.8）和（5.9）中的求和。然而，这种积分必须以数字方式解决，这导致在此工作中提出的离散公式（较高密度的标识对应于更准确的数值解）。

2. 轨迹形状

轨迹的平滑度不仅取决于标记的密度，还取决于 agent 的密度。事实上，当两群人在相同空间相向而行时，走在前面的人必须比后面的人改变更大的角度，以避免与另一群人正面碰撞。这种行为与最小代价理论一致，适用于每个单独的 agent。为了验证在仿真中是否出现相同的行为，设置两组 agent 反向移动（图 5.23）。然后从同一组中挑选 2 名 agent，1 名在组前面，另 1 名在组中间。他们的轨迹分别以蓝色和红色显示，如图 5.23 所示。红色轨迹看起来比蓝色更平滑，并且观察被定量证实：前方 agent（平均 19.19°，每个仿真步骤的标准偏差 13.69°）的方向平均改变（绝对值）大于中间 agent（平均 15.11°，标准差 12.99°）。为了进行比较，在同一标记邻域移动的孤立 agent 将以平均值 3.86° 和标准差4.64°改变其方向。因此正如预期的，人群中的追随者比独立的 agent 改变方向更大。

图 5.23　人群中位置对轨迹平滑度的影响

深灰色的 agent 从场景的右下角移动到左上角。另一组以浅灰色显示，沿相反方向移动。由于空间有限，前面 agent 生成的蓝色轨迹没有由中间 agent 生成的红色轨迹平滑

最小代价原则导致自发地形成了彼此相向行走的一连串行人轨迹（参见 2.1 节）。这样的轨迹也容易出现在仿真中，如图 5.24 所示。再次说明，这些结果来自两组相向行走的 agent。

图 5.24　两组共 50 人相向运动形成的人流对冲（由圆形和正方形表示）

3. 碰撞避免

非常重要的行为是人群的碰撞避免行为。虽然算法保证了无碰撞运动，但是在仿真中评估有无碰撞运动是有意义的。为此，设置每组有 50 个 agent 的 4 个组，从正方形场景的四角出现并向对角移动。这 4 个组在场景中心附近形成了一群向不同方向移动的密集人群。图 5.25 显示了仿真结果的 4 个画面。虽然分配给每个 agent 的标识集在中心附近减少，但这些集合不会相互交叉。因此对于每个 agent 来说，下一步将是无碰撞的。用 3D 可视化进行相同的仿真也能清楚看到碰撞避免（图 5.26）。

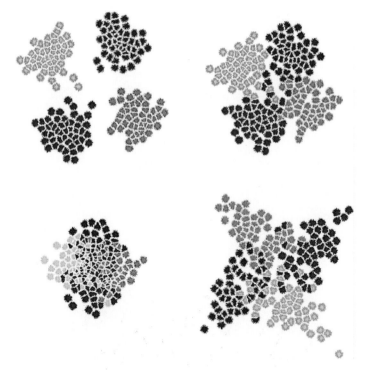

图 5.25　碰撞避免行为的 2D 可视化结果

4 组 agent 在场景中心交叉

因为随着人群密度增加，每个 agent 相对应的标识减少，即 agent 速度随着人群密度函数而降低。这种减少的本质是"减速效应"。为了分析在仿真中的涌现，我们在尺寸为 10 m×40 m 的走廊中用不同数目和不同组的运动 agent 进行了

图 5.26　碰撞避免行为的 3D 可视化结果

一系列实验。所有 agent 的预期最大速度为 1.2 m/s。在开始的两组实验中，一组
25 或 50 人的 agent 从走廊的尽头移动到另一端。在余下的实验中两组 agent 相向
运动（每组分别为 25、50、100、200、400 人）。每个实验重复 20 次，每次实验
随机设置标识点和 agent 的初始位置。表 5.2 展示了这些实验中 agent 的平均速
度。正如预期的，在缺少反向人流的前提下（第一组、第二组实验），agent 所实
现的速度几乎达到所允许的最大速度（1.2 m/s）。在相向运动的 agent 组仿真中，
随着 agent 数量的增加所实现的速度逐渐变小。

表 5.2　减速效应：实现速度的降低作为 **agent** 数量的函数。每种情况下最大 **agent** 速度
为 $s_{max} = 1.2$ **m/s**

	agent 数量（人群数量）						
	25(1)	50(1)	50(2)	100(2)	200(2)	400(2)	800(2)
平均实现的速度/(m·s⁻¹)	1.19	1.19	1.17	1.16	1.14	1.11	1.09
标准差/(m·s⁻¹)	0.000 6	0.000 6	0.002 1	0.004 5	0.009 6	0.020 6	0.031 9

4. agent 的数量

这些结果可以用 agent 的全局密度来表示。例如，在最后一个实验（表 5.2

中的最后一列）中，每平方米平均有 2 个 agent（800 个 agent 在 400m² 中）。然而，全局密度并不是一个信息化的人群度量，因为其可能在空间上有所变化。在仿真中，这些组在走廊中心附近相互交错，在那里形成了一个高密度区域，而其他地区则相对较空。为了考虑这些差异，将走廊分为尺寸为 1 m × 1 m 的单元格，并计算了每个单元格中 agent 的数量和平均速度。结果如图 5.27 所示，其比较了使用本节提出的方法（这里用 BioCrowds 标记）生成速度的分布与代表不同密度真实人群的平均速度。可以观察到，使用本节方法仿真的人群涌现速度与测量数据一致。

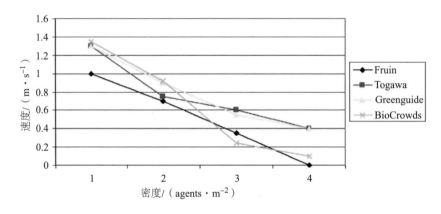

图 5.27　agent 平均速度作为局部人群密度的函数

标有"Greenguide""Fruin"和"Togawa"的折线表示现实生活中的测量数据，标有 BioCrowds 的折线则描述了本节方法的涌现结果。在这些仿真中，我们假设 agent 的最大速度为 1.2 m/s

5. 停止效应

当在虚拟 agent 感知域和个人空间中有可用标识时，他们会移动。空间策略竞争的本质是 agent 争取空间，然后进行移动。然而当没有可用标识时，可能会出现停止效应，这也可能在现实生活中发生。本节说明了两种停止效应：①瓶颈效应；②弧形队形。第一个描述了由于墙壁造成的瓶颈环境中发生的密度增加（速度降低）（图 5.28）。在图 5.28 中，椭圆和矩形区域分别用于显示瓶颈效应，分别用于测量环境（即走廊）中间的瓶颈前后的密度和速度。由椭圆（瓶颈前）定义的区域中的密度较高，为 4 人/m²，平均速度为 0.31 m/s，标准差为 0.056。

在瓶颈后的区域测得的密度较高，密度为 2 人/m²，平均速度为 1.18m/s，标准差为 0.03。在走廊中间（图 5.28 中矩形区域），观测到的密度为 3 人/m²，平均速度为 0.99m/s，标准差为 0.004。

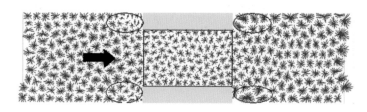

图 5.28　瓶颈效应：椭圆形突出显示由于环境而导致 agent 停止的区域

Helbing 等人首先提出了第二个行为［HFV00］，它描述了人们因出口而停止的现象，包括停止效应以及新出现的几何弧形队形（图 5.29）。

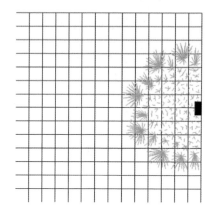

图 5.29　弧形队形：具有相同目标的 agent（例如一个门：黑色方块的位置）然后停止形成弧形

6. 交互式人群控制

agent 的运动可以通过交互式地喷雾或擦除标识进行交互式控制。图 5.30 展示了实现这种交互的原型系统。agent 倾向于遵循标识密度较高的路径，从而可以通过沿优选路径增加标识数量来实现局部控制。当标识被移除时，agent 立即调整其路径，如图 5.31 所示。

图 5.30　具有交互式控制人群仿真的原型系统

用户在地面上"喷"标识（绿点）。标识的分布指向 agent

图 5.31　移除环境中的标识会影响虚拟人的轨迹（第一和第二个 agent 受到新标识配置的影响）

5.6　虚拟角色的注视行为

本书认为，一种可以极大提高人群仿真逼真程度（图 5.32）的重要方法是让角色感知他们的环境、其他角色和/或用户。这可以通过本章已经介绍的导航和路径规划算法来部分实现。本节提出了一种集成在人群仿真管线中的方法[GT09]，以获得比导航能够提供的行为更高级的行为。为了增加人群的注意行为，目前面临两个问题：①检测要观察的角色的兴趣点；②编辑他们的角色动作来执行注视行为。

图 5.32　虚拟角色注视行为的例子

5.6.1　注意行为的仿真

注意力模型

把人类的视觉和知觉综合在一起是一个复杂的问题，已经用许多不同的方式解决了。目前已经开发了基于记忆的综合视觉模型，用于角色的导航［RMTT90，NRTMT95，KJL99，PO02］。

根据自底向上法、刺激驱动规则［HJ99，CKB99］和关注度图方法［ID03，POS03，MC02，KHT05］提出其他模型。类似地，已经对可会话拟人 agent（Embodied Conversational Agents）进行了许多视觉注意和注视的仿真工作［PPB＊05，EN06，LM07］。另外，文献［LBB02］描述了基于扫视经验模型和眼睛跟踪数据统计模型的眼动模型，文献［LT06］提出了基于生物力学的头颈模型。所有这些方法都给出了让人信服的结果，但是要么计算时间成本过高，要么不适用于人群仿真。

在特定的注视模块中，应该将注意行为加入步行角色的动作中。第一步是定义兴趣点，即空间中既令人感兴趣，又吸引角色的注意力的点。根据实验想要得到的结果，使用不同的方法来实现：

- 兴趣点可以定义为空间中被描述为感兴趣的区域。在这种情况下，兴趣点将是静态的。

- 兴趣点可以定义为在空间中演变的角色。只要在别的角色的视野中，所有角色都可能会吸引其他角色的注意。在这种情况下，因为这些角色会到处移动，需要有动态约束条件。

- 如果跟踪与系统交互的用户，兴趣点可以定义为用户。

- 头眼联合追踪设置允许在 3D 空间中定义用户的位置，如图 5.33 所示。角色可能会看向用户。

图 5.33　在 CAVE 环境中跟踪用户

用户的位置和方向用于与在虚拟环境中行走的角色进行交互

获得预期注意行为的第二步在于计算位移图，其允许当前角色实现注视姿势，即满足注视约束条件。一旦计算了位移图，就将其分配到构成眼睛、头部和脊柱的各种关节中，以使每个关节位置共同完成最终姿势。这种位移是及时传递的，以使"看"和"不看"的动作是平滑、自然以及与人类相似的。

5.6.2　人群注视行为

兴趣点

定义每个角色在什么位置和什么时间应该注视，如图 5.34 所示。如 5.5.1 节所述，我们根据设置以及我们想要获得的结果，来选择实现这一目的的方法。

图 5.34 角色的兴趣点

第一种方法是使用环境模型中存在的元信息。元信息允许将各种环境元素描述为看起来"有趣"。如果是这种情况，环境元素会引起角色的注意。只要该元素在角色的视野中，他将在这些元素附近执行注视行为。这类兴趣点在场景中始终处于相同的位置，是静态元素。

第二种方法是将兴趣点分配给场景中的其他角色。可以为不同的角色分配不同的兴趣等级。这样一来，一些兴趣点会吸引更多角色的注意。如环境元素一样，只要角色在附近并且在其他角色的视野中，他就会引起其他角色的关注。这类兴趣点是移动实体，所以它们是动态的。

第三类兴趣点是用户。使用本系统的用户可以使用头眼联合追踪器来跟踪。通过这种方式，可以在 3D 人群引擎空间中跟踪用户位置和注视点。在这种情况下，用户将是兴趣点。此外，既然可以追踪用户注视点，用户的兴趣点（所看向的地方）可能会成为环境中角色的兴趣点。因此，看起来角色像是在无意中模仿用户，并试图找出用户正在看什么。

5.6.3 自动兴趣点检测

本方法的第一步是自动检测实体轨迹的兴趣点。将兴趣点 IP 定义为给定角色 C 注意的实体 E。更正式地，IP 被定义为

$$\mathrm{IP}(t) = [p_t, t_a, t_d, [t_b, t_e]], \ p_t \in R^3 \tag{5.12}$$

式中，p_t 为 IP 在时刻 t 的空间位置；t_a 为其"有兴趣"时长；t_d 为其"无兴趣"时长；$[t_b, t_e]$ 表示其生命周期。t_a 的目的是定义执行"看"动作所需的时间量。相反，t_d 定义了 C 不看 IP 所需的时间量。应该注意的是，在 IP 被另一个 IP 替换的情况下，"无兴趣"被跳过并且将其替换为从第一 IP 到第二 IP 的"有兴趣"。注视行为的另一个重要因素是不会一直看着同一事物。我们可能会失去兴趣或注意到更有趣的东西。实体 E 的存在时间就是一个 IP。对于每个时刻 t 的每个角色 C，给其他实体分配通过评分函数计算的分数 $S(t)$，来为它们定义兴趣等级。只要满足两个条件，获得最高分数 $S_{max}(t)$ 的实体 E 就成为 t 时刻应被 C 注意的 IP。首先，$S_{max}(t)$ 必须高于注意力阈值，这定义了 C 对其他实体感兴趣的时间百分比。其次，E 应该在 $[t_b, t_e]$ 中获得 $S_{max}(t)$ 的最小时间，依据经验设置为 1/3 s。以前的研究，例如 Neisser 阐述了一个或多个简单的视觉属性差异会吸引人类的注意力 [Ulr67]。简单的视觉属性是颜色、方向、大小和运动等特征。此外，Yantis 和 Jonides 研究突然的视觉效果同样吸引人们的注意力 [YJ90]。这些研究促使我们选择 4 个不同的标准作为评分函数的依据：

● 接近度：更近的物体或人看起来更大，比那些遥远的人更容易吸引注意力。而且，较近的会遮挡住较远的。

● 相对速度：一个人将更容易将注意力放在快速移动的东西上，而不是相对于自己慢慢移动的东西。

● 相对方向：比起逐渐远离的物体，我们一般会对逐渐靠近的物体更加关注。并且，靠近的物体看起来变得越来越大。

● 周边：一般会对周边视野中发生的运动非常敏感。更具体地说，是对进入视野的物体或人物非常敏感（图 5.35）。

为了决定给定人物在给定时间看向的位置，将根据这些标准评估所有实体。如图 5.36 所示，对每个实体进行一系列参数的评估：距离 $d_{c_e}(t)$，用 $\| d_e(t) - d_c(t) \|$ 的正向微分定义的相对速度 $r_s(t)$，视角 $\alpha(t)$ 的方向和相对方向 $\beta(t)$。与 Sung 等人的研究相似 [SGC04]，组合这些参数来创建更复杂的评分函数：S_p 为接近度、S_s 为速度、S_o 为方向、S_{p_e} 为周边。

图 5.35　周边视野

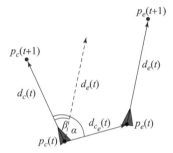

图 5.36　基本评分函数中各参数的原理图表示：$p_c(t)$ 是 t 时刻的角色位置，$p_e(t)$ 是 t 时刻的实体位置，α 是角色视野中实体的方向，β 是角色正方向与实体正方向之间的夹角

5.6.4　运动调整

为了获得令人信服的结果，必须调整角色动作以便使他们看向兴趣点。由于角色和兴趣点可能是动态的，因此必须计算在每帧中应用于基础运动的关节位移。

实验使用的骨骼由 86 个关节组成。本方法调整其中 10 个：5 个脊柱关节、2 个颈部关节、1 个头关节和 2 个眼睛关节，以使角色的注视点与兴趣点对齐。仅考虑完整骨骼的这个子集，从而大大降低算法的复杂度。这节省了计算时间，从而能够为大量的角色设置动画。

本方法由两个不同的阶段组成。第一阶段计算要应用于各种关节的位移图，用以满足注视约束时间分辨率。这允许将自定义数量的帧上的位移图传递到原始动作上，因此能够确保平滑和连续的最终移动。第二阶段计算看向某物或某人所需的时间，这取决于其在视野中的位置。

1. 空间分辨率

空间分辨率的目的是找到修改初始运动的位移图，以满足给定的注视约束条件。对于人群中的每个可变形网格，在每个时间步长上，如果存在主动约束条件，将从运动链（腰椎）的底部开始一个迭代循环并在运动链的顶部（眼睛）结束。在每次迭代中，计算由平均眼部位置（全局眼部）完成的剩余旋转总数，以满足约束条件。然而，由于眼睛不是唯一需要调整的关节，所以将这个旋转数赋予另一个需要的关节。

我们从文献 *Versatile walk engine* 的工作中［BUT04］获得了灵感，用于确定每个关节对整个旋转的贡献。作者提出了一组公式，根据要进行的旋转类型（俯仰、偏航或滚转）来定义要分配给脊柱关节的角度比例。实验使用了文献 *Versatile walk engine* 中提出的绕竖轴的线性增加旋转分布公式。在我们的模型中，与竖轴相比，绕纵轴和横轴的旋转非常小。因此，所有类型的旋转使用相同的公式：

$$c_i = (-i-n)(2/n(n-1)),\ i = 1,2,\cdots,9 \tag{5.13}$$

式中，n 为要迭代的关节总数；i 为关节索引，$i=1$ 为最底腰椎，$i=9$ 为全局眼部。在每个步骤中，c_i 为确定要分配给关节 i 的剩余旋转数的百分比。由每个关节要完成的为角色满足约束条件的总旋转数，之后可以使用这些贡献值的球面线性插值来计算出。

然后计算由每个眼关节完成的剩余旋转，以使视线汇聚到兴趣点上。此外，在视野30°范围内的兴趣点，仅需要旋转眼关节。在视野30°范围外的兴趣点，则需要旋转眼睛、头部和颈部关节。因此，小幅运动不需要较低的关节。

2. 时间分辨率

除此以外，看向某物或某人所需的时间取决于其在视野中的位置。看向前方物体的注视动作时间要比看向周围物体的时间短。

当初始化注视动作时，要定义其执行时长。首先定义时长的上下界。下界设置为0，对应于无移动，即角色已经朝向兴趣点。上界设置为2 s，对应于180°移动。然后简单地在两者之间进行插值，以获得注视动作时长。

此外，如果考虑眼睛、头部、颈部或构成脊柱其余部分的关节，则该时长不同。头部运动的时长比脊柱少 1/2。类似地，视线（眼睛）汇聚的时长比头部少 5 倍。这样允许脚上的关节比其他关节移动更快。在任何其他关节达到其最终姿势之前，视线（眼睛）会先汇聚在兴趣点上。因此，最终动作允许视线汇聚到兴趣点，然后重定位头部，因为其余关节应移动以满足约束条件。

如前所述，一些注视约束条件可以是动态的，即约束条件是另一移动角色或系统用户。因此，重新计算位移图以满足每个时间步长的约束条件。可以假设约束条件从一帧到下一帧的位置没有太大变化。因此重新计算在每帧处进行的旋转，但是保持总贡献值 c_i，c_i 是在初始化注视动作之前计算出的。然而，若注视约束条件改变，则需将贡献值重置为 0。更具体地说，当前约束条件位置偏离前一帧约束条件位置的差值超过预定阈值时。然后，为获得新约束条件位置而计算出的关节旋转分布在一定数量的帧上。

最后，如果注视行为停止（要么因为角色已经看向同一兴趣点太久，要么没有更多的兴趣点），角色将看向前方。

添加注视动作大大增加了虚拟人与真实人的相似度。通过将这个功能添加到人群仿真引擎中，我们获得的角色似乎能够感知他们所处的环境和其他角色，如图 5.37 所示。

图 5.37　感知

5.7　总结

本章给出了行为动画方法的综述，并探讨了人群文献中描述的一些具体解决方案。用户应该关注人群仿真中更高层次的情况，因此这种方法在人群仿真的背景下具有重要意义。

参考文献

[AMTT12] ALLEN B., MAGNENAT-THALMANN N., THALMANN D.: Politeness improves interactivity in dense crowds. *Computer Animation and Virtual Worlds* (2012), doi:10.1002/cav.1472.

[ASLU03] ALONI R., SCHWALM K., LANGHANS M., ULLRICH C. I.: Gradual shifts in sites of free auxin-production during leaf-primordium development and their role in vascular differentiation and leaf morphogenesis in *Arabidopsis. Planta 216*, 5 (2003), 841–853.

[BBM05] BRAUN A., BODMAN B. J., MUSSE S. R.: Simulating virtual crowds in emergency situations. In *Proceedings of ACM Symposium on Virtual Reality Software and Technology—VRST 2005* (Monterey, California, USA, 2005), ACM, New York.

[BdSM04] BARROS L. M., DA SILVA A. T., MUSSE S. R.: Petrosim: An architecture to manage virtual crowds in panic situations. In *Proceedings of the 17th International Conference on Computer Animation and Social Agents (CASA 2004)* (Geneva, Switzerland, 2004), vol. 1, pp. 111–120.

[BH97] BROGAN D., HODGINS J.: Group behaviors for systems with significant dynamics. *Autonomous Robots 4* (1997), 137–153.

[BMB03] BRAUN A., MUSSE S., BODMANN L. O. B.: Modeling individual behaviors in crowd simulation. In *Computer Animation and Social Agents* (New Jersey, USA, May 2003), pp. 143–148.

[BO05] BERG J., OVERMARS M.: Prioritized motion planning for multiple robots. In *IEEE/RSJ International Conference on Intelligent Robots and Systems (IROS'05)* (2005), pp. 2217–2222.

[BUT04] BOULIC R., ULICNY B., THALMANN D.: Versatile walk engine. *Journal of Game Development 1*, 1 (2004), 29–52.

[Cha87] CHAZELLE B.: Approximation and decomposition of shapes. In *Algorithmic and Geometric Aspects of Robotics* (1987), pp. 145–185.

[CKB99] CHOPRA-KHULLAR S., BADLER N. I.: Where to look? Automating attending behaviors of virtual human characters. In *Proceedings of the Third Annual Conference on Autonomous Agents, AGENTS'99* (New York, NY, USA, 1999), ACM New York, pp. 16–23.

[Coo86] COOK L. R.: Stochastic sampling in computer graphics. *ACM Transactions on Graphics 5*, 1 (1986), 51–72.

[Dep97] DEPARTMENT OF NATIONAL HERITAGE: *Guide to Safety at Sports Grounds (The Green Guide)*, 4 edn. HMSO, London, 1997.

[DHOO05] DOBBYN S., HAMILL J., O'CONOR K., O'SULLIVAN C.: Geopostors: A real-time geometry/impostor crowd rendering system. In *SI3D'05: Proceedings of the 2005 Symposium on Interactive 3D Graphics and Games* (New York, NY, USA, 2005), ACM, New York, pp. 95–102.

[Dij59] DIJKSTRA E. W.: A note on two problems in connexion with graphs. *Numerische Mathematik 1* (1959), 269–271.

[EN06] GU E., BADLER N.: Visual attention and eye gaze during multiparty conversations with distractors. In *Proceedings of the 6th International Conference on Intelligent Virtual Agents* (2006), Lecture Notes in Computer Science, vol. 4133, Springer, Heidelberg, pp. 193–204.

[For97] FORTUNE S. J.: Voronoi diagrams and Delaunay triangulations. In *Handbook of Discrete and Computational Geometry* (1997), pp. 377–388.

[Fru71] FRUIN J. J.: *Pedestrian and Planning Design*. Metropolitan Association of Urban Designers and Environmental Planners, New York, 1971.

[Fru87] FRUIN J. J.: *Pedestrian Planning and Design*, revised edn. Elevator World, Inc., Mobile, 1987.

[GG93] GALEA E. R., GALPARSORO J. M. P.: A brief description of the exodus evacuation model. In *Proceedings of the 18th International Conference on Fire Safety* (1993).

[GT09] GRILLON H., THALMANN D.: Simulating gaze attention behaviors for crowds. *Computer Animation and Virtual Worlds 20*, 23 (June 2009), 111–119.

[Hea93] HEALTH AND SAFETY EXECUTIVE: *Guide to Health, Safety and Welfare at Pop Concerts and Similar Events (The Purple Guide)*, 1st edn. HMSO, London, 1993.

[HFV00] HELBING D., FARKAS I., VICSEK T.: Simulating dynamical features of escape panic. *Nature 407* (2000), 487–490.

[HJ99] HILL R. W. JR.: Modeling perceptual attention in virtual humans. In *Proc. of the 8th Conference on Computes Generated Faces and Behavioral Representation* (Orlando, FL, May 1999).

[HM95] HELBING D., MOLNAR P.: Social force model for pedestrian dynamics. *Physcal Review E 51* (1995), 4282–4286.

[ID03] ITTI L., DHAVALE N.: Realistic avatar eye and head animation using a neurobiological model of visual attention. In *Proc. SPIE* (2003), SPIE, Bellingham, pp. 64–78.

[KFN98] KISKO T. M., FRANCIS R. L., NOBEL C. R.: *EVACNET4 User's Guide*. University of Florida, 1998.

[Kha86] KHATIB O.: Real-time obstacle avoidance for manipulators and mobile robots. *International Journal of Robotics Research 5*, 1 (1986), 90–98.

[KHT05] KIM Y., HILL R. W., TRAUM D. R.: A computational model of dynamic perceptual attention for virtual humans, 2005.

[KJL99] KUFFNER J. J. JR., LATOMBE J.-C.: Fast synthetic vision, memory, and learning models for virtual humans. In *Proceedings of the Computer Animation, CA'99* (Washington, DC, USA, 1999), IEEE Computer Society, Los Alamitos, pp. 118–127.

[KL00] KUFFNER J., LAVALLE S.: RRT-connect: An efficient approach to single-query path planning. In *Proceedings of IEEE International Conference on Robotics and Automation (ICRA'00)* (2000).

[KO04] KAMPHUIS A., OVERMARS M.: Finding paths for coherent groups using clearance. In *SCA'04: Proceedings of the ACM SIGGRAPH/Eurographics Symposium on Computer Animation* (2004), pp. 19–28.

[KSLO96] KAVRAKI L., SVESTKA P., LATOMBE J., OVERMARS M.: *Probabilistic Roadmaps for Path Planning in High-Dimensional Configuration Spaces*. Technical Report 12, Stanford, CA, USA, 1996.

[Kuf04a] KUFFNER J.: Efficient optimal search of Euclidean-cost grids and lattices. In *IEEE/RSJ International Conference on Intelligent Robots and Systems (IROS'04)* (2004).

[Kuf04b] KUFFNER J. J.: Effective sampling and distance metrics for 3D rigid body path planning. In *Proceedings IEEE International Conference on Robotics & Automation* (2004).

[Lat91] LATOMBE J.-C.: *Robot Motion Planning*. Kluwer Academic, Boston, 1991.

[Lau98] LAUMOND J.-P.: *Robot Motion Planning and Control*. Springer, Berlin, 1998.

[Lav06] LAVALLE S. M.: *Planning Algorithms*. Cambridge University Press, Cambridge, 2006.

[LBB02] LEE S. P., BADLER J. B., BADLER N. I.: Eyes alive. *ACM Transactions on Graphics 21*, 3 (July 2002), 637–644.

[LD04] LAMARCHE F., DONIKIAN S.: Crowds of virtual humans: A new approach for real time navigation in complex and structured environments. *Computer Graphics Forum 23*, 3 (September 2004), 509–518.

[LK05] LAU M., KUFFNER J. J.: Behavior planning for character animation. In *Proceedings of the Eurographics/ACM SIGGRAPH Symposium on Computer Animation* (2005).

[LK06] LAU M., KUFFNER J. J.: Precomputed search trees: Planning for interactive goal-driven animation. In *Proceedings of the Eurographics/ACM SIGGRAPH Symposium on Computer Animation* (2006).

[LM07] LANCE B., MARSELLA S. C.: Emotionally expressive head and body movement during gaze shifts. In *Proceedings of the 7th International Conference on Intelligent Virtual Agents, IVA'07* (2007), Springer, Berlin, pp. 72–85.

[LP83] LOZANO-PÉREZ T.: Spatial planning: A configuration space approach. *IEEE Transactions on Computing C-32*, 2 (1983), 108–120.

[LT06] LEE S.-H., TERZOPOULOS D.: Heads up!: Biomechanical modeling and neuro-muscular control of the neck. *ACM Transactions on Graphics 25*, 3 (July 2006), 1188–1198.

[MC02] MARCHAND E., COURTY N.: Controlling a camera in a virtual environment. *The Visual Computer 18*, 1 (2002), 1–19.

[MT01] MUSSE S. R., THALMANN D.: A hierarchical model for real time simulation of virtual human crowds. *IEEE Transactions on Visualization and Computer Graphics 7*, 2 (April–June 2001), 152–164.

[MYMT08] MORINI F., YERSIN B., MAÏM J., THALMANN D.: Real-time scalable motion planning for crowds. *The Visual Computer 24* (2008), 859–870.

[NRTMT95] NOSER H., RENAULT O., THALMANN D., MAGNENAT-THALMANN N.: Navigation for digital actors based on synthetic vision, memory and learning. *Computers and Graphics 19* (1995), 7–19.

[OY82] O'DUNLAING C., YAP C. K.: A retraction method for planning the motion of a disc. *Journal of Algorithms 6* (1982), 104–111.

[PdHCM*06] PETTRÉ J., DE HERAS CIECHOMSKI P., MAÏM J., YERSIN B., LAUMOND J.-P., THALMANN D.: Real-time navigating crowds: scalable simulation and rendering: Research articles. *Computer Animation and Virtual Worlds 17*, 3–4 (2006), 445–455.

[PLT05] PETTRÉ J., LAUMOND J. P., THALMANN D.: A navigation graph for real-time crowd animation on multilayered and uneven terrain. In *First International Workshop on Crowd Simulation (V-CROWDS'05)* (2005), pp. 81–89.

[PO02] PETERS C., O'SULLIVAN C.: Synthetic vision and memory for autonomous virtual humans. *Computer Graphics Forum 4*, 21 (2002), 743–752.

[POS03] PETERS C., O'SULLIVAN C.: Bottom-up visual attention for virtual human animation. In *Proceedings of the 16th International Conference on Computer Animation and Social Agents (CASA 2003)* (Washington, DC, USA, 2003), IEEE Computer Society, Los Alamitos, pp. 111–117.

[PPB*05] PETERS C., PELACHAUD C., BEVACQUA E., MANCINI M., POGGI I.: A model of attention and interest using Gaze behavior. In *Intelligent Virtual Agents* (2005), Lecture Notes in Computer Science, vol. 3661, Springer, London, pp. 229–240.

[RB85] REEVES W. T., BLAU R.: Approximate and probabilistic algorithms for shading and rendering structured particle systems. In *SIGGRAPH'85: Proceedings of the 12th Annual Conference on Computer Graphics and Interactive Techniques* (New York, NY, USA, 1985), ACM, New York, pp. 313–322.

[Ree83] REEVES W. T.: Particle systems—A technique for modeling a class of fuzzy objects. *ACM Transactions on Graphics 2*, 2 (1983), 91–108.

[Rey87] REYNOLDS C. W.: Flocks, herds and schools: A distributed behavioral model. In *Proceedings of the Annual Conference on Computer Graphics and Interactive Techniques (SIGGRAPH'87)* (New York, NY, USA, 1987), ACM, New York, pp. 25–34.

[Rey99] REYNOLDS C. W.: Steering behaviors for autonomous characters. In *Game Developers Conference* (San Jose, California, USA, 1999), pp. 763–782.

[RFL*05] RUNIONS A., FUHRER M., LANE B., FEDERL P., ROLLAND-LAGAN A.-G., PRUSINKIEWICZ P.: Modeling and visualization of leaf venation patterns. *ACM Transactions on Graphics 24*, 3 (2005), 702–711.

[RLP07] RUNIONS A., LANE B., PRUSINKIEWICZ P.: Modeling trees with a space colonization algorithm. In *Proceedings of the Eurographics Workshop on Natural Phenomena* (Aire-la-Ville, Switzerland, September 2007), Ebert D., Mérillou S. (Eds.), Eurographics Association, Geneve, pp. 63–70.

[RMTT90] RENAULT O., MAGNENAT-THALMANN N., THALMANN D.: A vision-based approach to behavioural animation. *The Journal of Visualization and Computer Animation 1*, 1 (1990), 18–21.

[SA05] SANTOS G., AGUIRRE B. E.: Critical review of emergency evacuation simulation models. In *Proceedings of the Workshop on Building Occupant Movement During Fire Emergencies* (2005), pp. 25–27.

[SGC04] SUNG M., GLEICHER M., CHENNEY S.: Scalable behaviors for crowd simulation. *Computer Graphics Forum 3*, 23 (2004), 519–528.

[SKG05] SUNG M., KOVAR L., GLEICHER M.: Fast and accurate goal-directed motion synthesis for crowds. In *Proceedings of the 2005 ACM SIGGRAPH/Eurographics Symposium on Computer Animation, SCA'05* (New York, NY, USA, 2005), ACM, New York, pp. 291–300.

[SL02] SÁNCHEZ G., LATOMBE J. C.: Using a PRM planner to compare centralized and decoupled planning for multi-robots systems. In *Proceedings of IEEE International Conference on Robotics and Automation (ICRA'02)* (2002), pp. 2112–2119.

[SLN00] SIMÉON T., LAUMOND J.-P., NISSOUX C.: Visibility based probabilistic roadmaps for motion planning. *Advanced Robotics 14*, 6 (2000), 477–493.

[Sof] SOFTWARE M.: http://www.massivesoftware.com.

[ST05] SHAO W., TERZOPOULOS D.: Autonomous pedestrians. In *SCA'05: Proceedings of the ACM SIGGRAPH/Eurographics Symposium on Computer Animation* (2005), pp. 19–28.

[Sti00] STILL G.: *Crowd Dynamics*. PhD thesis, Warwick University, 2000.

[TCP06] TREUILLE A., COOPER S., POPOVIĆ Z.: Continuum crowds. *ACM Transactions on Graphics 25*, 3 (July 2006), 1160–1168.

[Tec] TECHNOLOGY A.: A technical summary of the aea egress code. AEA Technology, Warrington, UK.

[TLC02a] TECCHIA F., LOSCOS C., CHRYSANTHOU Y.: Image-based crowd rendering. *IEEE Computer Graphics and Applications 22*, 2 (March–April 2002), 36–43.

[TM94] THOMPSON P. A., MARCHANT E. W.: Simulex: Developing new techniques for modelling evacuation. In *Proceedings of the Fourth International Symposium on Fire Safety Science* (1994).

[TT94] TU X., TERZOPOULOS D.: Artificial fishes: Physics, locomotion, perception, behavior. In *Computer Graphics (ACM SIGGRAPH'94 Conference Proceedings)* (Orlando, USA, July 1994), vol. 28, ACM, New York, pp. 43–50.

[Ulr67]　NEISSER U.: *Cognitive Psychology*. Appleton-Century-Crofts, New York, 1967.

[UT02]　ULICNY B., THALMANN D.: Towards interactive real-time crowd behavior simulation. *Computer Graphics Forum 21*, 4 (Dec. 2002), 767–775.

[WH04]　WOLFE J. M., HOROWITZ T. S.: What attributes guide the deployment of visual attention and how do they do it? *Nature Reviews Neuroscience 5*, 6 (2004), 495–501.

[YJ90]　YANTIS S., JONIDES J.: Abrupt visual onsets and selective attention: Voluntary versus automatic allocation. *Journal of Experimental Psychology: Human Perception and Performance 16*, 1 (1990), 121–134.

第6章

真实人群与虚拟人群的关联

6.1 引言

本章思考了一些从真实人群中捕获信息时所面临的挑战，其目的是将真实人群与虚拟人群联系起来。本章探讨了三个部分：①针对真实人群运动和表现进行研究，确认一些真实人群的行为模式以便应用到之后的虚拟人群仿真；②关于人群社会性问题的讨论；③使用计算机可视化方法自动捕获真实人群信息，用于指导虚拟人群。

6.2 真实人群运动研究

本节提供一个简单的、凭借以往经验得出的对真实人群进行观测的方法，并使用此方法协助之后的人群仿真工作。并非使用计算机视觉算法（后文中将进行介绍）方法从视频中捕获语义信息，而是仅使用视觉过程从人群结构中选择信息。该过程对于定义 使用"哪个"并且"如何"使用观测所得信息是非常重要的，而该信息是用于虚拟人群动作的实时仿真的。真实人群的观测信息主要依赖两方面：人群特征和人群事件。将在下一节讨论。

6.2.1　人群特征

人群特征包括：人群空间（如果占用所有空间，人群中每个个体非常接近，那么具有运动行为的人群步行区域是人群空间问题的示例），人群规模（团体数量和每个团体内的个体数量），人群密度（人群空间与人群规模间的关系），人群结构（考虑个体的成组），人群基本行为（例如步行、抓握、注视某地、姿势等）。

关于人群空间，需要分辨一些数据：

（1）动作空间（空间的位置和规模），图 6.1 所示为一个应用于标识视频序列中动作的空间。

（2）步行空间（空间的位置和规模），如图 6.2 所示。

图 6.1　在车站的团体行为，
画线部分为行为区域

图 6.2　真实人群场景中人群的移动
方向（箭头）与人群的位置（圆圈）

（3）人群步行方式（速度、队形、占用的步行空间），如图 6.3 所示。

为描述人群规模，对视频序列中存在的团体进行观测，并识别每个团体中的个体数量。例如，在图 6.3 的视频序列中（只显示一帧的画面），某段时间内观测到约 40 人，近似两两成组。

人群密度由人群中个体数量和所占空间的关系决定。高密度（人感觉到空间

图 6.3　视频序列中的团体形式

拥挤）这一概念可以是主观的，也可以根据一些客观参数进行判断。例如，通常情况下，人们认为在足球场中有很多人。当人们与其他个体过于接近而无法移动时，才会感觉到环境的拥挤。然而，设想人们处于餐厅或者其他不希望存在大量人群的场景中，如果在这一环境中发生事件，即使可以自由通畅地行走，仍有可能感觉处在拥挤的环境中。由于该概念的主观性，可以使用一种非正式（更客观）的定义，该定义不考虑人的主观感受而是立足于每个个体所占有的物理空间。例如，当每个个体占有空间不足 2 m^2 时，将其定义为拥挤空间。通过人群空间与人群规模，可以将环境定义为拥挤或不拥挤。

关于人群结构，在真实视频序列中观察到的三类实体（见图 6.2 和图 6.4）可以用于定义虚拟人群的模型：整个人群、团体和个体。将这些实体看作一个函数，其参数是实体在场景中的位置、分组和功能。因此，该人群可以看作场景中人的整体结构，可以根据不同的动作和运动细分为团体（非团体）。不同的目的导致不同的动作、速度、行为，根据不同的目的将团体从人群中识别出来。设想剧院中的人群，如果一组人站起来开始鼓掌，就将这组人自动识别为一个团体。同样，观测街上的行人时，很容易识别出一些家庭或团体，因为他们存在一种关系（彼此认识、互为朋友等），或只是因为他们方向相同（图 6.3）。示例中观测到的第三类实体是个体，其识别方式与团体相同。

图 6.4　复杂场景中所识别的不同实体（人群、团体与个体）

人群基本行为定义了人群在做什么，如步行、看东西、摆造型等。重点分析人群的 4 种基本行为：动作、运动、注视和交互。但基于基本行为，需要一些其他参数。例如，当人群正在步行（运动行为），可将其前往的地点作为人群的

"兴趣点"或"目标点",如果人群正在观看表演(注视行为),如剧院的舞台就可以作为"兴趣点"。动作行为即做某件事,如鼓掌。交互行为包含进行交互的人或物。图 6.1 ~ 图 6.4 所示为在视频序列中观测到的信息,如移动方向、兴趣点、动作位置、个体成组等。

6.2.2 人群事件

人群事件描述了与事件发生相关的时间和空间信息。例如,人群中的一些团体正在徘徊等待,当他们察觉到火车开门的提示时进入火车。相关信息描述了真实空间中事件发生的时间和地点,伪代码(算法 6.1)呈现了真实团体交互中观测到的信息示例。

算法 6.1:从真实人群序列中获取的信息实例

```
1  begin
2      CROWD CHARACTERISTICS
3      Size: 60 persons
4      Density = NO-CROWDED
5      Entities: CROWD and 3 GROUPS formed by approximately 5 persons
6      Basic behaviors: walking to different interest locations: LEFT, BACK and
       FRONT in the real crowd space and waiting (sited or not)
7      CROWD EVENTS
8      WHEN: Time = 5,2 min
9      WHAT: Event = Doors are opened
10     REACTION: People enter the train
11     WHERE: Location of doors in the real space
12     WHO: Group on gate 3
13  end
```

每次所观测人群中发生事件时,算法 6.1 中定义的人群事件可用于虚拟空间中的人群事件仿真。这些数据之后用于虚拟人群仿真,将在下文中进行论述。

6.2.3 使用真实人群信息进行虚拟人群仿真的参数

基于从真实人群中观测到的信息,定义之后用于虚拟人群仿真的参数。在这种情况下,虚拟人群可以模拟观测到的真实人群的人群结构和人群事件。

用于虚拟人群仿真的参数示例：

- 人群结构；

- 基本行为；

- 人群事件和相关反应。

人群结构主要关注人群和团体中存在的个体数量信息。基本行为描述了仿真初始时与人群相关的行为或动作。之后触发事件，人群中团体对此产生反应。算法 6.2 中的伪代码展示了用于虚拟人群仿真信息的示例，该信息来源于真实人群观测和算法 6.1。

算法 6.2：基于真实人群观测得到的虚拟人群事件

```
 1 begin
 2   CROWD STRUCTURE
 3   NUMBER_PEOPLE: 100
 4   Density = NO-CROWDED
 5   GOALS_CROWD:
 6   LEFT LOCATION ( X Y Z )RIGHT LOCATION ( X Y Z ) (Related to the
     crowd space)
 7   ACTION_LOCATION SIT ( X Y Z )
 8   REGION GATE_3 (X Y Z) (X Y Z)
 9   NUMBER_GROUPS: 3
10   BASIC BEHAVIORS
11   GROUP_1NB_PEOPLE: [3,6] (Group contains from 3 to 6 individuals)
12   BASIC_BEHAVIOUR: WALK from LEFT to RIGHT
13   GROUP_2NB_PEOPLE: [3,6]
14   BASIC_BEHAVIOUR: SITED
15   GROUP_3NB_PEOPLE: [3,6]
16   BASIC_BEHAVIOUR: WALK from LEFT to RIGHT
17   CROWD EVENTS
18   Event_1:
19   WHEN: Time = 5,2 min
20   WHO: ALL PEOPLE IN REGION OF GATE 3
21   Reaction Event_1:
22   ACTION: ENTER THE TRAIN THROUGH THE CLOSEST DOOR
23 end
```

人群结构涉及虚拟人的定量参数、仿真期间（虚拟人群）或观测阶段（真实人群）的人群事件。例如，在算法 6.2 中人群由四组共 100 个 agent 组成。前

三组每组分别包含 3~6 个 agent，第四组为其余 agent。agent 的基本行为有在定义的区域内步行或停留在运动区域内。事件 Event1 将会在指定的时间（仿真中第 5.2 min）发生。受影响的虚拟人在"ALL_PEOPLE_IN_THE_GATE3"中定义，其中 GATE3 被识别为火车站内特定区域，来自该区域的 agent 均对 Event1 做出反应。

　　然而，也可以对其他事件建模用于模拟真实人群中发生的事件，表 6.1 所示为虚拟人群中可能存在的其他行为。

表 6.1　虚拟人群中可能存在的其他行为

真实人群	虚拟人群行为
群体出现	群体最大组的分割和两个较小群体组的合并
群体消失	群体组的合并
群体特定方向移动	走向特定的方向(前,后,右,左,右前,……)
群体行为	播放动画关键帖序列(鼓掌,跳舞,嘘声,等等)
群体占据的全部空间	群体占据全部空间的能力
群体试走相同的轨迹	这里没有适应性行为
群体被吸引至一个特定位置	群体行为
	吸引行为

　　下一节展示从真实人群中捕获的图像和信息以及使用虚拟人群的相关仿真。

6.2.4　真实场景仿真

　　为说明虚拟人群和真实人群间的关系，选择两个视频序列进行模拟。一个视频序列是一群人正在穿过一道门，另一个视频序列是一个人群正在车站上火车。这两个视频序列的摄制地点分别是瑞士 Lausanne 的地铁站和火车站。

　　视频序列 1：人群正在穿过门

　　第一个视频序列时长约 10 min，大约 40 个人从火车站的门进出。从中标识一些变量：

（1）屏幕内出现的最大人数是 7 人。

（2）一如步行的速度不同，走路方式也不同。

（3）在这个人群中最多两个 agent 成一组；此外，视频序列中没有任何事件发生。

（4）图 6.5 所示为运动方向以及避让对象（以及步行区域）的确认。

图 6.5 来自真实人群观测的空间信息

首先，为展示真实空间的特征，对环境进行了建模。随后，为人群分配不同的目的地和初始位置，并将其作为运动约束，例如可步行区域及需要避让的物体。图 6.6 所示为用于指定几何信息的 Open Inventor 图形界面（Open Inventor，1984）。

从行为角度看，仅将搜索目标行为赋予人群，人群遵循图形界面指定的程序控制的运动。此外，使用不同的步行方式和不同的速度（在团体和个体间随机分布）可以提高人群的多样性。由于在真实的视频序列中没有发生任何事件，因此没有为虚拟人群创建事件。图 6.7 为使用 ViCrowd 的仿真截图 [MT01]。

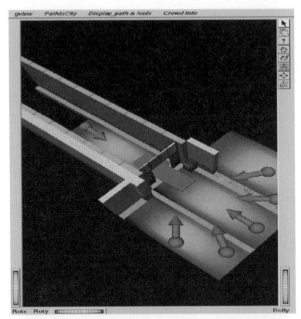

图 6.6 Open Inventor 界面指定的兴趣点、步行区域和人群目的地

图 6.7 虚拟人群仿真图像

视频序列 2：人们徘徊等待、上火车

由于视频序列 1 中没有事件发生，仅使用程序控制的运动。视频序列 2 中具有事件和反馈，以便对火车到达时人的反应进行编程。和现实生活中一样，每个

人都应该根据距自己最近的门的距离做出反应。图 6.1 和图 6.8 展示了真实空间及人群目的地。

图 6.8　真实空间：行走的区域与火车车门，人们走向各自目标

从几何角度来看，也需定义 agent 步行或等待（站立或坐下）的区域，以及人群上火车的门。图 6.9 所示为用于指定这些几何属性的图形界面。

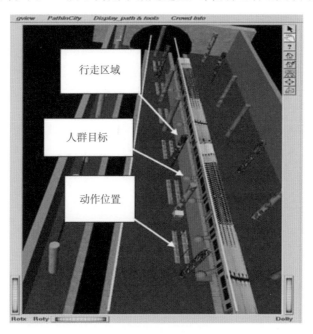

图 6.9　自由人群行走的兴趣点和区域的特定界面

图 6.9 所示为仿真中虚拟 agent 目的地及在区域中的定位，火车到站时，触发人群事件；站台上的 agent 走向距自己最近的门并上火车。事件触发后，其他 agent 也陆续抵达。图 6.10 所示为该仿真过程中的两幅图像。

图 6.10　人群等待地铁和进入地铁

▨ 6.3　社会层面

为提供一些人群模型中的社会行为，本章也研究了社会学家和心理学家的有关大规模人群的调查结果。例如，个体与其他人保持距离（社会学家称之为个人空间），该距离意味着个体的独立性和与其他人的相关性［Jef98］。在人群模型中，个体与团体的距离很重要，可用于碰撞规避和相互沟通等行为。

根据人群需求，仅关注文献中一些社会学层面的发现。基于人群交互的功能，将其分为三个层面：个体层面、团体层面、社会效应。

1. 个体层面

● 本节中提出的个体空间取决于人群密度。为了建立团体关系并避免与其他个体的碰撞，人群密度应该保持不变［Jef98］。

● 个体之间的沟通（不使用其他外界媒体设备）可应用于相互靠近的agent。为了沟通，个体使用了他们所知道的所有信息：自身意图、知识、过往经历的记忆等［Bel95］。

2. 团体层面

● 就像个体遵循团体倾向的社会层次结构一样，所观测到的社会公约与仿真中定义的社会行为规则相关。但是已存储在团体记忆中的行为也可用于定义社会公约［Jef98］。

● 人们可以根据个体或团体兴趣以及团体内成员之间的关系选择聚集或隔离［Man85］。

● 领导者的作用是试图影响或引导其他人。人群可能需要一个或多个领导人的引导［Bel95］。

3. 社会效应

● 这些效应源于团体与个体间的相互作用。对参数进行评估，并将其用于生成团体行为与个体行为的变化［Rol81］。

● 两极分化。当人群中两个或多个团体态度、意见或行为有分歧时，就会产生两极分化，即使相互不了解也可能产生辩论或争斗［Bel95］。

● 团体结构的变化。例如，足球比赛是一个存在团体结构的情境。当运动员为儿童时，他们不会遵循社会公约中已存在的团体结构踢球，但他们会满场跑动去踢足球［Man85］。

● 统治。统治发生在团体中一个或多个领导者影响其他人的时候［McC89］。

● 强加。强加是其他人建立的影响，用于整个团体［Bel95］。

● 个体迷失。当个体呈现出人群或团体行为并根据这些行为运动时，个体就失去了自身特质［Bel95］。

● 吸引与排斥。当人们对某人或某物产生兴趣时，会被其吸引。同样，人们也会对一些人或物产生排斥心理并尽量远离他（它）们［Man85］。

总的来说，考虑这些社会层面来改变个体目标，并允许 agent 改变团体。某些效应仅仅视为紧急行为，例如当个体特质丧失时团体试图追随其领导者时的行为。

6.4 人群计算机视觉

在人群仿真中，如何根据真实情况生成虚拟 agent 的运动是一个具有挑战性的问题。为此，有必要获取真实观测场景中真实人物的运动轨迹并将其提供给人群模拟器。例如，文献［ALA＊01］与文献［BJ03］的作者提出了一种基于真实生活场景经验观察结果的人群仿真方法。然而显而易见的是，观测真实生活并手动提取信息是非常耗时的需要大量人群互动的任务。

使用与计算机视觉算法相结合的摄像机可以实现廉价且非侵入的人员追踪技术。该算法可用于获取更密集人群的全局运动［BV99］，或提取视频中每个个体的轨迹［WADP97，SG99，HHD00，KB03，CGPP03，NTWH04，CC06，FV06，PTM06］。事实上文献中已介绍了几种追踪算法，但是在计算机视觉领域中同时追踪大量个体（特别是人群）仍然是一个挑战。

近年来，提出并采用多种方法进行人员追踪。可以使用一台或多台摄像机进行追踪，摄像机可为单色或彩色。到目前为止，最常见的方法是使用单个静态摄像机（单色或彩色），追踪算法的第一步通常是背景分割（背景剔除）［WADP97，SG99，MJD＊00，HHD00，EDHD02，CMC02，CGPP03，NTWH04，XLLY05，WTLW05，TLH05，CC06，FV06，JJM06，ZvdH06］。简言之，该步骤包含了一个通过对视频序列中的每帧进行比较来获取背景的数学模型。分割后，具有足够差异的像素是前景像素，其连接形成的像素集合通常称为 blobs。

背景剔除方法的固有问题是对前景对象的非期望阴影（高光）检测。事实上，阴影将场景中独立的人连接生成一个 blob，可能会受到追踪算法性能的影响。针对阴影识别和去除提出了几种算法，其中一些算法探索了阴影区域中的预期颜色不变性（假设使用的是彩色摄像机）　［MJD＊00，EDHD02，KB03，CGPP03，GFK03，SB05］，其他算法使用了其他仅基于亮度的属性（单色摄像机）［CMC02，XLLY05，WTLW05，TLH05，JIM06］。通常基于颜色信息的方法可以提高阴影检测的精准度，但计算成本也随之增加。仅使用亮度的算法更为通用（可应用于单色视频序列），并且计算速度也更快。

背景剔除的另一预期特征是适应背景的变化。通常情况下在一段时间内背景不是静态的（由于亮度、场景中对象掉落或剔除等变化），因此背景剔除方法也应做出相应调整。尽管已有几种背景适应方法，一般形式可表示为

$$B(t + \Delta t) = f(B(t), I(t + \Delta t)) \qquad (6.1)$$

式中，$B(t)$ 为 t 时刻的背景模型；$B(t + \Delta t)$ 为在 $t + \Delta t$ 时刻更新的背景模型；f 为由之前背景模型 $B(t)$ 和摄像机获取的当前图像 $I(t + \Delta t)$ 确定的函数。

针对物体追踪，还有几种不同的方法。下面简要介绍几种。针对人员追踪更综合的评述，读者可以参考调查报告 Video analysis of human dynamics：A survey ［WS03］、Recent developments in human motion analysis ［WHT03］、Intelligent distributed surveillance systems：A review ［VV05］、A survey of advances in vision - based human motion capture and analysis ［MaVK06］。

在 W4 系统中，使用前景 blob 的垂直投影估算头部位置，然后通过对形状的曲率分析来检测独立的身体部位，并将灰度纹理外观模型与形状信息相结合，使得连续帧中的每个人联系起来 ［HHD00］。

Pai 与其合作者提出了一种针对交通类应用的行人追踪算法 ［PTL * 04］。在使用包含阴影去除功能的背景剔除算法后，采用动态图匹配方法来追踪每个行人。相关性度量是将每个颜色通道量化为 16 或 64 级颜色直方图的 Kullback - Leibler 距离。与人类运动周期性有关的步行节奏用于区分人和其他物体（如机动车）。Adam 等人使用积分直方图和地球移动距离（EMD）来实现两个直方图的匹配 ［ARS06］。积分直方图是基于多矩形区域的，对于匹配局部区域也是有效的（这种情况经常在局部阻塞时发生）。注意：文献 ［ARS06］ 中提出的方法不依赖背景剔除，同时需要手动初始化用于追踪的模板。

在文献 ［KB03］ 中，追踪是通过结合运动模型、形状和颜色特征来实现的。运动模型使用 Kalman 滤波器实现，假设将对象质心的加速度建模为白噪声。形状大致根据边界包围盒的尺寸确定，颜色信息通过匹配的颜色直方图确定。

Cheng 和 Chen 提出了一种基于输入视频序列中小波系数的追踪算法 ［CC06］。作者称可以在高频小波系数中检测到几个"伪运动"，然后将其与真实物体的运动区分开。为了识别和追踪真实运动物体，将形状和颜色特征（如包围

盒的高度和宽度，每个颜色通道的均值和标准差）作为每个 blob 的特性，形状和颜色特征存储在特征向量并用于与前景 blob 的比较。

文献［YLPL05］中提出了一种针对长期阻塞的追踪算法，背景剔除后，作者通过检查 blob 的分离或合并来检测可能出现的阻塞。然后使用颜色信息表征每个 blob，K－L 距离用于进行直方图匹配。

注意：本节仅简要介绍了视频序列中的人员追踪，且重点是基于静态摄像机的方法。还有其他几种人员或物体追踪方法，如基于光流的方法（使用 KLT 追踪器［LK81，ST94］或 SIFT［Low04］）等。在调查报告 *Video analysis of human dynamics：A survey*［WS03］、*Recent developments in human motion analysis*［WHT03］、*Intelligent distributed surveillance systems：A review*［VV05］、*A survey of advances in vision－based human motion capture and analysis*［MaVK06］中有更全面的追踪方法描述。

6.5　使用计算机视觉进行人群仿真的方法

本节介绍了一种基于真实生活信息的人群仿真方法，信息是使用计算机视觉方法自动捕获的。该方法重点关注虚拟 agent 的运动（如首选方向、速度等），而不是个体的动作（如坐下、抓取、指向等），以下是这一方法的简介。

（1）使用计算机视觉算法追踪每个拍摄个体的运动轨迹。

（2）根据每条运动轨迹的主要方向，将相关轨迹编组为"运动簇"。

（3）计算每个"运动簇"的外推速度场。

（4）应用使用外推速度场的人群模拟器来引导虚拟人。

下文详细介绍了每一步骤。

6.5.1　使用计算机视觉进行人群追踪

如 6.4.1 节所述，基于计算机视觉进行视频序列中人员追踪的方法有很多，如文献 *Background and foreground modeling using nonparametric kernel density estima-tion for visual surveillance*［EDHD02］、*A color similarity measure for robust shadow* removal in real time［CGPP03］、People tracking based on motion model and motion constraints with automatic initialization［NTWH04］、Robust and efficient foreground analysis for realtime video surveillance［TLH05］、Real time multiple objects tracking and identification based on discrete wavelet transform［CC06］、Covariance tracking using model update based on Lie algebra［PTM06］所介绍的。但目前大多数人员追踪算法主要用于监控类应用，需要处理场景的侧视图（用于人脸识别）。这种相机设置往往会造成阻塞，同时从图像像素到世界坐标的映射会不精准（由于摄像机投影）。由于主要目的是从世界坐标中提取每个个体的运动轨迹，因此可使用提供相对地面常规视角相机设置的方法（从而缓解透视和遮挡问题）。事实上，在这类相机设置中从像素坐标 (x, y) 到世界坐标 (u, v) 的映射是没有意义的（假设映射是平面投影映射）：

$$u = ax, v = by \tag{6.2}$$

式中，a 和 b 为与摄像机焦距（以及与地面的距离）相关的变量。必要时也会修正图像边缘处的径向失真，但根据我们的目的并未考虑这一失真。式（6.2）表明所有位置的人具有相同的尺寸，这意味着区域阈值技术可用于人员检测。

　　静态摄像机追踪对象的常见方法是运用背景剔除技术，该技术把前景对象从静态背景像素中分离出来。如文献 Real - time surveillance of people and their activities［HHD00］、Background and foreground modeling using nonparametric kernel density estimation for visual surveillance［EDHD02］、Efficient moving object segmentation algorithm using background registration technique［CMC02］、Detecting moving objects, ghosts, and shadows in video streams［CGPP03］、People tracking based on motion model and motion constraints with automatic initialization［NTWH04］、Cast shadow detection in video segmentation［XLLY05］、A probabilistic approach for foreground and shadow segmentation in monocular image sequences［WTLW05］、Robust and efficient foreground analysis for realtime video surveillance［TLH05］、Real time multiple objects tracking and identification based on discrete wavelet transform［CC06］、A background subtraction model adapted to illumination changes［JJM06］、People tracking in surveillance applications［FV06］中提出了几种背景剔除算法。特别是阴影通常会产生

影响追踪算法的伪前景像素。一些背景剔除算法已经包含了阴影处理，其子集适用于单色视频序列（它们更为通用和快捷），如文献 *Efficient moving object segmentation algorithm using background registration technique* ［CMC02］、*Cast shadow detection in video segmentation* ［XLLY05］、*A probabilistic approach for foreground and shadow segmentation in monocular image sequences* ［WTLW05］、*Robust and efficient foreground analysis for realtime video surveillance* ［TLH05］、*A background subtraction model adapted to illumination changes* ［JJM06］所述。由于文献［JJM06］介绍的算法在处理光照变化（包括阴影和高光）上具有简单性、快速性和适应性，本节的结论使用该算法生成。

获得前景像素后，需要确定与每个被追踪个体相关联的像素集或 blob。需要注意可以使用几种追踪算法探索一些侧视图中个体的预期垂直投影，如文献 *Real − time surveillance of people and their activities* ［HHD00］、*Background and foreground modeling using nonparametric kernel density estimation for visual surveillance* ［EDHD02］、*Real time multiple objects tracking and identification based on discrete wavelet transform* ［CC06］、*People tracking in surveillance applications* ［FV06］中所述。然而，这类假设显然不适用于需要不同策略追踪物体的顶视摄像机。事实上，顶视摄像机设置中一个人的投影形状大致是椭圆形。此外，人的头部在这一相机设置中具有相对不变的特征，这表明可以使用模板匹配方法进行追踪。

当在场景中检测到新的 blob 时，使用阈值法舍弃面积较小的 blob。人的头部中心期望值在斑点中心（最内侧位置）。为了确定与头部最相近的模板 T，将距离变换（DT）应用于每个前景 blob 的负值（将 blob 外部视为前景对象）。DT 的全局最大值对应于 blob 最大内接圆的中心，并且它提供了对人头部中心位置的预测。

如果 blob 区域超过了特定阈值（本实验中该值取最小面积的 3 倍），那么这个 blob 很可能表示两个或多个相连人物，如图 6.11（b）最右侧的 blob。在这种情况下，不仅要分析 DT 的全局最大值，还要分析局部最大值。如果全局最大值和特定局部最大值的差值大于模板的直径（因此模板没有重叠），也认为局部最大值是人的头部中心，如图 6.11（c）最右侧的 blob。图 6.11（a）展示了头部中心、相应模板以及相应的检测框。注意：当人们涌入同一场景时，检测同一个

blob 内个体模板的过程可能会失效，这样就会形成一个没有可识别几何形状的 blob。这种情况下，只有当人群散开时才能检测到个体对象。

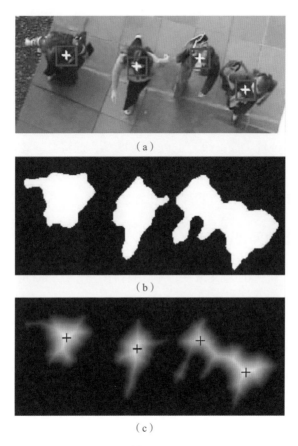

（a）

（b）

（c）

图 6.11

（a）视频序列中的一帧，检测到的头部中心和相关模板；（b）背景剔除结果；（c）DT 及其最大值，用于检测头部中心

下一步是在下一帧中识别模板 T。尽管已有若干用于匹配较大图像中小模板的指标，Martin 和 Crowley 提出差方和（SSD）可以提供比通用应用中其他相关指标更稳定的结果，因此我们使用 SSD 作为相关指标。注意可使用更通用的对象跟踪方法（如文献［PTM06］中描述的协方差追踪）来代替 SSD，但会产生额外的计算成本。

尽管头部是进行相关模板识别的较好选择，但头部的倾斜和光照的变化可能会改变模板的灰度级别。此外，选择初始模板的过程中可能无法精准检测头部的中心。为了应对这种情况，模板 T 每隔 N 帧就更新一次（对于以 15fps 频率获取的序列，建议选择 $N=5$）。

根据追踪过程的结果可以确定摄像机捕获的个体轨迹（和速度）。一些模拟器中可以直接使用提取的轨迹［BJ03，MH04］，但其他模拟器需要一个能提供个体在图像上每个点期望速度的向量场［HM97，HFV00，BMB03，Che04］。根据计算机视觉自动提取的所有轨迹可以计算这一外推向量场。人们的运动方向相反，可能会在某些位置生成一个空的外推速度场，这将会导致虚拟 agent 停止运动。一个更好的方法是将轨迹分组形成相关联的簇，并计算每个簇的外推速度场。接下来将介绍一种用于生成簇的可行方法。

6.5.2　相干轨迹的聚类

相干（相似）轨迹的定义取决于应用程序。例如 Junejo 等人在文献 *Multi feature path modeling for video surveillance* 中将包络边界、速度、曲率等信息作为特征对相似轨迹进行分组［JJS04］。Makris 和 Ellis 也用包络边界确定拍摄的视频序列中的主要轨迹［ME05］。在这两种方法中，轨迹之间的空间距离都是聚类过程的重要特征。为了进行虚拟人仿真，我们认为相干轨迹是具有大致相同的位移向量的轨迹（例如，忽视轨迹的平均速度和相互之间的距离，即可认为两个从左到右的轨迹是相干轨迹）。对于自动分组的相干轨迹，提取相关特征并使用无监督聚类技术是非常必要的。

令 $(x(s),y(s))$ 表示用弧长重参数化的轨迹，这样轨迹的起点是 $(x(0),y(0))$，终点是 $(x(1),y(1))$。每条轨迹的特征由一组等距弧长计算得到的 N 个位移向量 $\boldsymbol{d}_i=(\Delta x_i,\Delta y_i)$ 表示：

$$\boldsymbol{d}_i = (x(t_i+1)-x(t_i),y(t_i+1)-y(t_i)) \qquad (6.3)$$

式中，$t_i=i/N$，$i=0$，1，$\cdots$，$N-1$。每条轨迹 j 表示为一个 $2N$ 维特征向量 $\boldsymbol{f}_j$，该向量通过与轨迹相关的 N 个位移向量获得：

$$\boldsymbol{f}_j = (\Delta x_0,\Delta y_0,\Delta x_1,\Delta y_1,\cdots,\Delta x_{N-1},\Delta y_{N-1}) \qquad (6.4)$$

相干轨迹往往会生成相似的特征向量 $\boldsymbol{f}$。因此在 $2N$ 维空间中，一组相干轨迹会产生一个簇，这个 $2N$ 维空间是根据其平均向量和协方差矩阵通过高斯概率分布建模。由于每个簇使用不同的高斯函数，因此所有的特征向量 f_j 总体呈高斯混合分布。使用文献 ［FJ02］ 中描述的无监督聚类算法可以自动获取高斯混合的数量（对应簇的数量）和每个个体分布的分布参数。

根据人群流动结构选择用于生成 f_j 的位移向量的数量 N。对于相对简单的运动轨迹，选择较小的 N 值即可捕获轨迹。另外，选择较大的 N 值可以更好地表现复杂轨迹（多圈）。一般来说，公共空间（如人行道、公园、中心城镇等）往往会呈现主要的人流方向，因此 N 取值 1 或 2 足以识别不同的簇。注意随着 N 增加，特征向量的维度也不断增加，并且需要更多的样本来进行可靠的高斯分布预测。同时，非结构化运动（如一场足球比赛的运动员或玩耍的孩子）需要较大的 N 值来描述轨迹，并且聚类算法也需要大量样本。因此本节提出的方法通常不适用于非结构化运动。

图 6.12 所示为一个相似轨迹自动聚类的例子。它展示了走廊的一部分，人们从顶部走到底部，或从底部走到顶部。所有上楼人的轨迹（红色表示）和下楼人的轨迹（绿色表示）都正确地聚集在一起。

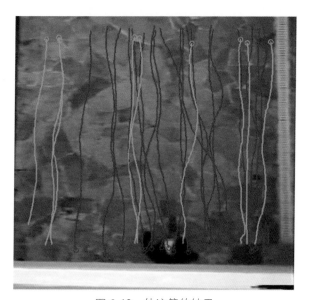

图 6.12　轨迹簇的结果

6.5.3　外推速度场的生成

　　将相似轨迹聚类形成集群后，有必要为每个集群生成速度场，为摄像机视场中的每个位置提供每个虚拟代理的瞬时速度。除了传统的插值或外推技术［Wat92］，还有很多方法可以从稀疏的变量中获得密集向量场，如梯度矢量场［XP98］。然而，在大多数情况下，图像边界上没有追踪的轨迹，这表明应该使用外推技术而不是内插技术。实际上，最邻近插值技术也可以很容易扩展成为外推技术，并且不会像其他插值技术（如线性插值、立方体插值）一样在转换为外推时造成误差，因为它基本上是一个分段常数函数。生成全向量场的另外一种方式是使用径向基函数［DR02］，但是在这里，我们使用最邻近内插或外插法来生成本节中的所有结果。

　　速度场的一个例子如图 6.13 所示，它展示了与图 6.12 显示的两个集群相关的外推速度场。事实上，这个例子显示了速度场的两个"层"，其中每层都与一个不同的相干轨迹集群相关。

6.5.4　基于真实数据的仿真

　　该方法的最后一步是在人群模拟器中加入外推速度场。如前所述，几个现有的人群模拟器在每个时刻都需要输入每个对象的预期速度，如文献［HM97，Rey99，HFV00，BMB03，Che04］中所述。本书展示了使用文献［HFV00］中提出的基于物理方法所得的仿真结果，但也可以使用其他模拟器代替。

　　简言之，该模型是基于粒子系统构建的，其中每个质量为 m_i 的粒子 i 具有预定义速度 v_i^g（目标速度，通常指向虚拟环境的出口），这一速度往往适应一定时间间隔 t_i 内的瞬时速度 v_i。同时试图保持每个粒子 i 与其他实体 j 和墙壁 w 的速度相关距离，分别由相互作用力 f_{ij} 和 f_{iw} 控制。每个粒子 i 在时刻 t 的速度变化由以下动力学公式给出：

$$m_i \frac{\mathrm{d}v_i}{\mathrm{d}t} = m_i \frac{v_i^g - v_i(t)}{\tau_i} + \sum_{j \neq i} f_{ij} + \sum_w f_{iw} \qquad (6.5)$$

　　在仿真的初始化阶段，每个新的 agent 只与速度场中的一层有关（这一分配

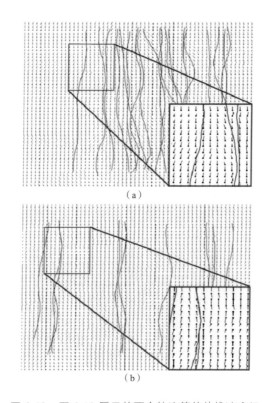

图 6.13　图 6.12 展示的两个轨迹簇的外推速度场

与拍摄的视频序列中每层的真实人数成正比）。agent i 的预定义速度 v_i^g 是从其当前位置外推速度场的层中获得，式（6.5）用于实现仿真。注意尽管每个 agent 只与速度场的一层相关，但它可以"看到"所有层中的所有 agent（以及虚拟环境的信息，如墙壁和障碍物，所有层的所有 agent 均可访问）。此外，Helbing 模型中由 agent 和障碍物产生的径向排斥力［式（6.5）］实现了无碰撞轨迹。因此 agent 往往遵循速度场的主要方向，同时避免了与障碍物或其他 agent 的碰撞。

需要注意的是，在密集的人群中，每个人的移动不仅包括他/她的期望路径，还包括与环境和其他人的大量交互（尤其是要避免碰撞），如［HBJW05］所述。因此，建议拍摄人数较少的环境（非密集人群），从而能更准确地捕捉每个人的意图。模拟可以用更多的 agents 进行，并且使用公式（6.5）可以将密集模拟人群中人们之间的预期交互作用计算在内。另一方面，如果我们有密集人群（其中包含人与人之间固有的交互）的镜头，在不"撤销"已注册交互的情况下，用较少的 agents 模拟相同的场景是不容易的。

6.5.5   示例

为了阐述本节描述的方法，我们使用在丁字路口拍摄的视频序列进行研究。这一场景展示了轨迹的多样性，形成 4 个轨迹簇（层）；在图 6.14 中使用不同颜色表示（圆圈表示每条轨迹的起点）。

图 6.14   丁字路口中不同的外推速度场层

该场景表明特定的特征，此特征使人们以不同的速度运动，而速度取决于步行的区域。以楼梯（图 6.15（a）所示区域 B）为特例，其连接了两个平台（出于相机校准和模拟的目的，由于与摄像机高度相比，平台内高度差较小，因此认为该平台是平面区域）。实际上，表 6.2 表明，与在平台区域（如图 6.15（a）中的区域 A 和 C）相比，拍摄到的人在上下楼梯时速度明显降低。

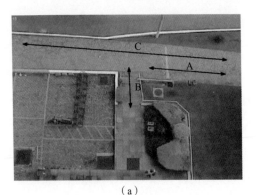

（a）

图 6.15   （a）用于定量验证的区域

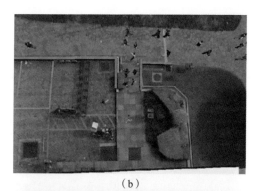

（b）

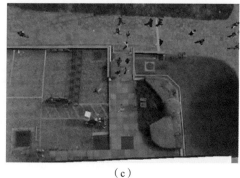

（c）

图 6.15　（b）模拟小规模 agent 的截图；（c）模拟大规模 agent 的截图（续）

使用拍摄视频序列中数量大致相同的人群模拟这个环境［图 6.15（b）］。如表 6.2 所示，仿真实验产生了与拍摄序列相似的结果，虚拟人也保持了在楼梯区域降低运动速度的趋势。值得注意的是，仿真中使用的速度场是以全自动方式（从人员跟踪到自动聚类）获得的。

表 6.2　用于评估有 20 个 agent 的 T 形交叉场景的定量度量　　　　　m/s

区域	方向	视频（速度）		仿真（速度）	
		均值	均方差	均值	均方差
A	→	0.96	0.17	0.84	0.26
	←	1.00	0.19	0.91	0.21
B	↓	0.52	0.33	0.48	0.30
	↑	0.53	0.29	0.58	0.29

区域	方向	视频（速度）		仿真（速度）	
		均值	均方差	均值	均方差
C	→	1.03	0.20	0.89	0.27
	←	1.06	0.20	0.99	0.23

本章也使用通过小规模人群获得速度场分析增加模拟 agent 的数量的影响。这些实验可用于特殊公共场所（例如，临近圣诞节的购物中心）人流量的预测。如图 6.15（c）所示，我们推测出 T 形交汇区域的虚拟 agent 数量是 20～150。本实验中区域 A、B 和 C 的平均速度如表 6.3 所示。与预期相同，与 20 个 agent 的实验相比，150 个 agent 实验中 agent 的平均速度降低了，特别是在 B 区。实际上，在具有空间限制的区域中可以更明显地观察到，拥挤的场景中产生了交通堵塞，例如相对狭窄的楼梯。重要的发现是，在这种场景（如拍摄获得与拍摄序列中 agent 数量以及外推所得 agent 数量相同的仿真）中所有人群呈现相似的特征（如空间构造、在楼梯和走廊处速度降低）。

表 6.3 用于评估有 150 个 agent 的 T 形交叉场景的定量度量　　　m/s

区域	方向	仿真（速度）	
		均值	均方差
A	→	0.81	0.26
	←	0.90	0.28
B	↓	0.35	0.31
	↑	0.31	0.27
C	→	0.78	0.33
	←	0.85	0.34

▨ 6.6 总结

本章介绍了使用真实生活数据提高人群仿真真实感的不同方法。本章所述的一些方法需要对拍摄（实际）场景进行视觉检查，并对仿真场景中的参数进行手动校准。然而，使用计算机视觉算法对拍摄视频序列进行自动信息提取具有很大潜力。虽然本章小结重点在于人员追踪，但可以使用计算机视觉的方法处理其他几个部分，例如单独个体身体部位的跟踪（如用于基于视觉的动作捕捉）、事件检测等［ORP00，GX03，DCXL06］。文献 *Video analysis of human dynamics：A survey*［WS03］、*Recent developments in human motion analysis*［WHT03］、*Intelligent distributed surveillance systems：A review*［VV05］、*A survey of advances in vision - based human motion capture and analysis*［MaVK06］中包含关于基于视觉的人类动态分析的探讨。

参考文献

[ALA*01]　ASHIDA K., LEE S., ALLBECK J., SUN H., BADLER N., METAXAS D.: Pedestrians: Creating agent behaviors through statistical analysis of observation data. In *Proceedings of IEEE Computer Animation* (Seoul, Korea, 2001), pp. 84–92.

[ARS06]　ADAM A., RIVLIN E., SHIMSHONI I.: Robust fragments-based tracking using the integral histogram. In *CVPR'06: Proceedings of the 2006 IEEE Computer Society Conference on Computer Vision and Pattern Recognition* (Washington, DC, USA, 2006), IEEE Computer Society, Los Alamitos, pp. 798–805.

[Bel95]　BENESCH H.: *Atlas de la Psicologie*. Livre de Poche, Paris, 1995.

[BJ03]　BROGAN D. C., JOHNSON N. L.: Realistic human walking paths. In *Proceedings of Computer Animation and Social Agents 2003* (2003), IEEE Computer Society, Los Alamitos, pp. 94–101.

[BMB03]　BRAUN A., MUSSE S., BODMANN L. O. B.: Modeling individual behaviors in crowd simulation. In *Computer Animation and Social Agents* (New Jersey, USA, May 2003), pp. 143–148.

[BV99]　BOGHOSSIAN A. B., VELASTIN S. A.: Motion-based machine vision techniques for the management of large crowds. In *IEEE International Conference on Electronics, Circuits and Systems* (1999), vol. 2, pp. 961–964.

[CC06]　CHENG F., CHEN Y.: Real time multiple objects tracking and identification based on discrete wavelet transform. *Pattern Recognition 39*, 6 (June 2006), 1126–1139.

[CGPP03]　CUCCHIARA R., GRANA C., PICCARDI M., PRATI A.: Detecting moving objects, ghosts, and shadows in video streams. *IEEE Transactions on Pattern Analysis and Machine Intelligence 25*, 10 (October 2003), 1337–1342.

[Che04]　CHENNEY S.: Flow tiles. In *Proc. ACM SIGGRAPH/Eurographics Symposium on Computer Animation (SCA'04)* (2004), pp. 233–245.

[CMC02]　CHIEN S.-Y., MA S.-Y., CHEN L.-G.: Efficient moving object segmentation algorithm using background registration technique. *IEEE Transactions on Circuits and Systems for Video Technology 12*, 7 (2002), 577–586.

[Dav05]　DAVIES E.: *Machine Vision: Theory, Algorithms, Practicalities*, 3rd edn. Morgan Kaufmann, San Mateo, 2005.

[DCXL06]　DU Y., CHEN G., XU W., LI Y.: Recognizing interaction activities using dynamic Bayesian network. In *IEEE International Conference on Pattern Recognition* (August 2006), vol. 1, pp. 618–621.

[DR02] DODU F., RABUT C.: Vectorial interpolation using radial-basis-like functions. *Computers & Mathematics with Applications 43*, 3–5 (February–March 2002), 393–411.

[EDHD02] ELGAMMAL A., DURAISWAMI R., HARWOOD D., DAVIS L.: Background and foreground modeling using nonparametric kernel density estimation for visual surveillance. *Proceedings of the IEEE 90*, 7 (2002), 1151–1163.

[FJ02] FIGUEIREDO M. A. T., JAIN A. K.: Unsupervised learning of finite mixture models. *IEEE Transactions on Pattern Analysis and Machine Intelligence 24*, 3 (March 2002), 381–396.

[FV06] FUENTES L., VELASTIN S.: People tracking in surveillance applications. *Image and Vision Computing 24*, 11 (November 2006), 1165–1171.

[GFK03] GREST D., FRAHM J.-M., KOCH R.: A color similarity measure for robust shadow removal in real time. In *Vision, Modeling and Visualization* (2003), pp. 253–260.

[GX03] GONG S., XIANG T.: Recognition of group activities using dynamic probabilistic networks. In *IEEE International Conference on Computer Vision* (Washington, DC, USA, 2003), IEEE Computer Society, Los Alamitos, p. 742.

[HBJW05] HELBING D., BUZNA L., JOHANSSON A., WERNER T.: Self-organized pedestrian crowd dynamics: Experiments, simulations, and design solutions. *Transportation Science 39*, 1 (Feb. 2005), 1–24.

[HFV00] HELBING D., FARKAS I., VICSEK T.: Simulating dynamical features of escape panic. *Nature 407* (2000), 487–490.

[HHD00] HARITAOGLU I., HARWOOD D., DAVIS L.: W4: Real-time surveillance of people and their activities. *IEEE Transactions on Pattern Analysis and Machine Intelligence 22*, 8 (August 2000), 809–830.

[HM97] HELBING D., MOLNAR P.: Self-organization phenomena in pedestrian crowds. In *Self-Organization of Complex Structures: From Individual to Collective Dynamics* (1997), Gordon & Breach, London, pp. 569–577.

[Jef98] JEFFREY P.: *Emerging Social Conventions: Personal Space and Privacy in Shared Virtual Worlds*. Technical Report: CS 27-430 Project, 1998.

[JJM06] JACQUES J. C. S. JR., JUNG C. R., MUSSE S. R.: A background subtraction model adapted to illumination changes. In *IEEE International Conference on Image Processing* (2006), IEEE Press, New York, pp. 1817–1820.

[JJS04] JUNEJO I., JAVED O., SHAH M.: Multi feature path modeling for video surveillance. In *IEEE International Conference on Pattern Recognition* (2004), vol. II, pp. 716–719.

[KB03] KAEWTRAKULPONG P., BOWDEN R.: A real time adaptive visual surveillance system for tracking low-resolution colour targets in dynamically changing scenes. *Image and Vision Computing 21*, 9 (September 2003), 913–929.

[LK81] LUCAS B., KANADE T.: An iterative image registration technique with an application to stereo vision. In *Proceedings of International Joint Conference on Artificial Intelligence* (1981), pp. 674–679.

[Low04] LOWE D. G.: Distinctive image features from scale-invariant keypoints. *International Journal of Computer Vision 60*, 2 (2004), 91–110.

[Man85] MANNONI P.: *La Psychologie Collective*. Presses Universitaires de France, Paris, 1985.

[MaVK06] MOESLUND T. B., HILTON A., KRUGER V.: A survey of advances in vision-based human motion capture and analysis. *Computer Vision and Image Understanding 104*, 1 (October 2006), 90–126.

[MC95] MARTIN J., CROWLEY J. L.: Comparison of correlation techniques. In *Conference on Intelligent Autonomous Systems* (Karsluhe, Germany, March 1995).

[McC89] MCCLELLAND J. S.: *The Crowd and the Mob*. Cambridge University Press, Cambridge, 1989.

[ME05] MAKRIS D., ELLIS T.: Learning semantic scene models from observing activity in visual surveillance. *IEEE Transactions on Systems, Man, and Cybernetics B 35*, 3 (June 2005), 397–408.

[MH04]　METOYER R., HODGINS J.: Reactive pedestrian navigation from examples. *The Visual Computer 10*, 20 (2004), 635–649.

[MJD*00]　MCKENNA S., JABRI S., DURIC Z., ROSENFELD A., WECHSLER H.: Tracking groups of people. *Computer Vision and Image Understanding 80*, 1 (October 2000), 42–56.

[MT01]　MUSSE S. R., THALMANN D.: A hierarchical model for real time simulation of virtual human crowds. *IEEE Transactions on Visualization and Computer Graphics 7*, 2 (April–June 2001), 152–164.

[NTWH04]　NING H., TAN T., WANG L., HU W.: People tracking based on motion model and motion constraints with automatic initialization. *Pattern Recognition 37*, 7 (July 2004), 1423–1440.

[ORP00]　OLIVER N., ROSARIO B., PENTLAND A.: A Bayesian computer vision system for modeling human interactions. *IEEE Transactions on Pattern Analysis and Machine Intelligence 22*, 8 (August 2000), 831–843.

[PTL*04]　PAI C.-J., TYAN H.-R., LIANG Y.-M., LIAO H.-Y. M., CHEN S.-W.: Pedestrian detection and tracking at crossroads. *Pattern Recognition 37*, 5 (2004), 1025–1034.

[PTM06]　PORIKLI F., TUZEL O., MEER P.: Covariance tracking using model update based on Lie algebra. In *IEEE Computer Vision and Pattern Recognition* (2006), vol. I, pp. 728–735.

[Rey99]　REYNOLDS C. W.: Steering behaviors for autonomous characters. In *Game Developers Conference* (San Jose, California, USA, 1999), pp. 763–782.

[Rol81]　ROLOFF M. E.: *Interpersonal Communication—The Social Exchange Approach.* SAGE Publications, London, 1981.

[SB05]　SHOUSHTARIAN B., BEZ H. E.: A practical adaptive approach for dynamic background subtraction using an invariant colour model and object tracking. *Pattern Recognition Letters 26*, 1 (2005), 91–99.

[SG99]　STAUFFER C., GRIMSON W.: Adaptive background mixture models for real-time tracking. In *IEEE Computer Vision and Pattern Recognition* (1999), vol. II, pp. 246–252.

[ST94]　SHI J., TOMASI C.: Good features to track. In *IEEE Conference on Computer Vision and Pattern Recognition (CVPR'94)* (Seattle, June 1994).

[TLH05]　TIAN Y., LU M., HAMPAPUR A.: Robust and efficient foreground analysis for real-time video surveillance. In *IEEE Computer Vision and Pattern Recognition* (2005), vol. I, pp. 1182–1187.

[VV05]　VALERA M., VELASTIN S.: Intelligent distributed surveillance systems: A review. *IEE Vision, Image and Signal Processing 152*, 2 (April 2005), 192–204.

[WADP97]　WREN C., AZARBAYEJANI A., DARRELL T., PENTLAND A.: Pfinder: Real-time tracking of the human body. *IEEE Transactions on Pattern Analysis and Machine Intelligence 19*, 7 (July 1997), 780–785.

[Wat92]　WATSON D. E.: *Contouring: A Guide to the Analysis and Display of Spatial Data.* Pergamon, Tarrytown, 1992.

[WHT03]　WANG L., HU W., TAN T.: Recent developments in human motion analysis. *Pattern Recognition 36* (2003), 585–601.

[WS03]　WANG J. J., SINGH S.: Video analysis of human dynamics: A survey. *Real-Time Imaging 9*, 5 (2003), 321–346.

[WTLW05]　WANG Y., TAN T., LOE K., WU J.: A probabilistic approach for foreground and shadow segmentation in monocular image sequences. *Pattern Recognition 38*, 11 (November 2005), 1937–1946.

[XLLY05]　XU D., LI X., LIU Z., YUAN Y.: Cast shadow detection in video segmentation. *Pattern Recognition Letters 26*, 1 (2005), 5–26.

[XP98]　XU C., PRINCE J.: Snakes, shapes, and gradient vector flow. *IEEE Transactions on Image Processing 7*, 3 (March 1998), 359–369.

[YLPL05]　YANG T., LI S. Z., PAN Q., LI J.: Real-time multiple objects tracking with occlusion handling in dynamic scenes. In *IEEE Computer Vision and Pattern Recognition* (2005), pp. 970–975.

[ZvdH06]　ZIVKOVIC Z., VAN DER HEIJDEN F.: Efficient adaptive density estimation per image pixel for the task of background subtraction. *Pattern Recognition Letters 27*, 7 (May 2006), 773–780.

7.1 引言

本章旨在讨论实时人群仿真的技术，以及如何开发一个高效架构。但首先，确定要实现的主要目标很重要。我们的目标：

- 数量：实时模拟数千个虚拟人；
- 质量：最先进的虚拟人；
- 效率：存储和实时管理大量人群数据；
- 多样化：适应多样化的环境和情况。

在处理数千个虚拟人时，主要问题在于每个虚拟人需要处理大量的信息。即便运用现代处理器，这一任务也非常艰巨。原始的方法是对虚拟人逐个处理，由于没有特定的顺序，这会造成 CPU 和 GPU 消耗极大。为了有效利用计算能力，并让硬件的性能达到顶峰，通过同一路径的数据需要进行成组。本章提出了一个架构，可以在管线初期将虚拟人的相关数据分类，进而分组放在插槽中。本章展示了数千个虚拟人的仿真结果。在质量方面，本章展示了用户最关注的最先进的虚拟人。为了提高可信度，在相机附近模拟的虚拟人具有面部和手部动画；远处的就使用一些低成本的表现方法。考虑到数据存储和数据管理的效率，本章主要利用数据库来存储与虚拟人相关的所有数据。最终，本章所提出的架构是多样化的，可以运用在完全不同的场景中，例如在礼堂或教室这样封闭的环境中，或者在拥挤的露天游乐场或城市等大型环境中。

本章7.2节介绍了根据与相机的距离和偏心度，呈现具有不同的细节程度的虚拟人的方法。7.3节详细介绍了架构管线，以及如何为了进行更快运算对虚拟人相关数据进行分类。7.4节介绍了运动套件，即在动画阶段管理不同细节水平（LoD）的数据结构。7.5节介绍了对一个特定数据库的开发，用于固定数据的存储和管理。7.6节介绍了用于人群的阴影映射算法。最后7.7节介绍了人群补丁。

■ 7.2 虚拟人的呈现

理想情况下，显卡每帧能够渲染无数个具有任意复杂阴影的三角形。我们可以轻松使用数千个非常精细的网格来实现虚拟人群可视化，例如能够进行手部和面部的动画。尽管可编程图形硬件有了很大改进，但仍然要限制每帧绘制的三角形数量。使用上述方法可以绘制密集人群，不产生明显的质量下降。在文献 *Level of Detail for 3D Graphics* ［LRC＊02］中介绍了细节水平（LoD）的概念，LoD 是为了满足实时约束。本节详细讨论了人群中虚拟人的细节水平：考虑渲染的成本和质量，根据摄像机的位置用一种特定的方式渲染角色。本节首先介绍了用于创建和仿真的虚拟人数据结构：人物模板。接下来介绍了一个人物模板的三个细节水平：可变形网格、刚性网格以及 impostor。

7.2.1 人物模板

人物模板被描述为人物类型，如女人、男人或小孩。它包括：

- 骨骼，由关节组成；
- 一组网格，表示同一个虚拟人，但三角形面片数量递减；
- 多个外观集，用于表示不同的外观（见第3章）；
- 一组可播放的动画序列。

每个渲染虚拟人都来自一个人物模板，即虚拟人是人物模板的实例。为了让同一个人物模板的所有实例看起来有差异，可以使用多个外观集，其支持改变实例所用的纹理和调整纹理的颜色。

7.2.2　可变形网格

人物模板的表现方式是可变形网格，由三角形组成。网格由 78 个可用于动画的关节组成：当骨骼移动时，网格的顶点就像皮肤一样，平滑地跟随关节运动。这种动画称为骨骼动画。网格的每个顶点都受到一个或几个关节的影响。因此在动画序列的每个关键帧处，通过受关节影响的加权变换使顶点变形，如下所示：

$$v(t) = \sum_{i=1}^{n} X_i^t X_i^{-\text{ref}} v^{\text{ref}} \tag{7.1}$$

式中，$v(t)$ 表示 t 时刻的变形顶点；X_i^t 表示 t 时刻关节 i 的全局变换；$X_i^{-\text{ref}}$ 表示关节在参考位置的全局逆变换；v^{ref} 表示参考位置处的顶点。这一技术首次由 Magnenat - Thalmann 等人提出，称为骨骼子空间变形或蒙皮［MTLT88］。

GPU 可以高效地执行蒙皮：可变形网格将其骨骼的关节变换发送给 GPU，GPU 根据关节的影响来处理每个顶点的移动。但需要考虑当前图形显卡的限制，即只能存储 256 个原子值，即 256 个由 4 浮点数组成的向量。骨骼的关节变换按照 4 ×4 矩阵发送到 GPU，即 4 个原子值。这样，可以达到一个骨骼的最大关节数

$$\frac{256}{4} = 64 \tag{7.2}$$

当执行手部和面部动画时，64 个骨头是不够的。本节的解决方案是将每个关节变换发送给 GPU 一个四元数单元和一个位移，即两个原子值。如此则发送的关节数量加倍。由于 GPU 还要用于处理其他数据，通常不希望将 GPU 的所有原子结构全部用于骨骼关节。

由于大量的顶点蒙皮和关节变换，渲染可变形网格会消耗大量的资源。但若没有它们则会导致质量严重下降：

- 可变形网格是动画中最灵活的表现形式，甚至可用于面部和手部动画（如果使用足够精细的骨骼）。

- 这样的动画序列称为骨骼动画，它便于存储：对于每个关键帧，只需要保存变形关节的变换，即存储在动画中移动的关节。因此仿真中可以大量采用这些动画，增加人群运动的多样性。

- 过程动画与合成动画适合这种表现形式，如动态地生成空闲动作

[EGMT06]。

- 混合也可用于不同骨骼动画之间的平滑过渡。

然而，使用变形网格作为虚拟人的唯一表现形式会消耗大量的资源。因此需要限制可变性网格的使用数量，且仅在距相机很近时使用。需注意，在切换到刚性网格之前使用一些可变形网格，要保持相同的动画算法，但是要减少三角形的数量。

有经验的设计师需要对皮肤和纹理的可变形网格进行建模。一旦完成，它们将自动地作为原材料派生出后续表现形式：刚性网格和 impostor。

7.2.3　刚性网格

刚性网格是可变形网格的预计算几何姿态，因此与可变形网格外观一致。一个刚性动画序列来自原始的骨骼动画和外部视角，两者看起来是一样的。但创建它们的过程是不同的。要计算刚性动画的一个关键帧，需要检索骨骼动画的相应关键帧，因为它提供了骨骼姿势（或关节的变换）。预处理阶段，每个顶点的变形在 CPU 上执行，这一点与骨骼动画相反，骨骼动画的变形在 GPU 上在线执行。一旦刚性网格发生变形，将其作为一个关键帧存储在顶点、法线（3D 点）和纹理坐标（2D 点）的表中。刚性动画的每个关键帧重复此过程。在运行时，刚性动画只是连续播放几个姿势或关键帧。使用刚性网格表示有如下几个优点：

- 因为骨骼变形和顶点蒙皮阶段已经完成并存储在关键帧中，所以显示速度要快得多。
- 因为不需要发送关节变换，所以 CPU 和 GPU 之间的通信保持在最低限。
- 刚性网格看起来与用于生成它的骨骼动画完全相同。

这种新的表现形式极大地提升了渲染速度。可以显示的刚性网格比可变形网格多 10 倍。然而，相比可变形网格，刚性网格需要显示在离摄像机更远的地方，因为它们既不支持过程动画也不支持混合动画，也没有合成面部或手部动画。

7.2.4　impostor

impostor 是较低细节的表现形式，在人群渲染中广泛使用 [TLC02b, DHOO005]。一个 impostor 使用两个具有纹理的三角形构成的四边形表示虚拟人，在距相机很远的区域足够以假乱真。类似于刚性动画，impostor 动画是来自原始的骨骼动画的一系列姿态或关键帧。与刚性动画的主要区别在于，impostor 动画是在每个关键帧中姿态的 2D 图像，而不是整个几何体。创建 impostor 动画非常复杂也非常耗时。因此它在预处理阶段构建完成，结果以二进制的形式（见 7.5 节）存储在数据库中，与刚性动画类似。本节详细介绍如何制作 impostor 动画的每个关键帧。为人物模板生成一个关键帧的第一步是创建两个纹理或者图集：

- 法线贴图，将 3D 法线作为 RGB 组件存储在纹理元素中。有必要使用法线贴图来把正确的阴影应用在渲染为 impostor 的虚拟人上。如果没有存储法线，虚拟人会得到一个非常糟糕的阴影，因为这个阴影只有两个三角形。因此，从刚性网格切换到 impostor 会突然产生糟糕的伪影。

- UV 贴图，将 2D 纹理坐标作为 RG 组件存储在纹理元素中。这一信息也非常重要，因为它可以将纹理正确应用于 impostor 的每个纹理元素。否则，需要为人物模板的每个纹理生成一个图集。

由于 impostor 只是 2D 四边形，需要从多个视角存储法线和纹理坐标，因此，当相机移动时可以从正确的相机视点显示正确的关键帧。总之，上述的每个纹理从多个角度看都是同一个网格姿态，这就是称这种纹理为图集的原因。图 7.1 所示为一个特定关键帧的 1 024 × 1 024 图集，图集的顶部用于存储 UV 贴图，底部存储法线贴图。

impostor 的主要优点是非常高效，因为仅用两个三角形显示每个虚拟人。因此，impostor 在虚拟人群中最多。它们的渲染质量很差，因此不能在靠近相机的区域使用。此外，由于需要保存大量的纹理，impostor 动画的存储非常耗费资源。

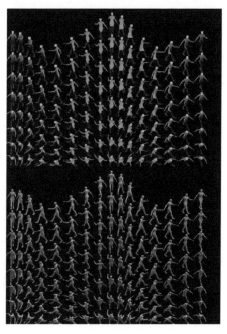

图 7.1　一个 1 024 × 1 024 的图集，存储了虚拟人动画的一个关键帧中不同视角的 UV 贴图（上）和法线贴图（下）

表 7.1 和图 7.2 总结了虚拟人每种表现形式的性能和动画存储。观察发现，随着表现形式级别递减，可显示角色以数量级递增。还要注意，一种表现形式渲染得越快，其动画存储量就越大。此外，刚性网格和 impostor 存储在 GPU 显存中，相对于 CPU 内存小得多。图 7.3 总结了一个人物模板中的共享资源。

表 7.1　一个动画片段 1 秒的存储量　　　　　　　　　　　　　Mb

	最大显示数量 @ 30 Hz	动画频率 /Hz	动画存储量 /(Mb·s⁻¹)	存储地
（a）可变形网格	200	25	0.03	CPU
（b）刚性网格	2 000	20	0.3	GPU
（c）impostors	20 000	10	15	GPU

（a）可变形网格；（b）刚性网格；（c）impostor

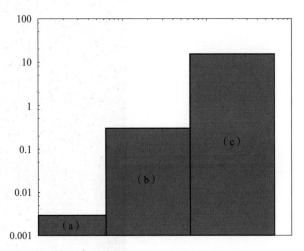

图 7.2　一个动画片段 1 s 的存储量（Mb）

（a）可变形网格；（b）刚性网格；（c）impostor

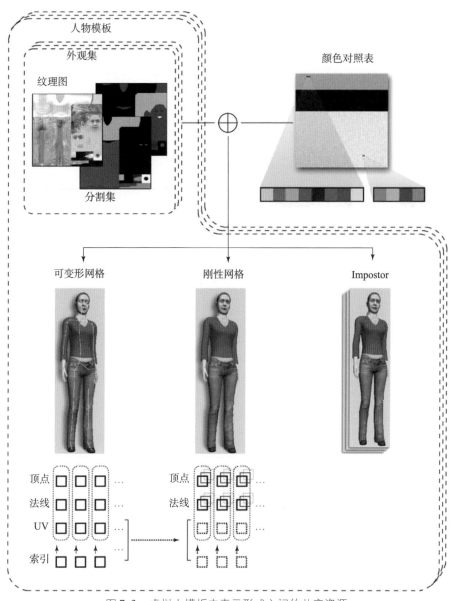

图 7.3　虚拟人模板中表示形式之间的共享资源

7.3　架构管线

逐个、逐网格、逐纹理地为虚拟人群建模不仅非常耗时，还需要大批专业设计师。此外，还会产生明显的存储问题。本节采用一种不同的策略来给人群建模，致力于只创建少量角色模板。使用这个缩减集实例化了数千个不同的角色。每次从模板实例化角色时，使用不同的技术获得多样化。多样化方法的细节见第3章。

本节介绍了架构管线的主要阶段，以及流经每个阶段的数据。图 7.4 描述了所有阶段：数据每帧从上到下连续流经每个阶段。即便使用现代的处理器，模拟一群虚拟人也是一项非常苛刻的任务。维持数千个逼真角色的架构需要"硬件友好"。事实上，使用无特殊顺序处理虚拟人这样简单的方法（"来者不拒"），往往会使 CPU 和 GPU 产生过多的状态转换。为了让硬件性能逼近顶峰，建议更高效地利用计算能力。需要对流经管线中相同路径的数据进行成组。因此在每帧的开始，注意将数据批处理成预定义的插槽。更多详细信息可以在文献 *An architecture for realtime navigation and rendering of varied crowds*［MYTP09］中找到。

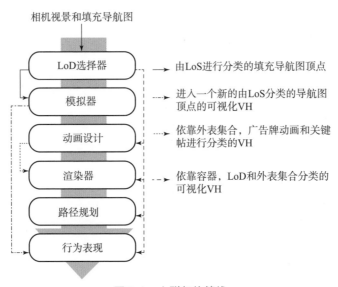

图 7.4　人群架构管线

7.3.1　虚拟人数据结构

多个数据结构共享虚拟人实例，并且每个实例都有唯一的标识符。人群数据结构主要由两个数组组成：身体实体数组和脑实体数组。每个虚拟人的唯一标识符作为这些数组的索引，并用于检索身体和脑实体中分布的特定数据。身体数据由每帧使用的所有参数组成，如虚拟人的位置和方向。脑数据更多地与行为参数相关，使用频率也很低。通过从身体实体中分离参数，压缩了高使用率数据的存储。事实上，重组也提升了性能：最近的一项工作中［PdHCM＊06］，进行了不同转向方法的实验，我们发现角色数量庞大时（成千上万）不同方法的性能几乎相同。实例之间跳转所造成的内存延迟成为处理大量人群的瓶颈。

7.3.2　管线阶段

本节简要回顾了导航图（见 5.4.3 节）。在图 7.4 中详细阐述了管线的每个阶段。

对于给定的场景，导航图用于引导虚拟人沿着预定义的路径行进。该图由一组顶点构成，在场景中表示为垂直的圆柱体，不会与环境发生碰撞。两个顶点可由一条边相连，表示为两个重叠的圆柱体之间的一个门（见图 7.5 的右下图）。当多个圆柱体重叠时，它们之间连续的门形成一条走廊。场景中，路径定义为依次到达的门的序列，即用于选定的导航方法的简单子目标。图 7.5 中的右下部分所示为具有明显顶点和门的导航图。在仿真过程中，每个顶点都有一个当前经过该顶点的虚拟人 ID 列表。以下是管线各阶段的详细说明。

管线的第一阶段是 LoD 选择器。它接收带有虚拟人 ID 和相机视锥体的导航图作为输入。LoD 选择器的作用是对图形顶点进行分类，即对每个顶点进行评分以便进一步处理。每个顶点有两个不同的分数：细节水平（LoD）和仿真水平（LoS）。它们都取决于顶点到相机的距离以及顶点距屏幕中心的偏心度。LoD 分数用于在顶点内选择适当的虚拟人表现形式，LoS 分数用于选择合适的碰撞避免算法以及仿真频率。事实上，导航图的结构已经能够避免角色和环境之间的碰撞，也可用于将复杂的目标分解为简单且可实现的子目标。然而，没有进一步的处理，虚拟人导航是相互独立的，无法避免相互穿过，所产生的效果看起来像是模拟了一群很笨拙的"鬼魂"。因此，为虚拟人（至少在相机附近）提供鲁棒的碰撞处理方法非常重要。在距相机较远的地方，角色可以使用一种近似但低消耗的方法。

图 7.5　左上图：虚拟人在复杂环境中导航。右上图：具有明显细节水平的相似图像。红色：刚性网格；绿色：impostor。左下图：大环境中的密集人群。右下图：虚拟人沿导航图结构（绿色和白色）支持的路径行进。重叠的顶点形成门（红色）。路径上连续的门形成走廊（黑色）

为了避免单独测试每个角色，LoD 选择器使用导航图作为分层结构。数据处理的实现如下：首先，测试每个顶点是否在相机视锥体内，即视锥体剔除。空顶点既没有分，又不会保留在当前帧的处理过程中；事实上，为管线的后续阶段保留空顶点也是没有意义的。另外，位于相机视点之外且至少具有一个角色的顶点会被保留下来，但它们没有 LoD 分数，因为这些顶点在视锥体之外，所以不会显示其中的虚拟人。这些顶点的 LoS 得分是最低的。事实上，即使这些顶点不在摄像机区域，其中的虚拟人也需要最小程度的仿真，让其零星地沿着路径移动。如果不考虑这些，当虚拟人走出相机区域时，它们会突然停止移动，当相机视角变化时，许多停滞的虚拟人又立刻开始运动，这一现象会对用户造成极大困扰。最后，为具有虚拟人并可见的顶点分配一个 LoS 分数，然后进一步分析，以根据人物模板、LoD 和外观集对顶点中的虚拟人进行分类。

第一阶段结束时，可以获得两个列表。一个包含了根据人物模板、LoD 和外观集进行分类的所有虚拟人 ID。第二个列表包含根据 LoS 分类的被占用顶点。获取这样的列表需要一些时间，但在管线的下一阶段对数据进行成组处理时非常有用。算法 7.1 的伪代码阐述了第一个列表在管线的后续阶段典型的使用方法。

算法 7.1:渲染列表过程

```
 1  begin
 2      for each human template: do
 3          apply human template common data operations, e.g., get its skeleton
 4          for For each LOD: do
 5              apply LOD common data operations, e.g., enable LOD specific
                shader program
 6              for For each appearance set: do
 7                  apply appearance set common data operations, e.g., bind it
 8                  for For each virtual human id: do
 9                      get body or brain structure from the id
10                      apply operations on it
11                  end
12              end
13          end
14      end
15  end
```

第二阶段是模拟器，它使用第二个列表遍历所有的 LoS 槽，进而获得相应的填充顶点。在这个阶段，把虚拟人看作单独的 3D 点。每个虚拟人都知道接下来要实现的子目标，即要到达的下一个门。根据 LoS，应用适当的导航方法。检测到穿过门的虚拟人会获得新的子目标，并将其分配到后续的行为阶段使用的特殊插槽。注意，此阶段没有执行虚拟人之间的碰撞避免，但在管线的后续阶段中会加以实现。

无论虚拟人使用何种表现形式，动画器都要为角色创建动画。在 LoD 选择阶段，可见的虚拟人插槽根据人物模板、LoD 和外观集进行分类，这一阶段使用的主要数据结构就是该插槽。算法 7.2 描述了实现可变形网格的具体任务。

算法 7.2：处理可变形网格

```
1  begin
2  │  for each human template: do
3  │  │   get its skeleton, for each deformable mesh LOD: do
4  │  │   │   for each appearance set: do
5  │  │   │   │   for each virtual human id: do
6  │  │   │   │   │   get the corresponding body
7  │  │   │   │   │   update the animation time (between 0.0 and 1.0)
8  │  │   │   │   │   perform general skeletal animation
9  │  │   │   │   │   perform facial skeletal animation
10 │  │   │   │   │   perform hand skeletal animation
11 │  │   │   │   end
12 │  │   │   end
13 │  │   end
14 │  end
15 end
```

由于虚拟人也根据 LoD 分类，所以能够遍历可变形网格，而无须检测其是否可变形。无论是面部、手部或是虚拟人的所有关节，执行一个骨骼动画都可以总结为四步。第一，根据动画时间检索正确的关键帧。注意在该步骤中，可以执行两个动画间的混合操作。所使用的最终关键帧是从每个动画检索的关键帧的插值。第二，把原始骨骼的相应关节矩阵复制到缓存中。第三，在缓存中重写由关键帧修改的关节矩阵。最后，连接所有的相关矩阵（包括未被重写的）得到世界坐标系下的变换，每个矩阵都左乘骨骼的世界坐标逆矩阵。注意，可选动画（如面部动画）通常仅在最佳可变形网格 LoD（即前方的最精细网格）中执行。

因为刚性网格的变形都是预计算的，所以动画器的工作量很小（算法 7.3）（见 7.2 节）。

注意，因为只需关注刚性网格，所以算法不会遍历所有 LoD 插槽。并且在 LoD 选择阶段实现分类，无须复杂的测试，就能只遍历刚性网格。

算法 7.3：处理刚性网格

```
1  begin
2      for each human template: do
3          for each rigid mesh LOD: do
4              for each appearance set: do
5                  for each virtual human id: do
6                      get the corresponding body
7                      update the animation time (between 0.0 and 1.0)
8                  end
9              end
10         end
11     end
12 end
```

最后，由于 impostor 动画中的每个关键帧仅由两个纹理图集构成，因此无须实现特定变形。但要为动画器分配一个特殊的工作：更新虚拟人 ID 列表，进行特定分类以适应 impostor 的快速渲染。事实上在初始化阶段，为每个人物模板创建了一个特殊的虚拟人 ID 列表，该列表依据外观集、impostor 动画和关键帧进行分类。动画器完成的第一个任务是重置 impostor 的专用列表，据此将其重新填充到当前的仿真状态。为了重新填充此列表，迭代执行当前的最新列表，该列表是按人物模板、LoD 和外观集分类的（在 LoD Selection 阶段更新）（参见算法 7.4）。

按照这一方式，数据每次流经动画器阶段时，impostor 的特定列表都会更新，因此可以在下一阶段（即渲染器）中使用。

渲染器：该阶段向 GPU 发送绘制命令以渲染人群。渲染阴影是一个双通道算法，也是在这个阶段实现的：首先，可变形网格和刚性网格从太阳（即主平行光）视角进行顺序渲染。随后，从相机的角度连续渲染。由于虚拟可见人的插槽是根据人形模板、LoD 和外观类进行分类的，所以为了减少状态转变的开销，需要最小化绘制命令的数量。算法 7.5 的伪代码展示了可变性网格渲染过程的第二通道。

算法 7.4：处理 imposters

```
 1  begin
 2  │   for each human template: do
 3  │   │   get its impostor animations
 4  │   │   for the only impostor LOD: do
 5  │   │   │   for each appearance set AS: do
 6  │   │   │   │   for each virtual human id: do
 7  │   │   │   │   │   get the corresponding body
 8  │   │   │   │   │   update the animation time (between 0.0 and 1.0)
 9  │   │   │   │   │   get body's current impostor animation id a
10  │   │   │   │   │   get body's current impostor keyframe id k
11  │   │   │   │   │   put virtual human id in special
12  │   │   │   │   │   list[AS][a][k]
13  │   │   │   │   end
14  │   │   │   end
15  │   │   end
16  │   end
17  end
```

算法 7.5：渲染可变形网格

```
 1  begin
 2  │   for each human template: do
 3  │   │   for each deformable mesh LOD: do
 4  │   │   │   bind vertex, normal, and texture buffer
 5  │   │   │   send to the GPU the joint ids influencing each vertex
 6  │   │   │   send to the GPU their corresponding weights
 7  │   │   │   for each appearance set: do
 8  │   │   │   │   send to the GPU texture specular parameters
 9  │   │   │   │   bind texture and segmentation maps
10  │   │   │   │   for each virtual human id: do
11  │   │   │   │   │   get the corresponding body
12  │   │   │   │   │   send the joint orientations from cache
13  │   │   │   │   │   send the joint translations from cache
14  │   │   │   │   end
15  │   │   │   end
16  │   │   end
17  │   end
18  end
```

第二通道在另一个用于计算阴影的通道之前进行。注意在第一通道中，不发送对阴影计算无用的数据（如法线和纹理参数），该过程与第二通道非常相似。在这个渲染阶段，能够看到分类列表的强大优势：同一可变形网格的所有实例都拥有相同的顶点、法线和纹理坐标。因此每个可变形网格 LoD 只需绑定一次这些坐标。

这同样适用于外观集：即使多个虚拟人共用一个外观集，也只需将其发送一次到 GPU。注意每个关节变换检索自动画器阶段填充的缓存中，该变换作为两个由四浮点数组成的向量发送到 GPU。

对于刚性网格的处理完全不同，因为在预处理阶段已经实现了所有的顶点变形。算法 7.6 的伪代码展示了第二通道。

算法 7.6：渲染刚性网格

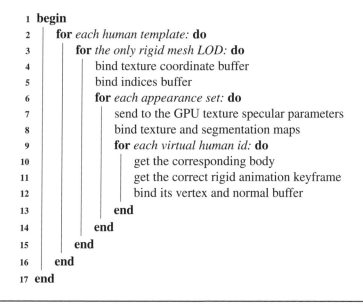

```
 1 begin
 2    for each human template: do
 3       for the only rigid mesh LOD: do
 4          bind texture coordinate buffer
 5          bind indices buffer
 6          for each appearance set: do
 7             send to the GPU texture specular parameters
 8             bind texture and segmentation maps
 9             for each virtual human id: do
10                get the corresponding body
11                get the correct rigid animation keyframe
12                bind its vertex and normal buffer
13             end
14          end
15       end
16    end
17 end
```

在刚性网格的渲染阶段只有纹理坐标和索引可以在 LoD 级别绑定；相反，可变形网格的所有数据都在该级别绑定。显而易见，对于可变形网格，实例中所有表示其网格信息（顶点、法线等）的组件都相同。随后，在 GPU 上变形网格以适应每个个体的骨骼姿态。对于刚性网格，所有实例的纹理坐标及其索引（缓冲

区入口）均保持不变。由于顶点和法线在预处理被替代并存储在刚性动画的关键帧中，所以只在已知动画播放的个体级别才可以实现动画绑定。注意：由于发送到 GPU 的顶点已经变形，所以顶点着色器没有完成任何具体的工作。关于阴影计算阶段（即第一通道）的伪代码是一样的，但不发送无用数据（如法线和纹理信息）。

　　由于在动画器阶段更新的虚拟人 ID 列表依据人物模板、外观集、动画和关键帧分类，所以 impostor 的渲染非常快。算法 7.7 提供了相应的伪代码。

算法 7.7：渲染 impostors

```
 1  begin
 2    for each human template: do
 3        get its impostor animations
 4        for each appearance set: do
 5            bind texture and segmentation maps
 6            for each impostor animation: do
 7                for each keyframe: do
 8                    bind normal map
 9                    bind UV map
10                    for each virtual human id: do
11                        get the corresponding body
12                        get the correct point of view
13                        send to GPU texture coordinates where to get the
                          correct virtual human posture and point of view
14                    end
15                end
16            end
17        end
18    end
19  end
```

　　路径规划器执行虚拟人之间的碰撞避免。在模拟器阶段，在后几帧设置子目标，根据导航方法对随后的方向进行插值。路径规划器仅关心如何避免碰撞，较之其他阶段运行频率很低。注意由于 GPU 是并行渲染的，这个阶段和下一阶段（行为阶段）位于渲染器之后。所以同时使用 CPU，而不是等待帧完成渲染。

　　在行为阶段利用虚拟人插槽得到新的导航图顶点。整个管线中虚拟人无法更改自身当前的动画或移动路径，因为这会导致多种分类插槽失效。因此，最后一个阶段是唯一支持改变虚拟人移动路径和当前动画序列的阶段，经常在前一帧的管线终点完成此阶段。总的来说，每当角色进入一个新的图顶点（在模拟器阶段检测到）时，有一定概率来改变移动路径和动画。例如，使用步行动画片段的角色进入新顶点时，它有一定概率播放另一个动画序列，如空闲动画。

7.4　动作套件

7.4.1　数据结构

本章介绍了虚拟人的三种表现形式：可变形网格、刚性网格和 impostor。当播放一段动画序列时，根据当前虚拟人与相机的距离和偏心距（即其当前使用的细节水平），对虚拟人进行不同的处理。更具体地说，根据赋予其的细节水平重命名动画片段（见 7.2 节），即用于可变形网格的动画片段是骨骼动画，用于刚性网格的动画片段是刚性动画，用于 impostor 的动画片段是 impostor 动画。

本书已经表明，低细节水平表现形式的主要优点体现在渲染速度上。但是在内存方面，可变形网格、刚性网格和 impostor 的动画序列所需的存储空间依次增加（参见表 7.1）。由此可见，必须限制以低细节水平表现形式存储的动画序列的数量。同样，应该为可变形网格尽可能多地保留骨骼动画片段，首先是因为可变形网格所占存储空间小；其次是为了动画多样性。因为可变形网格位于最前方，靠近相机，所以一旦几个虚拟人播放相同动画片段，就会很快被注意到。

从一种表现形式切换成另一种时，问题就出现了。例如，如果一个正在播放步行动画的可变形网格需要切换到刚性网格表现形式，应该怎么办？如果预先计算了具有相同步行动画（相同速度）的刚性网格，切换会顺利进行。然而，如果可用的唯一刚性动画是一个快速跑步周期，则虚拟人将从当前的表现形式突变到另一个，这会对用户造成极大的干扰。因此，我们需要将每个骨骼动画链接到重新组装的刚性动画，impostor 动画类似，为此需要一个动作套件数据结构。一个动作套件包含以下几项：

- 名称，用于标识套件所代表的动画分类，例如 walk_1.5ms；
- 持续时间；
- 类型，由四个标识符组成，即动作、子动作、左臂动作和右臂动作；
- 骨骼动画的链接；
- 刚性动画的链接；
- impostor 动画的链接。

每个虚拟人只知道自己当前使用的动作套件。在动画器阶段，根据虚拟人与相机间的距离，使用正确的动画片段。注意：动作套件和骨骼动画之间始终是 1:1 的关系，即如果没有对应的骨骼动画，动作套件就没有用了。对于刚性和 impostor 动画，它们的数量比骨骼动画少得多，因此多个动作套件可能会指向相同的刚性动画或 impostor 动画。例如，考虑一个使用动作套件的虚拟人，以 1.7 m/s 的速度步行。该动作套件具有可变形网格所需的特定骨骼动画（相同速度）。如果虚拟人是刚性网格，则动作套件可能会指向以 1.5 m/s 的速度步行的刚性动画，这是可用的动画里速度最接近的。最后，该动作套件还会指向步行速度最接近的 impostor 动画。上文提及的数据结构对于表现形式的切换非常有用。图 7.6 展示了一个动作套件以及其到不同动画片段的链接。所有动作套件和动画以及它们之间的链接都存储在数据库中（参见第 7.5 节）。

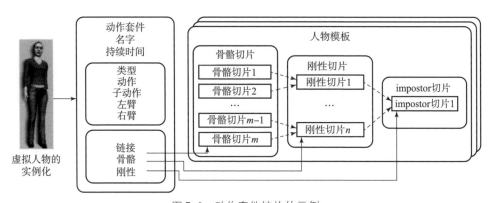

图 7.6　动作套件结构的示例

中：动作套件和标识了用于所有人物模板相应动画的链接；左，从人物模板中实例化并指向当前使用的动作套件的虚拟人

　　四个标识符被用作对动作套件进行分类。通过这一分类方式，再给予一定的限制，很容易为虚拟人随机选择动作套件。第一个标示符——动作类型——描述了动作套件表示的通用运动类型。它被定义为：

- 站立：虚拟人站立的所有动画；
- 坐：虚拟人坐着的所有动画；
- 步行：所有的步行周期；
- 跑步：所有的跑步周期。

　　第二个标识符是子动作类型，这进一步限制了动作套件的行为类型。其列表是非详尽的，但包含了描述符，如说话、跳舞、空闲等。我们还添加了一个特殊的子动作，名为空（none），适用于不适合其他任何子动作类型的动作套件。注意一些动作/子动作组合可能没有包含任何动作套件。例如，坐动作和舞蹈子动作组合的动作套件几乎是不存在的。第三个和第四个标识符——左臂和右臂的动作——用于给虚拟人的手臂添加一些特定的动画。例如，一个虚拟人走路的同时可以左手放在口袋里，右手拿着手机。那么，上例对于两个标识符有三个公共的类别：空、口袋和手机。然而，该列表也可以扩展到其他可能的手臂动作，如拿着伞、拉手提箱或挠头。

　　当需要多样化的人群时，每个虚拟人都可以随机选择任一可用的动作套件。如果需求更具体，如路上的人群，通过标识符很容易只选择适当的步行或跑步动作套件。

7.4.2　架构

　　在我们的架构中，动作套件使用一个四维表存储：

　　　表［动作 ID］［子动作 ID］［左臂动作 ID］［右臂动作 ID］

　　对于四个标识符的每一组合，都存储了给定标准下对应动作套件的列表。如前文所述，并非所有的组合都合法，因此一些列表是空的。在图 7.7 中，一个虚拟人正在播放一个骨骼动画，链接到一个具有以下标识符的动作套件：步行、空、手机、口袋。

在我们的架构中，动画（无论其细节水平如何）取决于播放它的人物模板：对于可变形网格，一个骨骼动画序列指定了骨骼如何移动，该移动造成了网格顶点在 GPU 上变形。由于每个人物模板都有自己的骨骼，所以不可能与其他人物模板共享同一动画。事实上，很容易想象孩子骨骼与成人骨骼之间是完全不同的。对于刚性动画，正是因为将已变形的顶点和法线发送到 GPU，所以这一动画只用于特定网格，并且只能由具有这一特定顶点集的虚拟人执行，即由相同的人物模板执行。最后，impostor 动画片段被存储为虚拟人的图片序列。可以修改同一人物模板实例所使用的纹理和颜色，但很明显，不同的人物模板之间不能共享这些动画序列图。这种特殊性在我们的架构中反映出来，每个人物模板都存储了骨骼动画、刚性动画和 impostor 动画三个列表。

图 7.7　虚拟人使用以下标识符的动作套件：步行、空、手机、口袋

　　因为动作套件具有到相应动画三元组的物理链接，每个动作套件也应该依赖特定人物模板。通常情况下，一个动画（无论其细节水平如何）总是可用于所有的人物模板，所以这种管理数据的方式远非最佳。例如，如果一个模板拥有模仿猴子的动画，所有其他人物模板也可能拥有它。因此，让动作套件中包含的信息依赖特定人物模板是多余的。下文介绍两个简单的规则，使动作套件独立于人物模板：

　　（1）对于任一动作套件，所有的人物模板都具有相应的动画。

　　（2）对于所有人物模板的所有动画，都有相应的动作套件。

　　我们现在解释一下，由于这些规则动作套件能够独立于人物模板，并且仍然知道应该链接哪个动画三元组。首先，注意每个人物模板都包含以下内容：

- 骨骼动画列表；
- 刚性动画列表；

- impostor 动画列表。

按照上述两个规则，所有的人物模板都包含相同数量的骨骼动画、刚性动画以及 impostor 动画。如果我们按照类似的方式分类所有人物模板的动画列表，能够使用列表中的索引链接动作套件和动画列表。图 7.6 的例子中，描述了一个表示人物模板的结构：每个人物模板包含一个骨骼动画、刚性动画和 impostor 动画的列表。在图片左侧，呈现了一个具有所有参数的动作套件。特别是它具有三个链接，表明可以在所有人物模板中找到的相应动画。这些链接用图中的箭头表示，但实际上它们只是简单的索引，可用于索引所有人物模板的三个动画列表中的每一个。

利用这一技术，能够处理所有动作套件，而不依赖人物模板，唯一的约束是遵守规则（1）和（2）。

7.5　数据库管理

如第 4 章中所详述，使用 Glardon 等人描述的运动引擎产生不同的运动周期 [GBT04]。虽然这个引擎可以足够迅速地实时生成一个步行或跑步周期，但它无法满足成千上万个虚拟人。这个问题首次出现时，就提出了一种解决方案：预计算一系列运动周期并将其存储在数据库中。从那时起，该系统已被证实对于存储不变的数据非常有用。数据库中可以找到的主表如下：

- 骨骼动画；
- 刚性动画；
- impostor 动画；
- 动作套件；
- 人物模板；
- 配饰。

本节将详细介绍使用这一数据库的优缺点，以及可以安全存储哪些信息。

如前文所述，所有的骨骼动画、刚性动画和 impostor 动画既不能在线生成，也不能在应用程序的初始化阶段生成，因为这样用户需要等待很长时间。这就是使用数据库的原因。使用数据库，初始化时需要完成的唯一工作是加载动画，以便在运行时随时使用。虽然此加载阶段看起来很耗时，但其实相当快，因为所有动画数据都被序列化为二进制格式。在数据库中，动画表有 4 个重要的字段[1]：唯一 ID，动作套件 ID，模板 ID 和序列化数据。对于每个动画条目 A，其动作套件 ID 随后将用于创建必要的链接（见 7.4 节），同时需要其模板 ID 来查找 A 所属的人物模板。数据库还支持将加载的动画数量限制到最小值，即只是那些用到的人物模板所需的动画。序列化数据支持把骨骼动画与刚性或 impostor 动画区分开来。对于骨骼动画，我们主要序列化每个关键帧中每个关节方向的所有信息。在刚性动画中，对于每个关键帧，会保存一组已变形的顶点和法线。对于 impostor 动画，则保留人物模板的两个图像序列（法线贴图和 UV 贴图），用于多个关键帧和视点。

数据库中的另一个表用于存储动作套件。需注意，由于它们主要由整数和字符串这样的简单数据组成（见 7.4 节），它们不会在数据库中序列化。相反，它们的每个元素作为特定字段被引入：唯一 ID、名称、持续时间、速度、四个标识符（动作 ID、子动作 ID、左臂动作 ID、右臂动作 ID）和两个特殊动作套件 ID（刚性动作套件 ID、impostor 动作套件 ID）。当从数据库中加载动作套件 M 时，它的基本信息，即速度、名称等被直接提取并保存在应用中。两个特殊动作套件 ID 彼此是指向另一个特殊动作套件的索引。该索引是完成 M 与其对应的刚性动画和 impostor 动画之间的链接所必需的。

在数据库中引入了一个表，以便存储人物模板中不变的数据。事实上，已经设计了一些人物模板，并准备在人群应用中使用。此表具有以下字段：唯一 ID、名称、骨骼层次和骨骼姿态。骨骼层次是一个综合了骨骼特征的字符串，即所有的关节名称、ID 和父关节点。加载人体模板时，此字符串用于创建其骨骼层次。骨骼姿态是一个给出骨骼默认姿势的字符串：使用前一个字段，关节和其父关节点仅可以被识别，而未摆放出来。在骨骼姿态字段中，可以得到每个关节相对于父关节点的默认位置和方向。

1　By field, understand a column in the database that allows for table requests with conditions.

数据库还拥有两个专用于配饰的表。回顾前文，配饰是用来增加虚拟人外观多样性和可信度的网格。例如，它可以是一顶帽子、一副眼镜、一个背包等。第一个表存储了配饰的特有元素，独立于穿戴它的人物模板：唯一 ID、名称、类型、序列化数据。在序列化数据中存储了所有顶点、法线和纹理信息，使配饰可以显示出来。第二个表需要在配饰和人物模板之间共享信息。对于每个人物模板，特定配饰相对于关节的位移都是不同的，该位移以矩阵形式存储，因此在第二个表中，使用模板 ID 和配饰 ID 来准确定位必须使用的矩阵。因此，每一个配饰/人物模板组对应于表中的一条记录。注意，记录还存储了配饰所附的关节。这是因为在某些特殊情况下，它们可能因骨骼的不同而不同。例如，把背包放在孩子模板上时，使用的关节是椎骨关节，这比放在成人模板上使用的关节要低。

使用数据库存储序列化信息是非常有用的，因为它极大地加速了应用程序的初始化时间。主要的问题在于每次引入新元素都会增加数据库大小。但受到实时的约束，可以在合理的范围内拥有一个足够大的数据库来获得多样的人群。

7.6　阴影

以三个平行光源来设置照明环境：由设计者交互地定义光的方向、漫反射颜色和环境颜色。太阳光是唯一造成阴影的光。如果没有实时的全局照明系统，其他两个光源也足够使设计师为场景设计出一个真实的外观。这个设置非常适合户外场景。结果见图 7.5 中的左上和左下。

虚拟人在环境中投射阴影，相反，环境也在虚拟人上投射阴影。这是通过在 GPU 中使用阴影映射算法来实现的［Wil78］。每一帧虚拟人被渲染了两次：

● 第一通道来自透视视角的平行光，即太阳。生成的 z 缓冲区值存储在阴影贴图中。

● 第二通道来自透视视角的摄像机。将每个像素变换到光透视空间，并比较其 z 值与阴影贴图中存储的值。因此，可以判断当前的像素是否位于阴影中。

所以需要对已显示的虚拟人进行两次渲染。尽管借助现代图形硬件，存储到只是 z 帧缓冲区的渲染速度是存储到完整帧缓冲区速度的 2 倍，但是预期帧速率会下降。此外，标准阴影映射在阴影的边界会有明显的走样。事实上，阴影贴图的分辨率是有限的，场景越大，走样越严重。为了减轻这一限制，使用了不同的策略：

- 动态地将阴影贴图分辨率限定在可见的角色身上；
- 将百分比滤波［RSC78］与随机采样［Coo86］结合，以获得伪软阴影［Ura06］。

接下来进一步描述如何动态地将阴影贴图分辨率限定在可见的角色上。平行光仅由方向定义，来自平行光的渲染意味着使用了正交投影（其锥体是一个盒子），如图7.8（上）所描述。

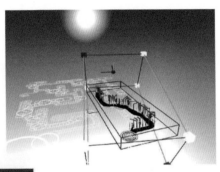

图7.8　平行光截椎体构成的阴影场景

轴对称包围盒（AABB）是一个盒子，盒子的面有与基准轴重合的法线［AMH02］。它们非常紧凑地存储在一起；确定一个整个的盒子只需要两个顶点。通常将AABB用作包围体（如在用于碰撞检测算法的第一通道中），以有效地排除一些简单情况。

平行光必然有沿着其自身轴线对齐的正交截锥体，所以我们可以把这个截锥体看作 AABB。这个想法是，每帧计算所有可见的虚拟人的包围框，以使其包得尽可能紧。事实上，使用尽可能小的 AABB 可以得到一个具有较小拉伸的阴影贴图。在每帧中，我们使用一个四步算法计算这个 AABB：

（1）人群 AABB 使用可见的导航图顶点，在世界坐标系下计算。默认情况下，为了限制角色的高度，AABB 高度设置为 2 m。

（2）基于光的法线方向 L_z，定义光空间轴：

$$L_x = \text{normalize}((0,1,0)^{\mathrm{T}})^{L_z} \tag{7.3}$$

$$L_y = \text{normalize}(L_z^{L_x}) \tag{7.4}$$

（3）平行光坐标系定义为一个 3×3 的矩阵 $M_l = [L_x, L_y, L_z]$。

（4）组成 AABB 的 8 个顶点与 M_l^{-1} 相乘，即 M_l 的转置。这个操作是在此光坐标系中表示这些点。

注意将获取的点再与 M_l 相乘可以在世界坐标系中恢复人群的 AABB。图 7.8（下）展示了使用该算法获得的阴影。

7.7 人群 patch

7.7.1 简介

在环境维度方面我们打破了传统人群仿真的限制：我们独立地预计算小区域的仿真，而不是预计算一个专门用于整个环境的全局仿真，这一方式称为人群 patch［YMPT09］（图 7.9 和图 7.10）。为了创建虚拟人群，从观众的角度人群 patch 之间的相互连接是无穷尽的。这一方式还打破了一般情况下预计算动作持续时间的限制：通过适应局部仿真技术，本书提供了能够无缝无限循环播放的周期轨道。该技术基于一组对 patch 内容具有特定约束的 patch 模板，例如 patch 中障碍物类型、人的轨迹等。同一个模板可以派生出大量不同的 patch，然后根据设计人员的指示进行组装。可以预先计算 patch 用于填充现有虚拟环境的空白区域，也可以使用场景模型在线生成。在后一种情况下，一些 patch 还包含大型障碍物，如虚拟城市的建筑物。

图 7.9　左图：patch 离线计算的预定义城市环境；右图：具有明显边界和轨迹的 patch

图 7.10　左图：一个程序计算出的步行街，运行时动态生成 patch；右图：显示了 patch 的边界和轨迹

7.7.2　patch 和 pattern

1. patch

patch 是凸多边形几何区域。它们可能包含静态和动态对象。静态对象是简单的障碍物，其几何体被完全包含在 patch 内。

对于建筑物这种更大的障碍物，处理方式是不同的。动态对象具有动画：它们根据轨迹 $\tau(t)$ 实时运动。在这种情况下，我们希望每个动态对象都有一个周期性的运动，以便实时无缝重复。注意 π 这个时间段，为每个动态对象定义 patch 的周期条件：

$$\tau(0) = \tau(\pi) \tag{7.5}$$

动态对象分为两类：内生对象和外生对象。在整个周期中，内生对象的轨迹

保持在 patch 的几何限制内。点的轨迹完全包含在 patch 中，并且遵循周期条件
［式（7.5）］。如果动画以 τ 为周期循环，该点似乎在 patch 内部无休止地移动。
注意：静态对象可以认为是没有动画的内生对象。外生对象在某时会有一段轨迹
$\tau(t)$ 出现在 patch 边界之外，因此不符合周期条件［式（7.5）］。为了强化这个
条件，我们强行引入了另一个实例的表示，该实例为轨迹为 $\tau(t)$ 的同一外生对
象。由于这两个对象类型相同，即它们具有相同的运动学模型，因此可以直接比
较它们的轨迹。文献［YMPT09］中对不同的案例进行了讨论和区分。

2. pattern

pattern 的作用是记录外生对象轨迹的限制条件，以允许 patch 之间的连接。
为多边形 patch 的每个面定义一个 pattern。因此，pattern 能够完全限制 patch。它
们是二维的：一个长度为 l 的空间维度和一个持续时间（周期）为 π 的时间维
度。pattern 识别了外生对象轨迹的限制条件。

我们通过组装 patch 来构建环境和人口。因此，两个相邻的 patch 至少有一
个公共面。对于外生对象的轨迹，它们也共享相同的限制条件。事实上，当一个
外生对象从一个 patch 运动到相邻 patch 时，它首先跟随第一个 patch 中的轨迹，
然后切换到第二个 patch 的轨迹。这两个轨迹必须至少是 C0 连续的，以确保从第
一个 patch 到第二个 patch 可以无缝转换。两个相邻 patch 之间的 pattern 允许共享
这些限制条件。

7.7.3　创建 patch

首先，运用一套组装的 pattern 对 patch 进行几何定义，该 pattern 也为外生对
象提供了一组输入输出点。接下来，在 patch 中添加静态对象和内生对象。最后，
针对人的行走计算外生对象轨迹，以便它们遵守 pattern 施加的限制条件，同时
避免对象之间的碰撞。

1. pattern 组装

本书中创建 patch 方法的第一步是定义它们的形状。在 7.7.2 节的定义中，
pattern 限制了 patch：patch 凸多边形的每个面由一个 pattern 定义。因此，通过组
装 pattern 可以创建 patch，同时必须遵守两个条件：首先，所有 pattern 都必须有

一个共同的周期 π，这也是 patch 的周期；第二，构成 patch 的一组 pattern 定义的输入总和必须与输出的数量相匹配。事实上，进入 patch 的每一个外生对象或早或晚都会离开。

2. 静态对象和内生轨迹

第二步也是对自身进行定义，或者获取 patch 中包含的所有静态对象和内生对象的在线信息。静态对象的几何体完全包含在 patch 中。内生对象具有动画和以周期为 π 的循环运动。在虚拟购物街中建立 patch 的例子中，静态障碍物是垃圾桶、树木、公共长椅、路灯、招牌等。内生对象可以是说话的人、坐着的人、看橱窗的人等。它们还可以代表有动画的物体或动物，如旋转木马或狗。需要注意的是，一旦定义，静态和内生对象就不能再被修改。在下一步外生对象轨迹的自动计算中，我们把它们作为静态和移动的障碍物。

3. 外生轨迹：步行人的案例

外生对象的轨迹计算（图 7.11）比之前的步骤更复杂：必须确定 pattern 的限制条件，并且避免与静态对象、内生对象（其动画已经固定）和其他外生对象碰撞。本书提出了一种自动计算步行人外生轨迹的方法。我们只考虑其全局位置的演变，因此轨迹被建模为移动的 2D 点。计算步行人的外生轨迹需要以下三步：

（1）轨迹初始化。如 pattern 所定义的，通过将每个输入连接到输出来初始化外生轨迹。因此可以得到轨迹的初始限制条件，并计算与 patch 定义的输入（或输出）总数一样多的轨迹。输入和输出是随机连接的，唯一的约束是避免连接相同 pattern 的输入和输出。这样，步行人就能通过 pattern 而不是原路返回。

（2）速度适应。输入和输出是任意连接的，所产生的轨迹对于步行人可能是行不通的。解决这个问题的关键思想是使用一个新的路径点将轨迹分为两段。换句话说，为两个行人而不是一个行人考虑输入和输出点：一个人从输入点到 p_w，而第二个人直接从 p_w 到输出点。这两个人在不同时间具有相同的位置 p_w：第一个人的 $t = \pi$，第二个人的 $t = 0$，因此确保了条件式（7.5）。

图 7.11 外生路径

（3）碰撞规避。轨迹可能导致静态或动态物体之间的碰撞。考虑到静态和内生对象是不可修改的，所以可以改善外部对象运动以避免碰撞。为了达到这个目标，本书使用一种基于粒子的方法：在每一个时间段中，使用外力引导外生对象。

7.7.4 创建世界

1. 组装 patch

使用人群 patch（图 7.12）来创建和/或填充虚拟环境有两种主要技术：自下而上和自上而下。自下而上的方法是从空白场景开始，创建第一个 patch，然后迭代地逐渐添加新的相邻 patch。自上而下的方法始于环境中的几何模型，环境中无障碍部分被分解成多边形单元格，用作创建 patch 的蓝图。这种技术完全适用于已经存在大型建筑物的虚拟城市的情况，街道必须由 patch 填充。

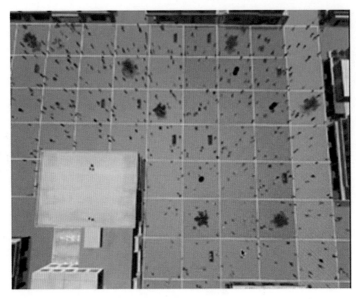

图 7.12　patch 组装

2. patch 模板

patch 的内容取决于其在环境中的精确位置，以及环境本身。本书以一个购物步行区为例。该区域的 patch 应该包含长凳、树木或花盆等静态障碍物。内生对象可以是站在商店门前、交谈或是坐在长凳上的人，而外生对象只是行人。设计人员希望对环境内容有一定的控制，但是准确定义每个 patch 中的对象会消耗过多时间。一个解决方案是从给定模板自动生成 patch。patch 模板是满足对象和 pattern 的一系列约束的 patch 集合。为了将地理区域与期望的模板相关联，设计人员提供了一个模板映射，该映射定义了在环境中任意点使用的相应模板。当创建给定模板的 patch 时，在可用集中随机选择一些静态和内生对象来组成其内容。设计人员还需要控制穿过 patch 的人流，这也隐含了虚拟人在环境中的总体分布。通过限制要使用的 pattern 类型可以实现这一目标。在该方法中控制步行人是通过定义特定的 pattern 类型来实现的。这些类型允许选取在空间或时间上特定分布的输入和输出点。下面给出一些特定分布的使用示例。

（1）空 pattern。环境中可能有大型障碍物，如建筑物。为了避免外生步行人与这些障碍物的碰撞，其 pattern 的输入或输出为空。

（2）单向 pattern。单向 pattern 仅由输入或输出组成。当在 patch 中正确组合时，它们允许模拟行人的单向流动。

（3）特殊 $I = O$ 空间分布。在给定 pattern 中，可以限制空间中输入和输出的位置范围。这支持模拟两个 patch 中的狭窄通道（例如门），或者模拟拥挤的街道上的行人。

（4）特殊 $I = O$ 时间分布。用户希望行人及时进入或退出 patch。例如，在斑马线上，绿灯亮时行人离开人行道，在红灯亮前到达对面的人行道。

7.7.5　应用和结论

本节使用一个应用程序来阐明人群 patch 的概念，应用程序包括使用自下而上的方法生成的潜在无数行人。预处理必须遵循几个步骤。首先，设计一个静态障碍物库：路灯、垃圾桶、树木、城市地图、长椅等。这些静态对象如图 7.13（左）所示。第二步，创建内生对象，像一起走路的人、玩耍的孩子或坐着的人［图 7.13（中）］。第三步，定义所需的 pattern 类型：用以下内容创建无穷尽的街道，用于构建边界的空 pattern，以及用来模拟街道高度拥挤区域中人流对冲的特殊 I/O 空间分布。图 7.13（右）所示为多种 pattern 示例。类似于 pattern 类型，patch 模板根据在线生成环境的分类进行识别。使用 pattern 库也创建了每个模板的第一个非详尽 patch 集。图 7.13 的底部展示了一些这样的 patch。最后，为了进一步丰富 patch 内容，还额外定义了一套可以应用在 patch 上的地面或纹理，如鹅卵石、草、沥青等。在运行时，无论相机的视点在何处，patch 都会被引入场景中。首先在现有库中查找特定 patch。如果没有符合要求的 patch，那么就动态生成。如果 patch 生成所需的特定 pattern 尚未创建，那么它也要在线创建。运行时的第二个重要步骤是更新每个行人的轨迹。当一个人到达 patch 边界时，要无缝地将其移动到相邻 patch。为了有效地实现这一点，每个轨迹都应有一个指向下一个相邻轨迹的参数。

结论

性能测试和视频全部在一台台式机上执行，其配置为双核 2.4 GHz、2 GB RAM 和 Nvidia Geforce 8800 GTX。本书已经实例化了 6 个不同的人物模板，使用

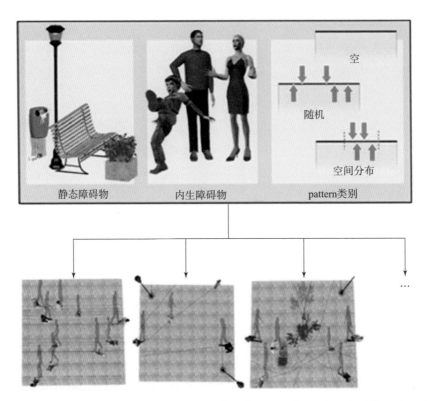

图 7.13　为创建一条生动的步行街，使用静态障碍物（左）、内生障碍物（中）和特定 pattern（右）；从这些集合中我们首先定义几个 patch 模板（底）；最后实例化每个模板以产生不同的 patch

LoD 方法进行渲染，1 000 ~ 6 000 个三角形。动画来自一个动作捕捉数据库，阴影是根据环境和虚拟人计算出来的。在本书的实现中，一个 patch 的计算大约需要 60 ms。这个数字完全满足实时生成环境的需求（已经预先计算了第一个非详尽的 patch 库）。使用一个 patch 模板建立了无尽的街道环境，总共只有 10 个 pattern（包括空 pattern、空间约束和随机类型）。这些 pattern 都具有 10 s 的周期和 8 m 的长度。摄像机前可见 patch 的平均数量为 500 个，其中 75% 是有两个入口的建筑物。其余可见 patch 是街道及交叉路口。共有大约 750 个可见的行人（外生对象）、30 个不移动的人（内生对象），以及 80 个静态对象（如长椅或路灯）。平均来说，对人和环境的渲染可达 30 帧/s。帧速率在街道上的整个进程中相对恒定，因为计算和显示的 patch 和人的数量保持不变。图 7.14 所示为使用此方法生成的无尽街道。

图 7.14　无尽的街道

7.8　总结

本章重点介绍了实时人群仿真，讨论了可以渲染的 agent 数量、渲染质量、人群数据方法的效率以及该方法的多功能性和适应性等属性。

参考文献

[AMH02] AKENINE-MOLLER T., HAINES E.: *Real-Time Rendering.* AK Peters, Wellesley, 2002.

[Coo86] COOK L. R.: Stochastic sampling in computer graphics. *ACM Transactions on Graphics 5*, 1 (1986), 51–72.

[DHOO05] DOBBYN S., HAMILL J., O'CONOR K., O'SULLIVAN C.: Geopostors: A real-time geometry/impostor crowd rendering system. In *SI3D'05: Proceedings of the 2005 Symposium on Interactive 3D Graphics and Games* (New York, NY, USA, 2005), ACM, New York, pp. 95–102.

[EGMT06] EGGES A. D., GIACOMO T. D., MAGNENAT-THALMANN N.: Synthesis of real-istic idle motion for interactive characters. In *Game Programming Gems 6* (2006).

[GBT04] GLARDON P., BOULIC R., THALMANN D.: Pca-based walking engine using motion capture data. In *Proc. Computer Graphics International* (2004), pp. 292–298.

[Lan98] LANDER J.: Skin them bones: Game programming for the web generation. *Game Developer Magazine 5* (1998), 11–16.

[LRC*02] LUEBKE D., REDDY M., COHEN J., VARSHNEY A., WATSON B., HUEBNER R.: *Level of Detail for 3D Graphics*. Morgan Kaufmann, San Mateo, 2002.

[MTLT88] MAGNENAT-THALMANN N., LAPERRIÈRE R., THALMANN D.: Joint-dependent local deformations for hand animation and object grasping. In *Proceedings on Graphics Interface'88* (1988), Canadian Information Processing Society, Toronto, pp. 26–33.

[MYTP09] MAÏM J., YERSIN B., THALMANN D., PETTRÉ J.: Yaq: An architecture for real-time navigation and rendering of varied crowds. *IEEE Computer Graphics and Applications 29*, 4 (July 2009), 44–53.

[PdHCM*06] PETTRÉ J., DE HERAS CIECHOMSKI P., MAÏM J., YERSIN B., LAUMOND J.-P., THALMANN D.: Real-time navigating crowds: scalable simulation and rendering: Research articles. *Computer Animation and Virtual Worlds 17*, 3–4 (2006), 445–455.

[RSC78] REEVES W. T., SALESIN D. H., COOK R. L.: Rendering antialiased shadows with depth maps. In *Proceedings of ACM SIGGRAPH* (New York, NY, USA, 1978), ACM, New York, pp. 283–291.

[Sho85] SHOEMAKE K.: Animating rotation with quaternion curves. In *Proceedings of ACM SIGGRAPH* (New York, NY, USA, 1985), ACM, New York, pp. 245–254.

[TLC02b] TECCHIA F., LOSCOS C., CHRYSANTHOU Y.: Visualizing crowds in real-time. *Computer Graphics Forum 21*, 4 (December 2002), 753–765.

[Ura06] URALSKY Y.: Efficient soft-edged shadows using pixel shader branching. In *GPU Gems 2* (2006).

[Wil78] WILLIAMS L.: Casting curved shadows on curved surfaces. In *Proceedings of ACM SIGGRAPH* (New York, NY, USA, 1978), ACM, New York.

[YMPT09] YERSIN B., MAÏM J., PETTRÉ J., THALMANN D.: Crowd patches: Populating large-scale virtual environments for real-time applications. In *Proceedings of the 2009 Symposium on Interactive 3D Graphics and Games, I3D'09* (New York, NY, USA, 2009), ACM, New York, pp. 207–214.

第 **8** 章

人口密集的环境

8.1 引言

用于实时人群仿真的大型复杂城市环境构建，是一项非常重要的工作。而进行实时的人群仿真面临的最大挑战，是对于富含大量数据和复合语义的环境建模、管理和可视化的工作。

对一个真实的人口密集环境的建模，需要采集和处理各种不同来源的数据，从而能设计出一个复杂的系统，该系统能够创建一个描述地理高度信息的地形，使用 Landing 算法将其划分成不同的区域，并用各种房屋、公园、湖泊或其他的城市建筑对其进行填充。此外，虚拟人群仿真需要完善的数据结构来有效地进行数据存储和检索。还需要解决碰撞检测问题，查找两个兴趣点之间的最短路径等问题。大量的目标对象也对实时渲染和可视化的效率造成了一定的影响，需要发展相应的技术来处理这些问题。

传统的基于手工重建的虚拟城市建模方法，能够得到高品质的结果，但需要大量的时间和操作人员的专业知识。为生成虚拟城市的全自动或半自动方法，分为重建［For99，DEC03，TSSS03］和参数化［PM01，YBH＊02，dSJM06］两种主要类型。

第一类方法需要重新绘制真实的环境，这需要各种不同的数据源，因为包含建筑物局部几何信息的航拍图像和平面图能够提供全局信息，摄影和激光分析仪可以提供外观（纹理）数据。这种重建技术常用于文化遗产相关项目，能够恢复具有重大历史意义的建筑信息［ZKB＊01，DEC03］。这种类型的应用着重表现建筑外观和重建环境的高逼真度。

参数化方法不一定与重建真实世界相关，但人们通常也根据人口信息来构建城市。例如，Parish 和 Müller 使用社会统计学信息和地理信息来构建虚拟城市［PM01］。然而，这些工作的主要部分并未处理在生成的环境中进行虚拟人仿真，因此他们并不关注某些具体的问题。例如，虚拟人应该能在虚拟环境中不断"进化"，以使他们能够从人行道进入建筑物，在公园和步行区行走，感知周围的环境，并拥有像现实生活中那样的行为举止。

填补这一差距的另一项提议是为城市自动生成和虚拟人仿真提供工具［dSJM06］。因此，该方法提供的拥有不同环境细节水平（例如城市地图、图片、纹理和建筑物形状）的框架可以用于生成逼真的虚拟环境。如果用户仅仅知道空间中的人口分布信息和真实城市的地图，则框架也可以生成几近真实的虚拟城市。此外，在所有情况下，根据社会统计学数据和约束条件，虚拟城市可以容易地由虚拟人群来填充。

人们已经在复杂和结构化的环境背景下对虚拟人群仿真进行了研究。然而，对于人群的仿真而言，单纯的城市建筑是不够的，还需要更多的语义信息。一些环境在生成时就已经包含了语义信息，以供逼真的虚拟人群［FBT99］和车辆［TD00］等进行探索。结构化的环境中开发了导航技术，导航技术包含表现方式、路径规划和碰撞规避组件［LD04］。

关于复杂的环境设计，一些研究者提出使用模式系统来制定统一的建筑结构的方法［AIS77］，以及解释大空间（如城市环境）复杂性的理论［Hil96］。后者将虚拟环境中的人流和人的行为考虑在内。与文献 Instant Architecture ［WWSR03］所述方法不同，最近的研究专注于建筑物的自动建模方法。

其他研究致力于实现实时仿真和可视化优化［TC00，DHOO05］。当需要对大量数据进行管理、处理、实时渲染和显示时，仍需一些技术来实现。

8.2 地形建模

地形建模已经成为虚拟城市建模的重要组成部分，如土地规划和工程。地形定义为土地区域的表面特征。为了计算这一特征，需要定义一个精确的数学模型。

定义 8.1 一个真实的地形可以通过函数 $f: R^2 \rightarrow R$，$z = f(x, y)$ 来描述，其中 x，y 代表平面坐标，z 代表相应的高程值。因此，地形模型可以通过三元函数 $f: H(f) = \{(x, y, f)\}$ 来定义，如图 8.1 所示。

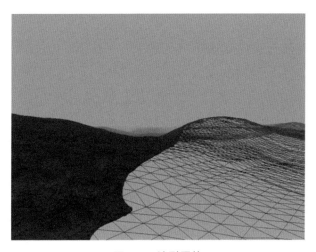

图 8.1　地形网格

地形高度的方形网格阵列（即数字高程模型，DEM）的计算处理，彻底改变了地形分析和显示这两个主要功能的实现方法。地理信息系统（GIS）技术进一步地使地形建模结果与非地形数据相结合。数字地形模型应该以简洁的方式存储和管理。数字地形使用固定距离的顶点网格来表示，长、宽方向上的顶点均为 $2^n + 1$ 个，且 $n > 1$。若顶点间距相等，则网格共具有 $2n$ 个四边形，其中每个四边形内含有 2 个三角形。

如图 8.2 所示，从灰度图像（a）中提取地形高程，其中每个像素的灰度值表示地形高程。纹理图像决定了地形的外观。一般使用两种不同的纹理来表现逼

真的地形外观：使用普通地形纹理（b）给出地形的大致外观，使用噪声纹理
（c）（小尺寸凹凸贴图）生成真实地形起伏效果。

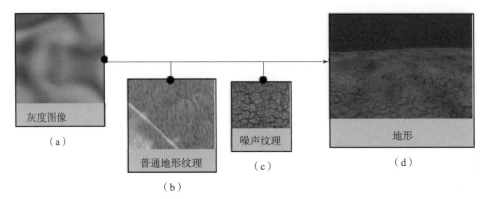

灰度图像

（a）

普通地形纹理

（b）

噪声纹理

（c）

地形

（d）

图 8.2　从 2D 图像和纹理中提取的地形

地形网格是通过地形高程的三角测量获得的［dBSvKO00］。例如，数据模型
可以轻松地为任何有效（x，y）坐标计算出高程值 z。通常，其他系统组件都可
以从地形中检索信息。虚拟人组件可以将这些信息用于虚拟人动画，同时城市仿
真则使用它来建设布局。

De Floriani 和 Magillo 主要致力于处理大地形建模问题［DFM02］。他们基于
规则和不规则的网格，对两个多分辨率地形模型进行比较。因为细节水平算法是
通过快速存储和检索关于地形及其外观的信息实现的，所以这个问题直接影响了
内存使用、渲染和可视化处理。

8.2.1　植物和湖泊

人们使用不同的方法来生成真实的植物模型，特别是 L 系统和一种通过图像
impostor 的视觉表示。L 系统的基本思想是通过使用一组重写规则或组件，一次
性地替换简单对象来定义复杂对象［PHMH95］。这种方法能创造出非常逼真的
植物。然而，当需要进行实时仿真时，最常见的方法是使用基于 impostor 的方
法，即使用基于图像的表示（impostor），而不是使用复杂的几何模型。

第三种方法结合了几何细节和 impostor 渲染技术，并且支持高视觉质量的交
互式帧速率。靠近相机的物体用 3D 模型表示，例如通过 L 系统建模，而远处的

物体换成基于图像的表示。Boulanger 等人提出了一种真实草地实时渲染的新方法 ［BPB06］，其支持动态光照、阴影、反走样、动画和密度管理。这种方法使用逐像素光照、草密度图和三个细节水平：几何、垂直和水平切片，它们之间进行平滑过渡。该方法运行在 NVidia 7800 GTX 显卡上，最差情况能达到 20 帧/s，通常是 80 帧/s 以上。真实水体的渲染是计算机图形学中最困难和最耗时的任务之一，需要正确的照明和精确的水面变形模型 ［PA01］。Kipfer 和 Westermann 开发了使用平滑粒子流体动力学（Smoothed Particle Hydrodynamics）的交互技术 ［KW06］，用于基于物理的仿真和河流的真实渲染。他们设计并实现了无网格的数据结构，以有效地确定相邻的粒子并解决粒子的碰撞问题。此外，他们提出了一种提取和显示流体自由表面的有效方法，该表面获取自基于粒子的流体仿真中产生的细长颗粒结构。可以在 GPU 上实现表面提取，节省了仿真所需时间。

8.2.2　天空和云

通过不同的渲染方案，天空建模（尤其是云和气象现象相结合）增加了城市建模的真实感。在植物和湖泊建模中，创造逼真的天空和云是一项艰巨的任务，需要强大的计算能力。Schpok 等人开发了一个交互系统，使用图形硬件来建模、做动画和渲染体积云 ［SSEH03］。本书推荐在交互系统中使用天空建模，或者将其导出为更高质量的离线渲染。然而由于性能低，其在实时系统中应用受限。

在图形硬件上快速模拟云动态的方法有望在不牺牲交互性的条件下适用于实时仿真，使用偏微分方程对云进行建模，以模拟流体流动、水分冷凝和蒸发的过程。在 GPU 上使用可编程浮点片段处理器能够实现优化。

对于虚拟人仿真，天空和云建模对于实现高质量的视觉场景十分重要。然而，模拟这些自然现象的方法十分耗时，并会占用大量的内存和 CPU。相反，实时仿真时"假"模型却能满足视觉质量的所有要求。现在人们考虑使用过程方法来生成水、云、火和其他自然现象 ［EMP*02］。此外，这些技术在 GPU 上的实现使其非常具有吸引力。

8.3　虚拟环境的生成

　　通过研究过去 10 年发布的游戏，我们发现用作场景的虚拟环境（VE）视觉复杂性显著增加。在 GTA 系列[1]、《刺客信条》[2] 和《求生之路》[3] 等游戏中都能看到大型城市。除了城市之外开发者还需创建整个世界，如以《魔兽世界》[4] 和《完美世界》[5] 为代表的大型多人在线游戏（MMOG）。在这个意义上，开发游戏的成本和时间也在增加。

　　VE 的创建需要不同领域的专业知识。因此，有必要分配一个专业团队来创建、维护和复用大型 VE。开发交互虚拟环境时面临的一些主要问题包括文献 *An innovative design approach to build virtual environment systems* 中描述的不可扩展性、有限互操作性、弱伸缩性、一体化体系结构等问题［OCS03］。

　　解决这些问题的一个可行性方案是使用过程生成技术［EMP＊02］，只需通过设置输入参数即可创建 VE 内容。它能够以受控的方式生成地形、建筑物、角色、物品、武器、任务，甚至包含内容丰富的剧情。《孢子》[6] 是说明过程内容生成的潜在用途的很好的例子。在此游戏中，使用过程技术来创建角色、车辆、建筑物［CIQ＊07］、纹理［DGH＊07］和行星［CGG＊07］。即使音乐也是使用这种技术创建的。虽然有一些学术和商业解决方案为创建逼真的建筑物提供了帮助。但是，关于如何生成建筑物内部环境的问题鲜有进一步研究。

　　创建大型虚拟城市的过程需要耗费大量时间和资源。Parish 和 Müller 提出了一个模型，支持由社会统计和地理地图生成三维城市［PM01］。该方法使用扩展的 L 系统来构建道路网。创建街道后，系统提取街区的信息。通过细分过程，创

1　http://www.rockstargames.com/IV.

2　http://assassinscreed.us.ubi.com.

3　http://www.l4d.com.

4　http://www.worldofwarcraft.com.

5　http://www.perfectworld.com.

6　http://www.spore.com.

建地段。每一块地段上创建一个建筑，这是由基于 L 系统的另一个模块生成的。利用这些信息，系统生成城市的三维几何模型，并添加纹理，以便为最终模型提供更逼真的感觉。

Greuter 等人提出了一种实时生成过程的"伪无限"虚拟城市的方法［GPSL03］。城市区域被映射到由给定粒度和全局种子定义的网格中。网格中的每个单元格都有一个用于创建建筑生成参数的本地种子。通过在迭代过程中组合随机生成的多边形来生成占位面积。建筑物的几何形状是从平面图中挤出的。为了优化渲染效果，在生成之前需要通过视锥体来确定虚拟世界中对象的可见性。因此，仅生成可见元素。尽管生成了相应环境，但还可以改善建筑物的外观。在这种情况下，Müller 等人提出了一种称为 CGA 形状的形状文法［MWH*06］，重点是生成具有高视觉质量和高几何细节的建筑物。只需要遵循一些规则，用户就可以描述建筑的几何形状并指定层次组之间的交互，以创建几何复杂的对象。此外，用户可以在创建过程的所有阶段进行动态交互。

以前提出的技术多关注建筑物的外观，而不涉及其内部构造。Martin 介绍了一种创建房屋平面图的算法［Mar06］。该过程由三个主要阶段组成。第一阶段，创建一个图表来表示房屋的基本结构。该图包含不同房间之间的连接，并确保每个房屋的房间都可以进入。第二阶段是放置阶段，将房间分配到占位面积上。第三阶段，使用蒙特卡罗方法将房间扩展到适当的大小，以选择下一步哪个房间扩大或缩小。

Harn 等人提出了实时生成虚拟建筑内部的方法［HBW06］。内部设计遵循"11 条规则"，像生成过程的指导原则一样。由这种技术创造的建筑物内部会分为一些区域，它们以门相连接。这种方法只能生成建筑物的可见部分，从而避免了耗费内存和运算。当一个区域不再可见时，将从内存中删除其结构。整个场景的生成是一个持续的过程。在给定区域中进行的所有修改都存储在记录中，必要时通过哈希映射进行访问。

Horna 等人提出了一种从平面设计图生成 3D 结构的方法［HDMB07］。也可以在平面设计中增加额外信息，以支持三维模型的创建。使用相同的平面设计图可以构建多个楼层。

Tutenel 等人提出了一种基于规则的布局方法［TBSD09］。该方法支持解决布局问题，并且支持同时在场景中分配物体。从初始布局开始，算法根据一组给定的规则查找新对象的可能位置，可以明确地或隐含地指出对象之间的关系。该方法在求解过程中使用层次块，所以如果处理完一组元素，则它们被视为单个块。

除了对象的外观定义和几何定义外，仍需要指定它们的特征和功能。语义信息可用于丰富游戏环境和仿真环境。这可以通过给特定的主体或物体指定某些特征来实现，例如功能、身体属性、心理属性和行为。Tutenel 等人列出了三个层次的语义标准：对象语义、对象关系和世界语义［TBSK08］。这些级别可用于环境的创建和仿真。例如，可以使用诸如区域气候的信息来定义植被种类，以及对象的重量来决定 agent 是否可以携带它。

▨ 8.4　楼层平面图创建的模型

环境的过程生成中的常见缺点是有时某些组件无法从任何其他组件访问。例如，在一个虚拟的城市中，行人无法从街道两侧进入所生成的建筑物。在建筑物的内部，当一个房间不与其他房间相连，也会发生类似的问题。据了解，目前还没有哪种生成楼层平面图的过程模型能够解决这一问题。本书提出的方法是通过在生成的平面图中添加走廊来解决这个问题，如同现实生活中一样。

本书生成平面图的方法是 Bruls 等人提出的正方化树状图方法［BHvW00］。树状图是一种高效紧凑的形式，用于组织和可视化信息层次结构的元素，例如目录结构、组织结构、家庭树等［JS91］。一般来说，树状图将区域细分成小块，以表示层次结构中每个部分的重要性。树状图和正方化树状图的主要区别是如何进行细分。在正方化树状图中，作者提出了一种考虑生成区域长宽比的细分方法，长宽比接近 1。图 8.3（a）所示为初始树状图，（b）所示为正方化树状图。下一节将讨论这两种模式。

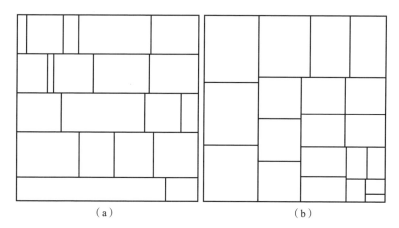

图 8.3 初始树状图 (a) 和正方化树状图 (b)

8.4.1 树状图和正方化树状图

初始树状图 [JS91] 使用树结构定义如何通过信息来细分空间 (图 8.4)。树中的每个节点 [图 8.4 (a)] 都有其尺寸的描述 (例如，在图 8.4 中，节点的名称是 a，尺寸是 20)。树状图是使用初始矩形的递归细分构建的 [图 8.4 (b)]，每级分形的方向在水平和垂直间交替。因此，初始矩形被细分成小矩形。关于树状图的更多细节可以在文献 *Tree - maps：A space - filling approach to the visualization of hierarchical information structures* 中找到 [JS91]。

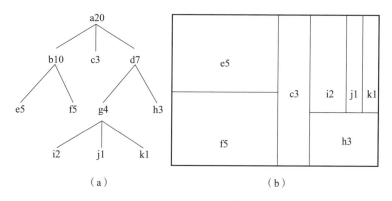

图 8.4 树图 (a) 和对应的树状图 (b)

(a) 树图；(b) 树状图

该方法从图 8.5 所示的图形开始。在这种情况下，可以看到生成的矩形长宽比与 1 相去甚远。因此，这种方法不适用于本书要处理的问题。

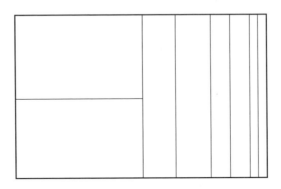

图 8.5 长宽比不为 1 的树状图细分生成示例

Bruls 等人提出了正方化树状图 ［BHvW00］，其主要目的是保持生成矩形的长宽比，定义为 $\max\left(\dfrac{\text{height}}{\text{width}}, \dfrac{\text{width}}{\text{height}}\right)$，使其尽可能接近 1。该方法使用递归编程实现，目的是使用包含所需区域（从大到小排列）的预定义和排序表生成矩形。然后，考虑要划分区域的长宽比，决定以水平方式还是垂直方式进行下一步。此外，将第 t 步中的生成区域的长宽比与第 $t+1$ 步进行比较，决定是否忽略 $t+1$ 中的后续区域并重新考虑来自步骤 t 的数据。图 8.6 说明了 Bruls 等人提出的正方化树状图的生成过程。本节以此为例，因为本书的模型也依赖正方化树状图。

图 8.6 示例中的矩形区域的列表是：6，6，4，3，2，2，1。步骤 1 中，该方法在垂直细分中生成了长宽比为 8:3 的矩形。步骤 2 中，使用水平细分，生成了 2 个长宽比为 3:2 的矩形，该比例接近 1。步骤 3 生成了下一个矩形，其宽高比为 4:1。将步骤 3 忽略，步骤 4 是基于步骤 2 的矩形来计算的。算法（在文献 ［BHvW00］ 中有详细描述）会划分出长宽比接近 1 的矩形。在我们看来，这种方法比传统的树状图法更适合生成平面设计图，因为事实上真实房屋的长宽比也与 1 很接近。但是，因此可能会出现其他问题，如下节所述。

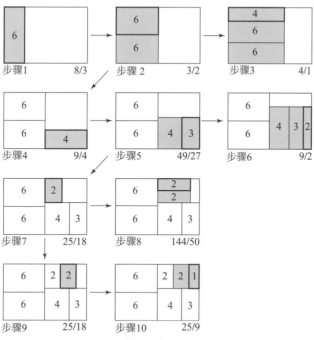

图 8.6　正方化树状图的处理过程［BHvW00］

8.4.2　拟建模型

生成布局平面图的拟建模型管线如图 8.7 所示。这一过程从定义构造参数和布局约束开始。

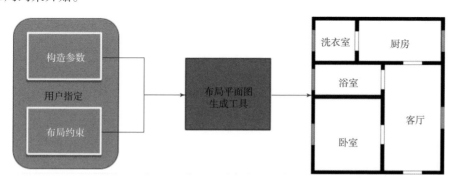

图 8.7　布局平面图的生成过程

用户提供构造参数和布局约束作为平面布局图生成工具的输入

为了创建一个布局平面图，需要预置一些参数，如建筑物的长度、宽度和高度等。此外，还需要知道每个房间的尺寸及功能。此处的功能指如何使用住宅的特定区域。有三种不同的可能：公共区、服务区和私人区。其中，公共区包含客厅、餐厅和厕所。服务区包括厨房、食品储藏室和洗衣间。私人区包括卧室、主卧室、私人浴室以及能够以不同方式使用的次要房间，如藏书室。这个列表不是固定的，且可以由用户自定义。这种分类是为了分组常规区域。

划分居住区可分为两个不同的步骤。第一步，计算建筑物的三种类型区域（即公共区、服务区和私人区）各自的面积，并首先使用正方化树状图来定义房间将生成的三个区域。该过程会创建一个初始的布局，其中包含三个矩形，每个矩形用于房间的特定区域［图8.8（a）］。

在获取了表示特定区域的多边形位置之后，每个多边形都将用作正方化树状图算法的输入参数，以生成每个房间的几何结构。需要重点注意的是，本书使用初始的正方化树状图来创建建筑中的每一个房间。图8.8（b）展示了生成的房间。

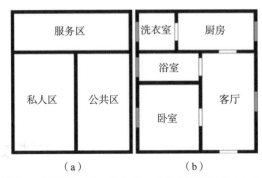

图8.8　将房间划分为三个主要区域：私人区、公共区和服务区（a）；布局图示例（b）

房间被细分之后，需要下面的两个步骤才能生成最终的平面图。首先，需要建立房间之间的连接。其次，需要处理无法进入的房间，因为本书创建的环境需要为角色动画服务。这两个步骤将在下一节进一步讨论。

1. 房间之间的连接

按照前文所述步骤生成房间，并且应该为其添加连接（门）。根据每个房间不同的功能和一些规则来创建房间之间的连接，例如厨房和卧室一般情况下不相连。表8.1给出了所有可能的连接情况，并且根据以前各种可商用布局平面图的分析对其进行了建模。在这个表中，房间与外界连接的大门有两个可能位置，分别是通过厨房或者客厅。然而，值得注意的是，其他连接可以由用户自定义，从而能够表示其他的建筑类型。

表8.1 可能的房间连接

房间	室外	厨房	食品储藏室	洗衣间	客厅	餐厅	厕所	卧室	主卧室	浴室	次要房间
室外		×			×						
厨房	×										
食品储藏室											
洗衣间											
客厅											
餐厅											
厕所											
卧室											
主卧室											
浴室											
次要房间											

从几何角度考虑，一般把门建立在可能相连的两个房间的边上。例如，可以在厨房和客厅之间创建门，使其相互连接。门的尺寸是预定义的，但边缘中心是随机定义的。同理，生成窗户。但不同的是，生成的窗户需要放置在整个房间的外边缘上。图8.8（b）展示了生成的布局平面图，包括窗户（黑色矩形表示）和门（白色矩形表示）。

处理完房间的连接问题后，程序将自动创建房间连接图（图8.9）来描述房间的连接情况。它能够检测到是否存在任何不能进入的房间。此外，通过本方法创建的建筑物和房屋均可以为角色仿真提供环境。房间连接图始终从室外开始，依次连接可进入的房间。

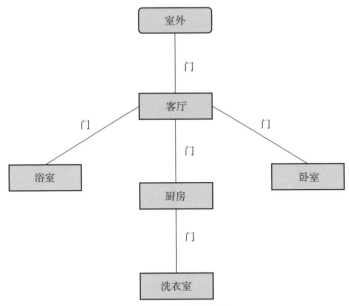

图 8.9   房间连接图

如果存在不能被连接图表示出的房间，那么必须在这个布局中添加一条走廊。这种情况通常发生在房间相邻（房间有公共边）但不相连时。下面将介绍添加走廊的过程。

2. 布局平面图中走廊的添加

为了使生成的环境具有连通性，并且能够为角色导航提供有效的空间，创建走廊是非常有必要的。首先，需要选择所有与客厅不相连的房间，并将这些房间标记为 X，如图 8.10（a）所示。这样做主要是为了找到不相连房间的可选公共边界，用于创建走廊。

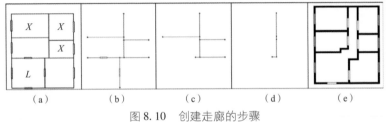

图 8.10   创建走廊的步骤

（a）初始布局平面图，与客厅不相连的房间标记为 X，客厅标记为 L；（b）移除外墙后的布局平面图；（c）移除客厅的内墙；（d）连接所有 X 房间的最短路径

走廊必须将客厅（图 8.10（a）中标为 L）与所有 X 房间连接起来。本书选用的解决方案是使用建筑物的内墙来生成空间的一种"主干"，即平面图中最有可能生成走廊的区域。该算法非常简单，一共有三个主要步骤。首先，需要移除所有的外墙，因为走廊需要避免出现在布局平面图的边界部分［图 8.10（b）］。

其次，移除所有属于客厅的内墙［图 8.10（c）］。剩下的墙体（使用顶点进行描述）作为生成图的输入部分。在图中用顶点表示节点，用线段表示边［图 8.10（c）］。使用 A* 算法处理这张图［HNR68］，A* 算法是一种广泛用于遍历图表和寻路的著名算法，能够找到点（称为节点）间有效的可遍历路径。在本例中，首先在这张图中找到连接所有房间的最短且不与客厅连接的路径。如果至少遍历该房间的一条边，则房间被认为是相连的。最后选择用最短的路径来创建一条走廊［图 8.10（d）］。

在生成"主干"（即选择用于生成走廊的备选边集）后，需要生成符合几何结构的走廊。因此，走廊最初由一组边或线段组成。这些线段必须通过 2D 挤出过程生成矩形，该矩形支持 agent 在房屋内行走。事实上，走廊的尺寸沿着垂直于边的方向增大。然而，这个过程可能会导致走廊和一些房间产生重叠，减小了房间的面积。如果任何房间的最终面积小于限定值，那么布局平面图将进行全局重新调整以纠正错误，如式（8.1）所示。

$$area_{house} = area_{private} + area_{social} + area_{service} + area_{corridor} \tag{8.1}$$

3. 生成 3D 房屋

在得到了最终的布局平面图之后，下一步是通过挤出过程生成三维的房屋。首先，在平面图上的每个 2D 墙［图 8.11（a）］都将以用户定义的高度 h 挤出［图 8.11（b）］。涉及门（在两个房间之间）［图 8.11（c）和图 8.11（d）］和窗户（在外部边缘上）的墙体都需要特殊建模。生成大门需要明确其高度，这个信息用于在大门的上方创建一小块墙壁［图 8.11（e）］。这块墙的厚度必须与其他部分相同。创建窗户的过程与之类似。在窗户的预留空间中需要创建两个额外的小块墙壁，一个在顶部，另一个在底部［图 8.11（f）］。其中，底部的块由用户指定高度，顶部墙壁块的高度由窗口高度和底部块的高度计算得来。最后一步是根据房间不同的功能，从一系列预置的模型中为其选择适当类型的窗户。图

8.12 展示了由 2D 布局平面图生成的 3D 房屋模型。

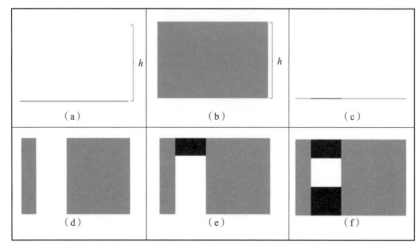

（a）　　　　　　　（b）　　　　　　　（c）

（d）　　　　　　　（e）　　　　　　　（f）

图 8.11　3D 墙体的生成：在布局平面图中（a）表示墙壁的边；（b）使用给定高度 h 的挤出结果；（c）带有门的墙壁；（d）图（c）的挤出结果；（e）大门；（f）窗户

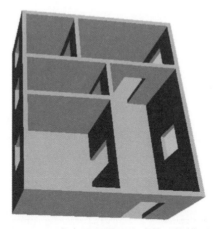

图 8.12　由布局平面图生成的三维模型

8.4.3　总结

本节讨论了使用我们的原型程序得到的结果。在下面的布局平面图中，写明了所有使用的参数，并展示了生成的几何和语义信息。此外，还展示了为房屋或建筑物生成的房间连接图。

图 8.13（a）所示为使用本书模型生成的布局平面图。所有的房间及其相应

的面积分别为：客厅（27 m²），两间卧室（13 m² 和 14 m²），次要房间（8 m²），浴室（10 m²），厨房（11 m²）和洗衣间（7 m²）。房屋 9 m 宽、10 m 长、3 m 高。图 8.13（b）为相应的连接图。浴室和次要房间没有与任何其他房间相连。因此，需要通过添加一条走廊来改善这种情况［图 8.14（a）］。新的连通图如图 8.14（b）所示。现在所有房间均已互相连通，可从室外或任何其他内部房间进入。

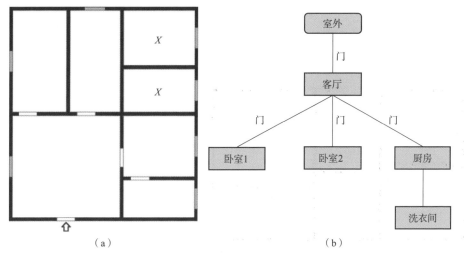

图 8.13 （a）包含 2 个不相连的房间（标为 X）的平面图；（b）其各自的连接图

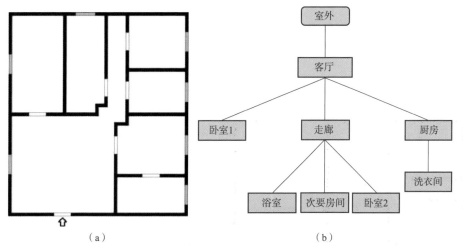

图 8.14 （a）由图 8.13（a）生成的包含走廊且所有房间均与客厅相连的平面图；（b）其各自的连接图

另一个研究案例如图 8.15（a）所示。这座房屋总面积 84 m² （长 12 m、宽 7 m、高 3.1 m）。所有房间及其相应面积分别为：客厅 22 m²，两间卧室均为 14 m²，一间次要房间作为家庭办公室 12 m²，浴室 10 m²，厨房 12 m²。按照这样的配置由程序生成了一张房间连接图，如图 8.15（b）所示。其中卧室和浴室未与任何其他房间连通。解决方案如图 8.16（a）所示。图 8.16（b）为添加了走廊之后的新连接图。生成的 2D 布局平面图可以保存到磁盘并用作其他房屋设计软件的输入。图 8.17 展示了添加了一些 2D 家具的布局平面图。

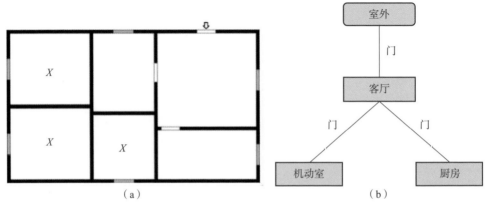

图 8.15 （a）包含 3 个不相连的房间（标有 X）的平面图；（b）各自的连接图

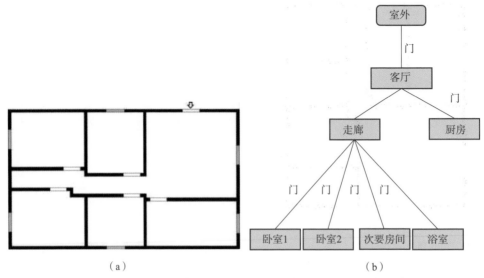

图 8.16 （a）包含走廊且所有房间均连接到客厅的平面图；（b）各自的连接图

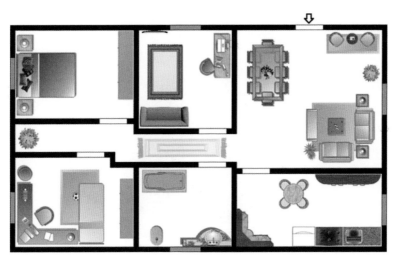

图 8.17　生成的带有家具的布局平面图

此外，对比真实的布局平面图和由程序生成的布局平面图（图 8.17）可以看出，它们几乎具有同样的连接图 [图 8.16（b）]。真实布局（图 8.18）的总面积为 94 m², 而程序生成的布局为 84 m², 二者的房间面积相近。

在图 8.19 中，可以看到贴上纹理以后的由平面图生成的 3D 模型。

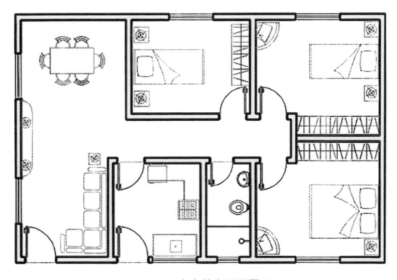

图 8.18　真实的布局平面图

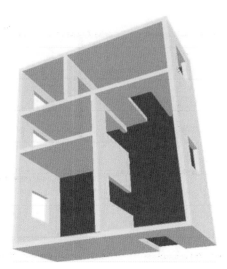

图 8.19　图 8.8（b）布局平面图的三维模型

值得注意的是，我们指定了一些参数值，以便生成特定的布局平面图，甚至与现实生活中真实的布局进行比较。如果将这种方法集成到游戏引擎中，就能够以动态的方式生成不同的布局平面图。例如，根据房间的随机功能和区间以及随机数量的房间，该方法能够自动生成不同的布局平面图。因此在游戏过程中，玩家可以访问布局各不相同的建筑物，并且无须预建模。我们将得到的平面图与真实的商品房进行对比，以便能够创建更接近真实的房屋。该方法的另一个贡献是生成了房间连接图，它决定了环境中的导航图。此外，这种方法通过创建走廊解决了房间不相连的问题。

8.5　知情环境

人口稠密的环境必须为虚拟人提供帮助，如行走、躲避障碍，或进入分布于城市中的公共机构。为了实现这些基本的行动，就需要环境为虚拟人决策提供必要的语义信息。这种环境称为知情环境，参见文献［FBT99］。在仿真中，这些语义丰富的环境支持逼真的虚拟人［FBT99］和汽车［TD00］进行探索。基于结构化环境，开发了一种导航技术，该结构化环境具有表现方案、路径规划和碰撞避免组件［LD04］。这就是基于概念集的方法在知情环境中的成功应用

［PVM05］。

　　Farenc 等人提出了一种创建知情环境的方法，能够为识别环境、位置和兴趣对象提供有效的信息［FBT99］。该方法基于环境分解（与地理信息相关联），并且进行分层存储。由具有关联语义信息的图形化元素来表示各种不同对象组成的环境实体。这些实体构成了知情环境，并且该环境支持不同层次的仿真。

　　通过将场景细分为一些结构化区域来实现场景的管理。这些区域可以细分为子区域或根据信息所属层次进行分组。每个层次都有相关信息。对象命名方案支持将信息与对象相关联，要求设计者为每种类型的对象（例如街道、街区、路口、人行道等）分配名称。

　　概念集是某一知识领域相关概念的明确描述。它用于在不同的系统间互通，也有助于在各种不同的仿真系统中进行不同方面的集成。在这种情况下，它是一个用于描述环境和仿真人群的有效工具，通过在语义上有组织的方式对城市环境中的活动进行描述。

　　这表明用户能够明确地知道数据的组织结构，从而可以轻松地进行改写和扩展。图 8.20 所示为基础模型。表 8.2 至表 8.5 列举了一些环境组件的主要属性。

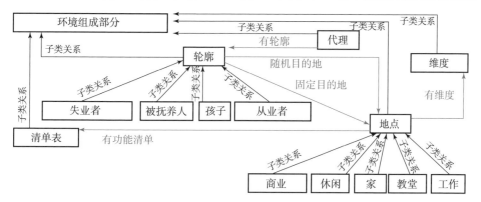

图 8.20　环境概念集

表 8.2　人物属性

姓名	字符串	
标记	整型	
固定目的地	实例	地点
随机目的地	实例 *	地点

表8.3 时刻表属性

打开时间	字符串
关闭时间	字符串
表演平均时间	字符串
进入时间间隔	字符串

表8.4 维度属性

X	整型
Y	整型
X 维	整型
Y 维	整型

表8.5 位置属性

名称	字符串	
客量	整型	
编号	整型	
有维度	实例	维度
有功能清单	实例 *	清单表

下面给出模型的概述，包括其主要组件、用括号（）定义的属性和用中括号 [ ] 定义的子类。

- agent（有人物属性）

每个 agent 都分配了一个特定的人物属性参数。

- 人物属性（固定目的地，随机目的地）

［从业者、无业者、儿童、依赖型人］

每个人物属性由他们的主要活动来定义，这些活动对应为在环境中特定时间前往通常（固定）的和可能（随机）的目的地。

- 位置（名称、能力、维度、运行功能时间表）

［休闲场所、住宅、商业区、教会、工作场所］

- 位置是指根据 agent 的人物属性确定的目的地

位置有容纳能力（支持的 agent 数量），以及与时刻表和维度的关系，下面列出类别：

- 时刻表（开放时间，关闭时间，持续时间，进入间隔时间）
- 维度（坐标 X，Y，尺寸）

在这种模式的基础上，定义了环境人口的活动。例如，孩子们将在确定的一段时间内以学校作为固定目的地；在其他时间，他们在环境中拥有随机目的地。除了小孩以外，目前的模式还包括具有固定和随机目的地的从业者、只有随机目的地的无业者，以及只能在他人陪伴下移动的依赖型人。通过在这个模型的基础上对环境建模，可以生成一个更加真实反映环境中的人口活动仿真。然而，为了实现快速检索信息，我们通过多层次的数据模型，将不同的抽象数据构建到不同的层次上。然后，在仿真期间只处理所需信息。

8.5.1　数据模型

城市建模的重要需求是能够访问、渲染、添加动画和显示大量异构几何对象，并支持插入语义信息。目前已经开发出了一个为解决这些挑战的多级表示方案［dSJM06］。所有框架输入数据和从存储库检索的空间模型都在不同的抽象级别进行处理。图 8.21 所示为将数据模型分为不同级别。

不同层次之间的关系支持以低消耗进行检索信息并能够有效利用。每个层次为上层提供信息，并允许访问较低层。例如，虚拟人和建筑物需要关于地形和拓扑网格的信息，这些信息必须分别在第 0 层和第 1 层中进行检索。

在第 0 层，地形由三角平面网格表示，由几何和纹理属性描述（见 8.2 节）。第 1 级存储拓扑网格（见 8.5.2 节），例如，将拓扑网格的每个顶点检索到的几何高程值应用于较低层（地形）。

拓扑网格（第 1 层）代表城市的粗粒度的划分，其中街道和人行道被抽象为边，以顶点为边界表示为交叉路口和面块。然后，第 1 层中的每个实体在第 2 层得到细化。例如，第 1 层的每条边指向描述人行道和街道（包括外观属性）的第 2 层网格。第 1 层的顶点指向描述交叉路口和交通信号信息的第 2 层网格。在第 1 层中的面指向描述地段（通过分配算法生成）的第 2 层多边形列表（见 8.7 节）。没有分配的块具有空指针，即没有对上层的引用。

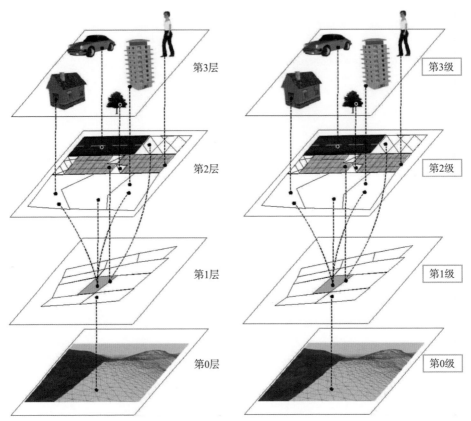

图 8.21　数据模型分为第 0、1、2 和 3 层

第 3 层包含从存储库中提取的空间对象，如建筑物、人体模型、标牌、植物、汽车等。这些对象的位置和方向在较低层级（分别为第 1 层和第 2 层）中给出。例如，每个地段既定义了建筑物的方向，又决定了其出口面向人行道。

这种分层结构支持实现城市的有效可视化和仿真查询。每个层次都可以为渲染提供适当的表示形式，其中包含存储对象的几何和外观属性（主要的纹理）。场景节点以细节级别（LoD）进行编码（见 8.9 节）。此外，通过在第 1 层中执行粗略查询，路径规划算法可以提高任意最短路径的运行时间，并将其在第 2 层进行细化。空间对象的选择在渲染过程中显著提高了计算时间，因为存储在一个层次中的对象可以被处理，因此受其他层对象的影响。

8.5.2 拓扑网格

在庞大的人口密集的虚拟城市中处理、存储、渲染和可视化的信息量是巨大的。多边形网格通常利用由顶点列表和面列表描述的不相关多边形列表。顶点表示街角、面块、两个块之间的边缘。然而，为了模拟虚拟人口，我们需要更多的信息。例如，如果虚拟人需要从一个地方移动到另一个地方，则需要行走路径（最佳或最短）的信息。

如果系统仅提供多边形列表，则此操作是耗时的。通过预处理多边形列表构建的平面嵌入多边形网格有助于解决路径查询问题，因为它创建并维护了多边形之间的邻接关系。这种结构称为平面拓扑网格，它代表多层数据模型中的第一层。有关数据模型的详细信息请参见 8.5.1 节，其中还描述了层次的详细信息。

定义 8.2 拓扑网格是一个嵌入 R^2 平面的组合结构。它可以维持由曲线集合引起的平面细分。在这种情况下，这些曲线是由一对顶点限定的直线段。网格将平面细分为互连的顶点、边和面。

拓扑网格类似于半边数据结构［Wei85］。它存储了半边而不是全边。半边是一个直接边，有助于捕获面的方向。这种结构便于对凸形或非凸形可定向 2D 流形进行建模，如图 8.22 所示。

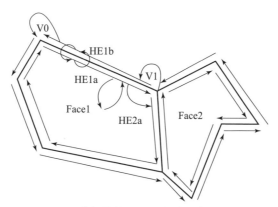

图 8.22 数据结构图：最大箭头表示半边，

最小箭头表示数据结构中的指针

每个面都被半边数据结构的循环链表限定。该链表可以在面上指向顺时针或逆时针方向。方向一旦被确定，则必须应用于网格中剩余的所有面。链表中的每个半边数据结构都拥有一个指针，该指针指向下一个半边数据结构、端顶点，一个面和它的另一半（反向相邻半边数据结构）。每个顶点在 R^3 中有固定位置，并具有指向半边数据结构的指针。每个面都有一个指向半边数据结构的指针。最邻近查询直接存储在元数据结构中。例如，当找到共同的半边（半边和其相反方向的另一半）时，会得到相邻的面并获得其相应的面。通过围绕面的循环查询检索半边或由半边限定的面列表。

为了达成我们的目标，分别使用顶点、边和面来代表城市的拐角、街道和街区。半边数据结构指定了街道的方向。该数据结构维持了城市元素之间的邻接关系，这样可以有效地实现查询，例如：哪些街区共用一个拐角？哪些街道围成街区？等等。最短路径算法可以通过这种数据结构有效地实现。

拓扑网格可以被给定，例如，使用结合了其他图像处理技术（例如图像量化和标记）和角点检测的图像分割来给出拓扑网格。该过程能够从 2D 地图和图像中识别并提取简单多边形的列表。图 8.23 说明了完整的过程。

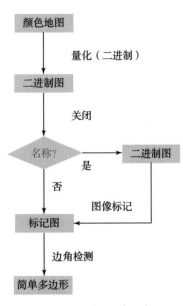

图 8.23　从 2D 地图中
提取的简单多边形

对彩色图像（地图）进行量化，得到二值图像。如果地图中包含街道名称，则会通过形态学滤波将其移除。街道和街区以不同的级别进行显示，然后为识别相连部分而标记图像，并将 SUSAN 算法应用于识别出的拐角和每个街区的边［SB97］。因此，得到了一个显示城市街区的多边形列表。

这种层次模型支持添加人群仿真所需的用户自定义语义信息。不同级别的每个实体提供了一个热点，该热点定义了一个模板以接收此数据结构。继而在运行时，能够以有效的方式引入并检索数据，使仿真更加灵活并在语义上更加丰富。概念集已经被集成到一些日常生活仿真和恐慌仿真中（详见下一节）。

▇ 8.6　建筑建模

传统的建筑建模方法是用人工设计的方式来构建新的或重建现有的建筑物。这样做能得到高质量的结果，但需要大量的时间和操作人员的专业知识。近期的工作致力于建筑自动建模方法，该方法与文献［WWSR03］中的方法有所区别。完全自动的方法能够成功地生成具有中低真实度的虚拟城市。

另一种方法提供了一种框架，该框架能够提供不同细节水平（LoD）的环境，例如，城市地图、照片、纹理和建筑物的形状对生成更真实虚拟表现很有帮助。如果用户只拥有空间中人口分布信息和真实城市地图信息，则该框架也可以生成与现实生活中非常相似的虚拟城市。这种框架使城市的建造过程变得更灵活，因为一些重复性任务可以自动执行，而实现建筑物高视觉质量的细节可以手动处理。

关于复杂的环境设计，一些研究者提出使用模式系统来制定统一的建筑结构的方法［AIS77］，以及解释大空间（如城市环境）复杂性的理论［Hil96］。后者将虚拟环境中的人流和人的行为考虑在内。该理论考虑到了虚拟环境中的行人流动和自然行为。这些工作为选定的建筑建模过程提供信息。

▇ 8.7　Landing 算法

城市建模中的一个有趣的问题是自动生成地段。我们提出了一个解决方案，能够根据边界描述、区域信息和人口密度进行街区细分。这些参数也确定了作为终止标准的最小和平均面积阈值，并可以通过文本设定。其中，一个非常重要的约束条件是需要避免创建无法进入街道的地段。

事实上，从计算几何的角度来看，我们需要处理一个具有一系列限制条件的多边形划分问题。将街区边缘作为输入条件，并将平均面积作为终止条件，我们能够得到一个相对简单的多边形划分问题。然而，一旦我们想避开内部的、畸形的或太小的多边形，问题就会变得很复杂。我们在提出的算法中做出三个假设：

- 划分出的多边形必须至少保留一条（或多条）原始多边形边界；
- 将过小的多边形标记为建立过程中无用的多边形；
- 重新划分超过 2 倍阈值面积的多边形。

其中，第一个假设确保了所有地段都可从街道进入。通过验证两个分割边中是否至少有一个属于原始多边形，或者新多边形是否保留了原始多边形的边，来实现第一个假设。第二个假设旨在避开大小不合适的多边形，即避免在过小区域中进行建造，而第三个假设则避免在过大的区域中进行建造。算法 8.1 给出了该过程的伪代码。

该算法返回一个细分的简单多边形（或根据指定约束条件不可细分的原始多边形）列表。划分算法对于简单多边形是通用的，并不受限于凸多边形。分配处理完成之后，可以在地段中添加建筑物。分配算法的结果如图 8.24 所示。

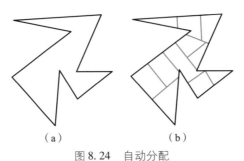

图 8.24　自动分配

（a）分配前；（b）分配后

本书已经实现了这种算法的变体，能够将多边形细分为凸子多边形，然后使用算法 8.1 进行处理。通过最优格林算法［Gre83］和 Hertel – Mehlhorn 近似算法［HM83］进行凸多边形划分。如果需要突出的地段，则还需要预处理步骤。

算法 8.1：多边形划分

Input: (Polygon P, AverageArea AA)

Output: List of subdivided polygons

inlist ← P // current list of polygon

outlist ← void // output list of polygon

for all poly in *inlist* **do**

　bedge ← polybiggest−edge

　v_1 ← subdivide *bedge* at midpoint

　line ← trace perpendicular straight line

　vlist ← intersect (poly, *line*)

　vlist ← lexisort(vlist)

　v_2 ← internal−visible (vlist.prev(v_1 or vlist.next(v_1)))

　pedge ← make−edge(poly,v_1,v_2)

　$polygon_1$ ← partition(poly,v_1,v_2)

　$polygon_2$ ← partition(poly,v_2,v_1)

　if ($polygon_1.area() < AA$) && (!$polygon_1.is_island()$) **then**

　　outlist ← $polygon_1$

　else

　　inlist ← $polygon_1$

　end if

　if ($polygon_2.area() < AA$) && (!$polygon_2.is_island()$) **then**

　　outlist ← $polygon_2$

　else

　　inlist ← $polygon_2$

　end if

end for

return *outlist*

■ 8.8　基于概念集的仿真

本节介绍了一种基于概念集的 VR 仿真虚拟环境。该环境中运用了高级知识和推理能力，因此 agent 能够根据其现有知识对其所处的世界进行推理，从而拥有不同的行为。

VR 环境充分利用知识表示模型（例如概念集、知情环境）〔FBT99，PVM05〕来描述 agent（如情绪状态、个性、人物简介等）和环境（如特殊地点、运行规则、地点属性等），能够在多 agent 系统（MAS）中获得更多更复杂、更有趣的行为。为了增加仿真的真实感，使 agent 具有个性十分重要，但与此同时，需要对使用大量agent 的复杂场景进行管理。

在复杂的 MAS 环境中，使用知识和自动推理工具可以控制和生成复杂的集体和个人行为。

例如，我们可以添加环境信息来描述商店营业时间，或是与某些可燃液体相关的安全措施（如不要在这些物体附近吸烟或产生火花）。agent 也可以使用这些知识，决定他们能够去哪里以及如何行事。在上述示例中，agent 将根据环境当前的状态（商店是否营业），来改变他的行动（即改变行动目的地）。或者，如果 agent 想要避免某些危险或是去一个存放了可燃液体的地方，那么他执行的第一个动作应该是熄灭香烟。该示例描述了与知情 VR 环境相关联时，高级推理的一些可能应用情况。

在下一节中，我们将描述一个使用基于概念集的 VR 仿真的应用程序示例：日常生活情境中的人群仿真。

8.8.1　正常生活情境中人群仿真的概念集使用

为了以更真实的方式填充虚拟环境（VE），行为建模主要研究如何控制虚拟人。广为人知的使用虚拟人群的应用是游戏开发和城市环境仿真。该领域的一些工作致力于危险事件发生时的人群仿真〔MT01，BMB03，BdSM04〕。还有一些方法处理发生危险事件之前虚拟人各时刻的"正常行为"。本节提出了一种名为 UEM 的城市环境模型，使用与仿真时间与空间、功能性和空间正常占用等关联的概念集对真实人口填充的虚拟环境所需的知识和语义进行了描述〔PVM05〕。这是一种新颖的方法，通过这种方法，可以将大量的虚拟人以普通人的日常生活方式填充到整个城市空间中。使用此模型，根据不同的 agent 属性，将语义信息融入虚拟空间中，模拟日常生活中的行为，例如在固定的时间孩子们去上学，从业者去上班。休闲和购物活动同样在考虑范围内。agent 的属性及其动作均由 UEM 模型进行描述。

为了在 VE 中虚拟人能够自动提高其能力，之前的研究提出了控制虚拟人的不同方法。在该研究中，主要目标是降低 agent 处理任务的复杂性，并将该信息传递给 VE。因此，虚拟 agent 可以访问 VE 的某个特定位置，访问到某个位置的最佳方式，访问包含在某个地点或路径中的语义信息，或访问 agent 在 VE 中进化所需的其他信息。

在 UEM 中，agent 是在概念集的基础上创建的，概念集包括人口属性信息以及城市环境信息。在某种程度上，VE 通用模型的知识可以被表示出来，也可以作为仿真的基础。不仅可以使用统计数据，也可以使用虚拟信息创建虚拟人（虚拟 agent）。根据概念集的描述，agent 在城市生活中按照与日常活动相关的时间表行事。以这种方式，虚拟人在日常生活中以更真实的方式移动，而不是像过去的相关研究那样随机移动。例如，在上午 10：00，如果用户想查看学校内发生的事情，他将能够看到学校内的学生。为什么这种与日常生活的相似性在仿真过程中很重要？对于恐慌人群仿真而言，当发生危险事件时，人群的位置和人群参与的活动对确定人的感知和反应具有决定性的意义。考虑这个方面，仿真可以更加逼真。例如，白天或晚上人们的行动反应可能会不同，如果能够对人们的日常生活建模，就可以仿真出这样的情况。

除了介绍模型的细节之外，我们还将其整合到人群模拟器中，该模拟器的主要目标是在城市环境中模拟真实且一致的人群行为。研究结果表明，与固有的方式不同（虚拟人在虚拟空间中以预定义路径随机行走），使用 UEM 城市环境能够以更真实的方式填充人口。接下来，本书将介绍与 VE 相关的概念集。

8.8.2 VR 环境中概念集的应用

本节描述了一个 VR 仿真工具的实例，该工具使用概念集进行日常生活情景人群仿真，图 8.25 所示为其框架概述。

8.8.3 UEM 原型

UEM 定义了 VE 的概念集和人口结构。输入信息被实时处理并将其 2D 可视化，如图 8.25 所示。此外，生成的数据以专有格式导出，并作为播放器的输入，该播放器是基于 Cal3D 库[1] 的 3D 查看器。播放器能够进行 3D 动画人物的可视化。

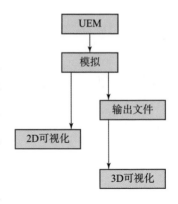

图 8.25　框架概述

图 8.26 所示为模拟器的 2D 可视化截图。从图的左下角可以看到当前仿真时间为上午 7：00。在这个时间，大多数的 agent 都在家里。如概念集所定义的，虚拟人开始了他们一天的活动。

图 8.26　上午 7：00，人们在家

图 8.27 中可以看到很多 agent 走上街道，充满整个环境。图 8.28 和图 8.29 是相应的 3D 可视化。

1　http://cal3d. sourceforge. net.

图 8.27　上午 7：25，人们充满了 VR 环境

图 8.28　3D 查看器

对于这个仿真，我们参考了位于巴西北里奥格兰德的一个名为 São José 的村庄。该村有大约 600 名居民，主要场所有两个教堂、一个体育馆（休闲场所）、一所学校、三家商店（商业场所）、一座容纳 200 人工作的工厂（工作场所）。选择这个村庄的原因是其信息的可用性，因为它之前做过名为 PetroSim 的恐慌情

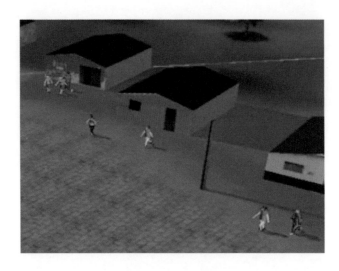

图 8.29　3D 查看器

况研究的案例。下面将对 PetroSim 系统做简要描述，详细内容请查看文献［BdSM04］。PetroSim 系统旨在帮助安全工程师评估和改进地区的安保计划，并辅助培训生活在危险设施附近的居民（São José 村位于石油开采设施附近）。该系统的仿真考虑了 agent 的不同心理属性（依赖型、领导型或正常型）及其在危险情况下的行为。

8.8.4　仿真结果

基于 UEM 进行仿真时，用户需要决定房屋中虚拟人及其属性的分布，并随机填充环境。虚拟人能够在环境中移动，依据他们自身属性（如定义为上学的孩子），在他们需要出现的位置（强制性）停留一段固定时间。该运动使用 A^* 算法（一种用于解决规划问题的搜索算法）进行处理。

如果 agent 不能在正常时间到达相应的地点则不会停留，继而直接回家或去任何其他非强制的地点。agent 在晚上 10：00 后回家。图 8.30 所示为概念集中定义的某些地点的位置。

其他图像展示了使用 UEM 生成的包含 250 个人的特定仿真的演化过程。图 8.31 中，在上午 11：29 时，可以观察到学生在学校和从业者在工作地点。图 8.32 显示了学生离开学校回家的时间。

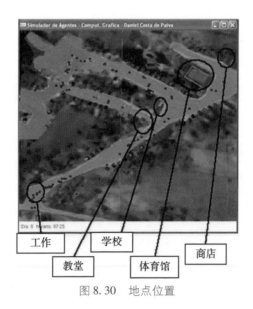

图 8.30　地点位置

图 8.31　上午 11：29，学生和从业者分别在学校和工作场所。我们可以观察到街上还有其他人

　　基于本书模型进行的仿真，下列图片描述了 São José 村中 agent 的空间占用情况。从业者花费了更多时间工作（图 8.33），晚上 7：00 后上夜校，或采取其他行为（回家、购物等）。

图 8.32 在中午 12：05，根据概念集，学生离开学校回家或去其他地方

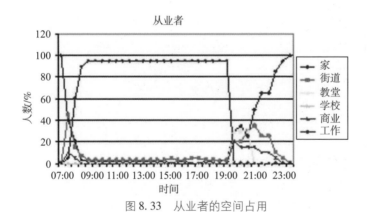

图 8.33 从业者的空间占用

学生（图 8.34）直到中午 12：00 都会在学校里，然后会随机去任何可能的地方。晚上 10：00 后他们会在家。无业者主要留在家中，但也会出现在其他地方，如图 8.35 所示。

该系统支持用户在仿真过程中进行互动。交互是由以下内容给出的：图的可视化、概念集对空间的描述、配置属性的验证等。此外，还可以在仿真过程中改变特定位置的属性，从而改变空间的占用情况。

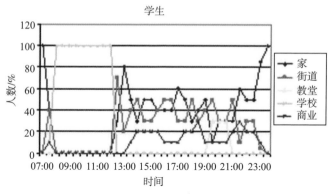

图 8.34 学生的空间占用

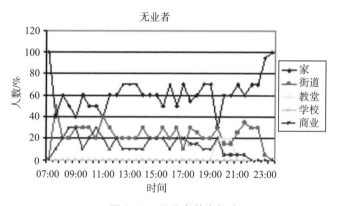

图 8.35 无业者的空间占用

▨ 8.9 实时渲染和可视化

大量的数据处理、渲染和可视化需要用到实现实时仿真的机制。例如，该机制必须支持视锥体剔除、遮挡剔除、连续细节水平（CLOD）和离散细节水平（DLOD）。场景图可以将场景存储在支持细节水平管理的节点中，分别为地形使用 CLOD 和其他对象（如建筑物、树木等）使用 DLOD。这些城市对象，除了地形和建筑物，都使用不同分辨率的 impostor 显示。在运行时 impostor 根据对象到相机的距离进行切换。

地形的 LoD 可以通过 LoD 算法执行，如分块 LoD ［Ulr05］。它是一种用来聚合基元的视点相关算法，能够实现低 CPU 消耗和高三角形处理速度。它需要大量的预处理过程来生成高细节网格（块），并将其存储在树结构中。对于同一个块，树的根节点存储低细节表示，树的叶节点存储高细节表示。当块靠近相机时，选择子节点进行渲染。当块距相机很远时，选择父节点进行渲染。

在远离相机时低分辨率 impostor 被加载和渲染，当靠近相机（阈值）时它们会替换为高分辨率 impostor。只有能够看见的对象才会被渲染和显示，不考虑视锥体外出现的物体。事实上，整个场景可以保存到数据库中进行进一步的仿真。

■ 8.10 实施方面

一些库和工具包可以支持城市生成的开发，对人群仿真很有帮助。已有一个设计并实现的框架来支持这些应用程序的快速原型设计［dSJM06］。该程序使用 C++ 语言编写。它支持 OpenSteer[1]、Cal3D、OpenSceneGraph 和 GDAL。OpenSteer 库用于转向行为，而 Cal3D 库用于生成虚拟角色动画。因为 Cal3D 库只处理身体动画而不处理角色在虚拟世界中的移动，所以创建了 Cal3D 和 OpenSteer 之间的中间层。每帧在 OpenSteer 库中处理的轨迹使得该层能够自动控制单个角色的动画（腿和手臂的移动）。对于每个动画关键帧，根据前一位置计算角色的位移，然后更新身体动画。为了进行可视化，使用 OpenSceneGraph[2]。它与 Cal3D 和 GDAL[3] 的协作使动画角色和城市几何数据的可视化变得更加容易。

■ 8.11 总结

本章介绍了用于生成人口密集环境的技术，它有助于虚拟人群仿真，尤其是行为仿真中 3D 虚拟城市的实时参数化生成。本章关注用于人群仿真的城市自动和半自动生成方法，以及实时可视化。使用的分层数据结构支持异构和大量数据

1　http://opensteer.sourceforge.net.

2　http://www.openscenegraph.org.

3　http://www.gdal.org.

的快速管理。本章还讨论了支持角色动画、行为动画和高性能渲染的免费软件库的相关内容。

参考文献

[AIS77] ALEXANDER C., ISHIKAWA S., SILVERSTEIN M.: *A Pattern Language: Towns, Buildings Construction*. Oxford University Press, London, 1977.

[BdSM04] BARROS L. M., DA SILVA A. T., MUSSE S. R.: Petrosim: An architecture to manage virtual crowds in panic situations. In *Proceedings of the 17th International Conference on Computer Animation and Social Agents (CASA 2004)* (Geneva, Switzerland, 2004), vol. 1, pp. 111–120.

[BHvW00] BRULS M., HUIZING K., VAN WIJK J.: Squarified treemaps. In *Proceedings of the Joint Eurographics and IEEE TCVG Symposium on Visualization* (2000), pp. 33–42.

[BMB03] BRAUN A., MUSSE S., BODMANN L. O. B.: Modeling individual behaviors in crowd simulation. In *Computer Animation and Social Agents* (New Jersey, USA, May 2003), pp. 143–148.

[BPB06] BOULANGER K., PATTANAIK S., BOUATOUCH K.: Rendering grass terrains in real-time with dynamic lighting. In *SIGGRAPH'06* (2006), ACM, New York, p. 46.

[CGG*07] COMPTON K., GRIEVE J., GOLDMAN E., QUIGLEY O., STRATTON C., TODD E., WILLMOTT A.: Creating spherical worlds. In *SIGGRAPH'07: ACM SIGGRAPH 2007 Sketches* (New York, NY, USA, 2007), ACM, New York, p. 82.

[CIQ*07] CHOY L., INGRAM R., QUIGLEY O., SHARP B., WILLMOTT A.: Rigblocks: Player-deformable objects. In *SIGGRAPH'07: ACM SIGGRAPH 2007 Sketches* (New York, NY, USA, 2007), ACM, New York, p. 83.

[dBSvKO00] DE BERG M., SCHWARZKOPF O., VAN KREVELD M., OVERMARS M.: *Computational Geometry: Algorithms and Applications*, 2nd edn. Springer, Berlin, 2000.

[DEC03] DIKAIAKOU M., EFTHYMIOU A., CHRYSANTHOU Y.: Modelling the walled city of Nicosia. In *VAST 2003: Eurographics Workshop Proceedings*. (Brighton, United Kingdom, 5–7 Nov. 2003), Arnold D., Chalmers A., Niccolucci F. (Eds.), pp. 57–65.

[DGH*07] DEBRY D. G., GOFFIN H., HECKER C., QUIGLEY O., SHODHAN S., WILLMOTT A.: Player-driven procedural texturing. In *SIGGRAPH'07: ACM SIGGRAPH 2007 Sketches* (New York, NY, USA, 2007), ACM, New York, p. 81.

[DHOO05] DOBBYN S., HAMILL J., O'CONOR K., O'SULLIVAN C.: Geopostors: A real-time geometry/impostor crowd rendering system. In *SI3D'05: Proceedings of the 2005 Symposium on Interactive 3D Graphics and Games* (New York, NY, USA, 2005), ACM, New York, pp. 95–102.

[dSJM06] DA SILVEIRA-JR L. G., MUSSE S.: Real-time generation of populated virtual cities. In *VRST'06* (Limassol, Cyprus, 01–03 Nov. 2006), ACM, New York.

[EMP*02] EBERT D. S., MUSGRAVE F. K., PEACHEY D., PERLIN K., WORLEY S.: *Texturing & Modeling: A Procedural Approach*, 3rd edn. Morgan Kaufmann, San Mateo, 2002.

[FBT99] FARENC N., BOULIC R., THALMANN D.: An informed environment dedicated to the simulation of virtual humans in urban context. In *Eurographics'99* (Milano, Italy, 1999), Brunet P., Scopigno R. (Eds.), vol. 18, pp. 309–318.

[For99] FORSTNER W.: 3d-city models: Automatic and semiautomatic acquisition methods. In *Photogrametric Week'99* (1999), Fritsch D., Spiller R. (Eds.), pp. 291–303.

[GPSL03] GREUTER S., PARKER J., STEWART N., LEACH G.: Real-time procedural generation of 'pseudo infinite' cities. In *GRAPHITE'03: Proceedings of the 1st International Conference on Computer Graphics and Interactive Techniques in Australasia and South East Asia* (New York, NY, USA, 2003), ACM, New York, pp. 87–ff.

[Gre83]　GREENE D.: The decomposition of polygons into convex parts. In *Computational Geometry* (1983), Advances in Computing Research, vol. 1, JAI Press, Greenwich, pp. 235–259.

[HBSL03]　HARRIS M. J., BAXTER W. V., SCHEUERMANN T., LASTRA A.: Simulation of cloud dynamics on graphics hardware. In *HWWS'03: Proceedings of the ACM SIGGRAPH/EUROGRAPHICS Conference on Graphics Hardware* (Aire-la-Ville, Switzerland, 2003), Eurographics Association, Geneve, pp. 92–101.

[HBW06]　HAHN E., BOSE P., WHITEHEAD A.: Persistent realtime building interior generation. In *Sandbox'06: Proceedings of the 2006 ACM SIGGRAPH Symposium on Videogames* (New York, NY, USA, 2006), ACM, New York, pp. 179–186.

[HDMB07]　HORNA S., DAMIAND G., MENEVEAUX D., BERTRAND Y.: Building 3d indoor scenes topology from 2d architectural plans. In *Conference on Computer Graphics Theory and Applications. GRAPP'2007* (Av. D.Manuel I, 27A 2esq. 2910-595 Setúbal—Portugal, March 2007).

[Hil96]　HILLIER B.: *Space Is the Machine: A Configurational Theory of Architecture*. Cambridge University Press, Cambridge, 1996.

[HM83]　HERTEL S., MEHLHORN K.: Fast triangulation of simple polygons. In *4th Internat. Conf. Found. Comput. Theory* (1983), Lecture Notes in Computer Science, vol. 158, pp. 207–218.

[HNR68]　HART P., NILSSON N., RAPHAEL B.: A formal basis for the heuristic determination of minimum cost paths. *IEEE Transactions on Systems Science and Cybernetics 4*, 2 (July 1968), 100–107.

[JS91]　JOHNSON B., SHNEIDERMAN B.: Tree-maps: A space-filling approach to the visualization of hierarchical information structures. In *VIS'91: Proceedings of the 2nd Conference on Visualization'91* (Los Alamitos, CA, USA, 1991), IEEE Computer Society, Los Alamitos, pp. 284–291.

[KW06]　KIPFER P., WESTERMANN R.: Realistic and interactive simulation of rivers. In *Proceedings Graphics Interface 2006* (2006), Mann S., Gutwin C. (Eds.), Canadian Human–Computer Communications Society, Toronto, pp. 41–48.

[LD04]　LAMARCHE F., DONIKIAN S.: Crowds of virtual humans: A new approach for real time navigation in complex and structured environments. *Computer Graphics Forum 23*, 3 (September 2004), 509–518.

[Mar06]　MARTIN J.: Procedural house generation: A method for dynamically generating floor plans. In *Symposium on Interactive 3D Graphics and Games* (2006).

[MT01]　MUSSE S. R., THALMANN D.: A hierarchical model for real time simulation of virtual human crowds. *IEEE Transactions on Visualization and Computer Graphics 7*, 2 (April–June 2001), 152–164.

[MWH*06]　MÜLLER P., WONKA P., HAEGLER S., ULMER A., VAN GOOL L.: Procedural modeling of buildings. In *SIGGRAPH'06: ACM SIGGRAPH 2006 Papers* (New York, NY, USA, 2006), ACM, New York, pp. 614–623.

[OCS03]　OLIVEIRA M., CROWCROFT J., SLATER M.: An innovative design approach to build virtual environment systems. In *EGVE'03: Proceedings of the Workshop on Virtual Environments 2003* (New York, NY, USA, 2003), ACM, New York, pp. 143–151.

[PA01]　PREMOŽE S., ASHIKHMIN M.: Rendering natural waters. *Computer Graphics Forum 20* (2001), 189–200, doi:10.1111/1467-8659.00548.

[PHMH95]　PRUSINKIEWICZ P., HAMMEL M., MECH R., HANAN J.: The artificial life of plants. In *Artificial Life for Graphics, Animation, and Virtual Reality* (1995), SIGGRAPH'95 Course Notes, vol. 7, pp. 1-1–1-38.

[PM01]　PARISH Y. I. H., MÜLLER P.: Procedural modeling of cities. In *Computer Graphics Proc. (SIGGRAPH 2001)* (2001), pp. 301–308.

[PVM05]　PAIVA D. C., VIEIRA R., MUSSE S. R.: Ontology-based crowd simulation for normal life situations. In *Proceedings of Computer Graphics International 2005*

(Stony Brook, USA, 2005), IEEE Computer Society, Los Alamitos.

[SB97]　SMITH S., BRADY J.: SUSAN—A new approach to low level image processing. *International Journal of Computer Vision 23*, 1 (May 1997), 45–78.

[SSEH03]　SCHPOK J., SIMONS J., EBERT D. S., HANSEN C.: A real-time cloud modeling, rendering, and animation system. In *SCA'03: Proceedings of the 2003 ACM SIG-GRAPH/Eurographics Symposium on Computer Animation* (Aire-la-Ville, Switzerland, 2003), Eurographics Association, Geneve, pp. 160–166.

[TBSD09]　TUTENEL T., BIDARRA R., SMELIK R. M., DE KRAKER K. J.: Rule-based layout solving and its application to procedural interior generation. In *Proceedings of CASA Workshop on 3D Advanced Media in Gaming and Simulation (3AMIGAS)* (Amsterdam, The Netherlands, 2009).

[TBSK08]　TUTENEL T., BIDARRA R., SMELIK R. M., KRAKER K. J. D.: The role of semantics in games and simulations. *Computers in Entertainment 6*, 4 (2008), 1–35.

[TC00]　TECCHIA F., CHRYSANTHOU Y.: Real-time rendering of densely populated urban environments. In *Eurographics Workshop on Rendering Techniques 2000* (London, UK, 2000), Springer, London, pp. 83–88.

[TD00]　THOMAS G., DONIKIAN S.: Modeling virtual cities dedicated to behavioural animation. In *Eurographics'00* (Interlaken, Switzerland, 2000), Gross M., Hopgood F. (Eds.), vol. 19, pp. C71–C79.

[TSSS03]　TAKASE Y., SHO N., SONE A., SHIMIYA K.: Automatic generation of 3d city models and related applications. *International Archives of the Photogrammetry, Remote Sensing and Spatial Information Sciences XXXIV*, 5 (2003), 113–120.

[Ulr05]　ULRICH T.: Chunked lod: Rendering massive terrains using chunked level of detail control. http://www.vterrain.org/LOD/Papers/index.html, Nov. 2005 (last access).

[Wei85]　WEILER K.: Edge-based data structures for solid modeling in curved-surface environments. *IEEE Computer Graphics and Applications 5*, 1 (Jan. 1985), 21–40.

[WWSR03]　WONKA P., WIMMER M., SILLION F., RIBARSKY W.: Instant architecture. *ACM Transactions on Graphics 22*, 3 (2003), 669–677.

[YBH*02]　YAP C., BIERMANN H., HERTZMAN A., LI C., MEYER J., PAO H., PAXIA T.: A different Manhattan project: Automatic statistical model generation. In *IS&T SPIE Symposium on Electronic Imaging* (San Jose, CA, USA, Jan. 2002).

[ZKB*01]　ZACH C., KLAUS A., BAUER J., KARNER K., GRABNER M.: Modeling and visualizing the cultural heritage data set of Graz. In *Conference on Virtual Reality, Archeology, and Cultural Heritage* (New York, NY, USA, 2001), ACM, New York, pp. 219–226.

第9章

应用：案例研究

9.1 引言

本章展示与人群仿真相关的应用。重点关注三个应用：首先，分析虚拟遗迹中的人群仿真。其次，介绍实时指导人群的接口。最后，展示一些安全系统中虚拟人群的实例。

9.2 虚拟遗迹中的人群仿真

虚拟遗迹重建通常注重历史遗迹或建筑物的视觉重现，如大教堂，其中虚拟人类只充当配角。通常仿真环境中使用一个"导游"［DeL99，FLKB01］或虚拟人群比真实的人更艺术化，如西安兵马俑［MTPM97，ZZ99］或埃及木乃伊［ABF*99］。

然而，现实世界中，大多数重建的地方有或多或少的人存在——大教堂里礼拜者进行祈祷，巨石阵中德鲁伊教众举行仪式，斗兽场中角斗士们在观众面前战斗。

早期的遗迹仿真作品因缺乏视觉真实性遭受批评［Add00］，但如今可以通过先进的计算机硬件和复杂的 3D 建模软件包构建令人信服的可视化静态对象。然而，尽管具有真实感的建筑重建令人印象深刻，但大多数时候，其缺乏动态元素，如虚拟人物或动物。

本章研究古代人群的实例。

9.2.1　虚拟信徒在清真寺中晨拜

本节旨在通过再现建筑模型中的生命体提高重建建筑物的真实感。这项工作是在 CAHRISMA 项目的背景下完成的，该项目旨在创造在视觉上和听觉上均得到重现的复合的建筑遗迹。本节将虚拟人群仿真［UT01］整合到一个实时逼真的复杂遗迹建筑仿真系统中［PLFMT01］，模拟一组能够在虚拟环境中运动并相互作用的虚拟人群，构建信徒在清真寺内做晨拜的虚拟场景（图 9.1）。本节使用基于规则的行为系统，该系统支持复杂场景的灵活展现，在适应不同建筑物或不同的人数方面相对容易。

图 9.1　在 Sokullu 清真寺进行祈祷的人群

1. 系统设计

人群仿真作为 VHD++ 开发框架的一部分进行构建［PPM＊03］。VHD++ 框架提供相应组件，支持各类功能，例如加载和显示 VRML 模型，为 H‑ANIM 兼容的类人模型添加动画，或回放 3D 声音。该应用由一组特殊软件组件构成并且使用一个独有的数据库。

人群组件负责虚拟人群行为的产生。支持初始化虚拟人物 agent，然后生成实时动作序列，如播放预先录制的身体或面部的关键帧序列动画，使用步行动作模型走到特定位置或播放声音。

agent 的行为通过规则和有限状态机的组合进行计算：在上层，规则选择适合于模拟状态的行为；在下层，有限状态机生成行为的操作序列。agent 的状态由任意数量的属性构成。事件提供 agent 之间的通信方式、环境感知以及与物体和用户的交互。系统的重要部分是环境构成模型，例如，空间语义信息，如门的位置或可步行和祈祷的区域。在文献［UT02］中可以找到更详细的行为模型使用的描述。

人群模块支持构建由一系列行为规则所定义的场景，如一群信徒来到清真寺并进行宗教仪式。

2. 场景制作

这一案例研究的是，通过在建筑模型中添加具有真实感的动态虚拟人，来增强重建的清真寺的真实感。选择 Namaz 晨祷场景作为清真寺仿真中代表性活动的表现。

场景重建是基于真实仪式的影像资料完成的。第一步，实现仪式的结构式复现，并作为进一步创建行为规则、选取动作序列和声音剪辑的指导。

利用 3D Studio Max 模型库构建虚拟人的 VRML 模型，并使用自定义插件创建 H－ANIM 兼容的层次结构。由于可以根据特定帧的更新速率显示固定数量的多边形，所以多边形数量是创建人物模型的约束因子。固定数量的多边形必须在场景模型和人物模型之间进行划分。选取不同复杂度的虚拟人模型时，对特定角色（如 imam 或 muezzin）选择高复杂度模型（大约 3 000 个多边形），对于其他晨祷者使用约 1 000 个多边形。"更重要"的人物模型需要更多的多边形，主要因为这些模型需要复杂的面部动画。从真实仪式中提取声音，并用于匹配 FAP 面部动画。

通过对一个进行 Namaz 祷告的人动作捕捉，制作仪式各部分的动作序列。为使场景更真实，人群的动作不应过于统一：如第 3 章所述，这需要更高的人群多样性。由于记录每个人的所有动作是不可行的，所以动作捕捉的单个动画片段可被多个虚拟人重复使用，利用一套规则系统即可产生变化多端的错觉。

规则系统有两个主要功能：①负责场景编排；②为不同的 agent 生成略有不同的指令来实现多样性（即使它们执行同一套规则）。实现多样性的方法有：动作持续时间的差异；动作开始时间的轻微偏移；相似动画集中指定动作相关动画的随机选取。所有 agent 共享绝大部分规则；扮演特定角色（imam 或 muezzin）的 agent 共享某些指定角色的额外规则。事实证明，多数 agent 共享大量规则在仿真的开发和管理中非常重要，因为场景中的最终更改不必传递至规则集中的多数位置，从而便于减少错误，并加快开发速度。

与环境模型相结合的行为规则提供了一种灵活表示复杂行为的方法。CAHRISMA 项目的需求之一是重建若干清真寺。但不同的清真寺具有不同的大小和不同的建筑布局。因此，即使在高层级的描述中每个清真寺 Namaz 晨祷场景相同，但其低层级细节（如行为产生的确切位置和时间）是不同的。

使用线性脚本构建多个相似场景，需要不必要的重复工作并且容易出错。在逻辑单元的级别上，规则系统优于指定行为的简单脚本，它不是绝对定时的绝对动作操作。例如，对执行祷告不同步骤（按仪式的要求）的朝拜者进行同步是经由事件中内部 agent 间的通信实现的。每个虚拟人宣布结束当前步骤；随后领导人观察到每个人都已完成当前步骤，发出命令进行下一步。该行为的这一表现方法与所涉及的人数和动画片段的长度无关。

使用环境模型可获得更高的灵活性：规则控制场景的语义信息而非其位置的绝对坐标。如其中一条规则规定，祷告开始前 agent 必须穿过清真寺大门，然后到达祷告的指定区域（图 9.2）。这条规则对所有清真寺都有效，因为环境模型提供了门和祷告位置准确的绝对坐标。

9.2.2 Aphrodisias 剧场的虚拟罗马观众

本节讨论在罗马 Aphrodisias 剧场中创建虚角色群所必需的系统实现和数据设计。本节使用第 3 章介绍的技术，利用一些角色模板创建具有动画多样性和外观多样性的人群，同时丰富的多样性减少了设计师的工作。使用场景脚本赋予观看舞台话剧的观众生命。古代剧场和 Odea 声像遗迹的鉴定评估和复现是欧盟 ERATO 项目的一部分。

图 9.2　人群进入 Sokullu 清真寺

本书总结一种创建可信度较高的数字演员群体（舞台上听戏）的方法。随着可编程图形硬件的进步，该系统在笔记本电脑上也可实时运行流畅动画和更新特性的仿真人群。

1. 人群引擎摘要

第 7 章描述了用于此应用程序的人群引擎。该引擎可实时渲染至少 1 000 个虚拟演员，可以更新动画并对观众进行渲染。每个模板所需的输入是两个或三个 LoD 递减的网格、四个以上不同的纹理，纹理可用于描述不同的服装风格和颜色的主区域 ［dHCSMT05，dHSMT05］。给定这些数据，人群引擎即可开始渲染虚拟人，但仍然需要脚本、场景和音频使体验更加完整。在与丹麦理工大学（DTU）的合作中，为记录与特定聆听位置相关的音频定义了相机位置。文献［NRC04］中将这一过程称为可听化，其依赖声波射线追踪。

多样性来自纹理和可修改的颜色区域。艺术家定义了每个颜色区域的每个纹理，如礼服、珠宝和发型。进而可以单独修改这些区域，并用 HSB 空间描述其颜色范围，第 3 章对此进行了详述。图 9.3 展示了此类多样性的示例，有 4 个不同的模板，其中 2 个是名流和贵族。每个贵族模板有 4 个纹理，每个名流模板有 8 个，并且为每个纹理使用不同种类的颜色可实现更好的多样性效果。这意味着构建多样性只需少量工作，更多时间可花费在场景制作和修改上。

图 9.3 观众为参议员的入场进行欢呼

为实现平滑的动画过渡和更新，使用四元数存储所有的动画片段。在每个正在播放的动画中为人群中的每个个体使用球形线性插值插入关键帧。为进一步平滑过渡时的插值，使用余弦函数为更重要的动画片段加权。

使用可编程图形硬件，将顶点着色器中的网格加以变形，用 Phong 明暗处理方法进行光照，并在片段级别应用颜色变化。第 7 章中已对此进行描述。

2. 高保真角色

人群的多样性提高了仿真的可信度和可靠性。人群引擎可使用交互式帧率渲染 1 000 多个虚拟角色，包括剧场环境。为强调特定角色的重要性，可使用不同的代码路径扩展系统来渲染虚拟角色并为其添加动画。根据需求，可以使用快速且资源使用率低的路径或更具体的路径实现更真实的渲染。在人群仿真时同一时刻系统仅显示几个角色，而无法对每个虚拟人给予同样多的细节和关注。

经验表明，如果人群使用了具有良好现场感的基础行为，那么吸引最终用户关注的特殊角色需要更多细节。因此，诸如参议员等特殊角色具有自身可替代的代码路径。就功能而言，与不重要的模型相比，特殊角色共享一套 DNA。高保真角色代表对场景有影响的虚拟角色。从内容创建角度分析，设计者通过创建更详细的三维网格或利用更高级的顶点和片段着色器提高复杂性。从动画角度分析，高保真角色需要符合 H – Anim 1.1 标准[1]。这扩展了其他技术的范围，包括使用数百个运动捕捉片段扩展动画库和图 9.4 描述的反向运动学特征。

图 9.4　参议员（高保真角色）进入剧场

3. 场景创建

项目开始以来，重点始终在于创建一个可用于许多不同场景和文化遗产的图形管线，目的是降低创建独特个体所涉及的开发成本。通过使用可自定义的网格、纹理、颜色、行为和场景，本节实现了一个提升变量、代码和内容重用的快速原型创建的解决方案。使用第 3 章中描述的技术，开发了涵盖不同社会阶层的虚拟角色模板，如图 9.5 所示。颜色和服饰的多种类型都是基于考古学家收集的信息。

4. 观众位置

剧场中观众的分布是场景的一个重要部分。根据历史资料创建了一个分布方案。图 9.6 左侧展示了依据社会阶层的观众分布方案——从中心开始，依次是贵族、名流和平民的位置。右侧是 3D 虚拟人根据上述方案在 Aphrodisias 剧院真实模型中的分布。

1　http://www.h – anim.org.

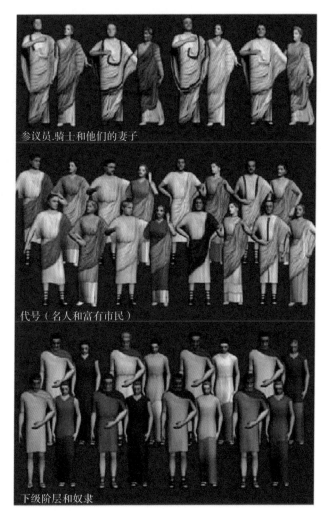

图 9.5 仿真中呈现的不同社会阶层。注意衣服颜色范围的差异

为了简化虚拟角色的定位，在剧院中根据座位分布建立一个具有有效坐标的网格。然后使用具有新建功能的画笔，规定其仅在此网格上操作，不能自由选择。使用这一网格后，可以定位虚拟人而不考虑碰撞（例如两个碰巧彼此接近的虚拟人）。因此观众的正确位置和方向是自动生成的。交互时同一场景会有某个预期行为，画图程序使用了相同方法将像素放置在网格中。

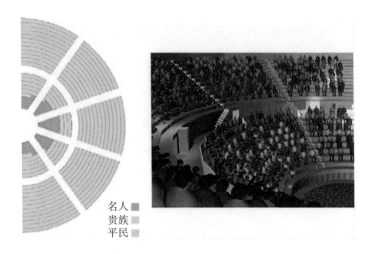

名人 ■
贵族 ▨
平民 ▨

图 9.6　左：2D 分布方案；右：剧院中的观众分布

9.2.3　虚拟罗马人填充的庞贝古城

本节详述了基于考古数据对庞贝古城仿真的过程 ［MHY ＊ 07］。庞贝是一个罗马城市，在 Vesuvius 火山灾难性爆发中被毁并完全埋没。通过仿照古城过去的外观进行建模并填充虚拟的罗马人来重现古城辉煌的过去。该项目使用 EPOCH 框架进行开发，EPOCH 是由约 100 个旨在提高文化遗产中信息和通信技术使用的欧洲文化机构组成 ［EPO］。图 9.7 所示为人口稠密的虚拟城市。本节还介绍了一个读取城市语义的自动过程，同时根据虚拟罗马人群在城市中的位置引发人群的特殊行为。依照经验将每个行为定义为一系列的脚本操作。

图 9.7　模拟重建的在庞贝古城的罗马人的部分场景

本工作旨在对虚拟罗马人群实时仿真，展示其在重建的庞贝古城的真实行为。在离线过程中，首先进行城市的自动重建并导出两种不同的表示形式：用于渲染的高分辨率模型，带有语义数据的低分辨率模型。预处理过程完成的第二个重要阶段是在实时人群仿真中的语义提取。

城市模型中有若干建筑物，虚拟罗马人可自由进入。其中一些建筑物带有商店或面包店的标签，角色进入其中可获得相关配件，例如油罐或面包。这些配件直接附在虚拟人的骨架关节点上，当关节变化时随其移动。可根据配件属性将其附在不同的关节上。在古城模型中，使用土罐阐述这一不同：富人从商店里走出时，将土罐拿在手中；而奴隶从商店里出来时将土罐顶在头上。

区分富饶和贫困地区的构想是基于年代图的，年代图由参加 EPOCH 项目的考古学家提供，图中标注了城市中建筑的年代。虽然尚未使用建筑纹理直观地表现这一差异，但已决定在最新地区使用富人模板，同时将穷人安置在旧建筑中。据此虚拟人知道其归属地，而所有人均可进入城市的大部分地区，某些地区只限于某类人使用：新地区限于罗马富人，而贫穷地区则限于奴隶。

1. 语义行为

每个语义标签对应一个特定行为。例如，窗户和门的语义触发"注视"行为，虚拟罗马人放慢速度并通过窗户观看（表9.1）。为尽可能实现人群引擎的通用性，每个可触发特殊行为的图顶点还会收到一系列用于后期参数化的变量。再次考虑"注视"的示例。与这一行为相关联的每个图顶点驱使罗马人物通过窗户或门观看。为了确切地获取罗马人注视的位置，每个图顶点还接收一个依据窗或门面片的中心计算的目标点。

在庞贝场景中，只有"注视"语义需要额外的参数。由于图顶点可能同时在多个窗户或门附近，因此需要存储一组目标点（每个门或窗户）作为其行为参数。当一个虚拟罗马人穿过该图顶点时，他会选择面向自己的最近目标点。对于其他语义不需要任何参数，但所开发的引擎可接收任意数量的变量。

最后该过程输出一个脚本，用于描述哪些行为适用于哪些顶点、使用了哪些参数。此脚本之后用于人群仿真的初始化，将行为分配给图顶点。

表 9.1　语义和相关行为的摘要

图形语义	行为	动作
商店	获得罐子	走进去，离开时拿着罐子
面包店	获得面包	走进去，离开时拿着面包
年轻的	富有	只有富人进入
古老的	贫穷	只有穷人进入
门	观看	减速，观看
窗	观看	减速，观看
	停止观看	加速，停止观看

2. 长期行为与短期行为

当虚拟罗马人经过一个图顶点时可触发多种行为。某些行为是永久性的，即一旦被触发，将一直保持行为到仿真结束；而其他行为是短暂的：一旦罗马人离开这些区域，行为就停止。例如，进入面包店的罗马人会获得面包，并在离开面包店时持有面包直到仿真结束。但一个靠近窗户的罗马人物会降低自身速度并通过窗户注视，直到距离较远，然后恢复其速度。

永久行为无须复杂的管理，一旦触发将修改罗马人数据中的参数，且不会被重置为初始值。但对于临时行为，必须检测罗马人何时离开触发特定行为的区域，并将修改后的参数设置为标准值。

3. 结果

仿真中使用了 7 个人物模板：一对贵族夫妇，一对平民夫妇，一对名流夫妇和一个军人。数百次实例化 7 个模板，以产生大量人群。为保证结果的多样性和真实感，采用了每个身体部分颜色多样性技术。使用 Intel core duo 2.4 GHz 2 Gb RAM 和 Nvidia Geforce 8800 GTX 768 Mb RAM 实现了城市人群仿真。人群引擎主要用 C++ 实现，但为简化行为动作的定义，使用了 Lua 脚本语言，其主要优点之一是编写行为功能时具有快速测试或固定周期功能。仿真使用城市部分（图 9.8）由大约 70 万个三角面片和 12 Mb 的压缩纹理构成。

图 9.8 庞贝古城街道上的虚拟罗马人群

针对人群，结合不同的 LoD 可在此环境中实时（平均 30 帧/s）模拟 4 000 个罗马人，即约 60 万个三角面片和 88 Mb 的压缩纹理。

9.3 人群沉浸感

本节提出了一个交互式多 agent 系统 ［WDMTT12］，该系统允许用户在身临其境的环境中与虚拟化身动态交互。这项工作集中在交互式多 agent 系统的两个问题上。第一个问题是自动 agent 的实时动态路径规划，第二个问题是基于手势识别的用户虚拟化身与 agent 之间的交互设计。该仿真系统是基于新加坡南洋理工大学媒体创新研究所构建的沉浸式 3D 显示系统（基于 EON Reality）开发的。在该沉浸式系统中，用户位于 320°（3 m×8 m，5 个通道）的曲面屏幕构成的空间中，该屏幕可立体呈现具有 2 000 万像素的图形（图 9.9）。这一系统还提供了其他外接设备，如头部跟踪系统和音频系统，以增强用户和虚拟环境的交互。系统中集成微软的 Kinect Sensor 用于运动捕捉。渲染引擎为 EON Studio。

对交互式多 agent 系统的结构进行了特殊设计，用于个体或团体 agent 之间的动态交互。目前，该系统只支持单用户输入。Kinect Sensor 捕获用户动作，然后由姿态识别模块进行处理。受控 agent 根据姿态对用户的虚拟化身做出反馈。

图 9.9　新加坡南洋理工大学媒体创新研究所的沉浸室

仿真过程包括以下步骤或模块：路径规划、转向、碰撞规避、agent 关键帧动画和虚拟化身的骨骼动画。虚拟角色和环境的渲染由渲染引擎自动处理。沉浸式系统的解决方案还包括其他的技术问题，如立体显示、头部追踪、多通道混合等。

　　为向用户提供与虚拟环境交互的自然界面，该系统集成了姿态识别功能，并且采用基于模板的方法。为了实现基于模板的姿态识别，首先需构建模板姿态库。在预处理过程中记录模板姿态。系统运行时 Kinect Sensor 读取新姿态的数据，数据经过标准化后与模板库中的姿态进行比较。姿态使用一系列点表示。比较两个姿态，即将新姿态的点阵列与目标姿态的点阵列进行比较。如果 Golden Section Search［FO04］的结果达到了给定的阈值，将会找到匹配项。一旦检测到预定义的姿态，便开始进入相应的响应过程。为每个受控 agent 设置一个新目标，并使用路径规划器为其设置到达目标的路线。例如，当虚拟化身举起双手时，姿态识别模块捕获并检测该姿态，然后进入"聚集"姿态的响应过程。虚拟化身周围的单元将被设置为 agent 的新目标。虚拟化身与虚拟环境之间的交互操作见表 9.2。图 9.10 所示为一个场景中的三种交互行为，包括指挥 agent 沿特定方向行进［图 9.10（a）］，agent 聚集在虚拟化身周围［图 9.10（b）］，引导 agent 移动［图 9.10（c）］。

表 9.2　基于姿态识别的交互设计

交互行为	姿态	描述
步行	左膝盖抬起→左膝盖落下→右膝抬起→右膝落下……（标记时间）	在虚拟环境中前进，向左或向右转动以控制方向；改变步频以控制步行速度
选择	左/右手挥动→左/右手点选	选择一个角色进行交互
指挥	左/右手挥向左/右方向	指挥所选角色或人群朝向规定的方向
聚集	举起双手	agent 聚集在虚拟化身
驱散	左手挥向左方，右手挥向右方	驱散 agent
引导	步行时左/右手抬起	agent 跟随虚拟化身
停止	双手前推	阻止前方的 agent 和接近虚拟化身的 agent 行进

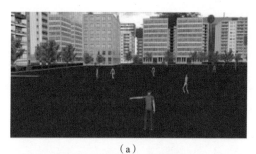

（a）

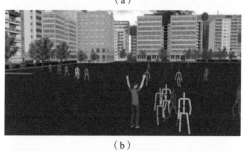

（b）

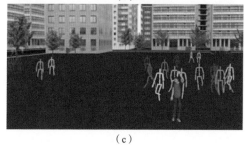

（c）

图 9.10　（a）指挥 agent 沿指定方向行进；（b）agent 聚集在虚拟化身周围；（c）引导 agent 移动

9.4　人群笔刷

人群笔刷的构想非常简单［UdHCT04］：设计师使用鼠标键盘在2D屏幕空间中操纵虚拟工具，然后这些工具影响3D空间中的相应对象，如图9.11所示。不同工具具有不同的可视化效果，对场景产生不同的影响，包括创建删除人群成员、修改成员外观、触发各种动画或设置高级行为参数。

图9.11　在Aphrodisias剧院的罗马人群中应用人群笔刷

简言之，实验在全3D界面中完成，其中工具在3D空间。但此方法并不实用，至少在使用2D操作的标准输入设备（如鼠标或轨迹球）时。真正的3D输入设备（如太空球、3D鼠标或磁性传感器）可以提高3D界面的可用性。然而这些设备不常见，因此会限制潜在用户的数量。

图9.12所示为系统设计概述。用户使用鼠标键盘控制应用程序。鼠标控制屏幕上笔刷工具图标（可使用喷雾图标）的移动，鼠标按钮会触发不同的动作。使用键盘可选择不同的工具，也可在"导航"和"绘制"模式之间切换。在"导航"模式中，鼠标控制相机的位置和方向。在"绘制"模式中，暂停对相机的控制，并根据触发的动作选择屏幕上的不同区域。笔刷会根据其特定配置对这些区域进行进一步处理。

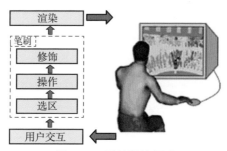

图 9.12 系统设计概述

1. 笔刷

笔刷是一种可视化的工具，它通过不同的方式控制人群。例如，笔刷可以在场景中创建新的个体，或者可改变个体的外表或行为。笔刷图标直观地表示了其特定功能。例如，新建笔刷是人物图标，方向笔刷是指南针图标，删除笔刷是在人上画有叉的图标等，如图 9.13 所示。

图 9.13 在 Aphrodisias 剧院的罗马人群中应用笑声人群笔刷

笔刷处理分为三个阶段。首先，根据触发的动作和在 3D 空间中挑选的实体，在 2D 屏幕空间中选择受控区域。然后，操作者修改所选区域中笔刷的执行方式。最后，笔刷会更改受控个体修饰符的值，或者使用创建笔刷创建新的角色成员。

（1）Selections 定义屏幕空间。选择内容可为光标所在位置的单个点，也可是光标周围的区域。如果选择为单个点，则通过计算射线与场景的交点执行 3D 场景中的选择（点）。如果选择为区域，则按照类似"喷雾"效果对该区域的点进行随机选择。世界空间中所选区域的大小随着 3D 场景的缩放级别而变化。该方法提供了对焦点的直观控制：如果需要在大范围区域操作人群，则执行 3D 视图的缩小过程；如果需要操作个体或是小团体，则执行放大过程。

（2）Operators 定义如何操作所选对象。例如，使用随机算子控制的创建笔刷可创建随机混合的实体（图 9.14）；使用均匀颜色笔刷可将受控个体的颜色设置为同一值，如图 9.15 所示。

图 9.14　随机操作的创建笔刷

图 9.15　均匀颜色笔刷的操作

（3）Modificators 是不可缺少的属性，可为人群中的个体赋予独特性。修饰符封装了影响虚拟人外观和动画的低层次特征。空间配置由位置和方向的修饰符构成。外观受颜色、纹理、材质和尺寸修饰符的影响。动作的执行取决于动画选择、移动和速度修饰符。高层次特征可由通过修饰符访问的几个低层次特征组合而成。例如，特定情感状态从具有特定速度或服饰风格（为不同的身体部位选择一组适当的纹理和颜色）的预定义集中设置动画。

2. 场景管理

为描述具有数百个不同虚拟角色的不同场景，系统需要提供工具和脚本，供仿真设计师使用。系统针对离线仿真和在线仿真的修改，提供了不同级别的交互功能。因此，应用程序能够解析由 Python[1] 编写的场景配置文件。大多数的用例情景是基于古代剧院生活的重建。表 9.3 所示为一个完整场景的若干镜头和用户交互。

3. 脚本

为控制仿真事件，软件架构负责维护和保持场景一致性，同时交互式场景状态由 Python 脚本在运行时控制。此系统用微线程技术在几帧中扩展工作流和执行脚本。此方法能够将完整事件序列描述为 Python 脚本。算法 9.1 为动态影响虚拟角色行为的脚本序列的部分代码。

实际上，虚拟人物与动画库相关联，动画库定义了与人类情绪有关的动画组合，例如积极、消极、笑、哭。这些情绪在 HFSM 系统中表示为不同的状态，状态是使用 Lua 元变量［Ier03］进行定义。

4. 结果

总之，图 9.16 所示为系统在运行时可用的不同部件。该应用程序为终端用户和设计人员提供不同的与人群实时进行交互的部件。为说明仿真的复杂性，最完整的用例场景使用了大约 800 个虚拟人物，其中包括 2 个代表两位罗马参议员的高保真角色和 8 个不同人类模板。动画库由 750 个不同的动画组成。与文献［PSO＊05］类似，所有资源由具有 50 个 Python 脚本的仿真事件直接控制。

1　http://www.python.org.

表9.3 完整场景序列和用户交互

部分	说明	用户控件	交互	3.2.1动作	3.2.2要素
1.0 介绍 (序列)	闲散的观众->参议员进入，…坐下->人们站起来敬礼->当序列结束时，进入第2.0部分	> 预定义摄像机动画	= 无交互	脚本（同时触发）：-参议员进入+人群反应-同步声音（鼓掌）-同步摄像机路径	# scenarioPart1.0.py # Part1.0_intro.wav # eratoVP_intro.path = all 全部同步持续50秒
2.0 选择 (交互循环)	用户选择他想看到空闲观众=循环	> 控制相机-选择相机 > 选择模拟 >退出	= 4 个按钮（每台相机1个）=转到3.1剧场演出 = > 转3.1-音乐=>转到3.2-喷雾=>转到4.0=1个按钮(x)	-切换到选定摄像机和相应的声音（当前时间）切换到选定场景和声音（起始时间）对应当前相机-退出应用程序	# scenarioPart2.0.py # # 4次循环声音：Part2.0_indle*.wav# 4个摄像机 cameras: eratoVP_crowd*.path
3.1 剧场演出 (序列)	用户听到演员在舞台上表演观众对该剧作出反应-当序列结束时返回到2.0	同上2.0	同上2.0	同上2.0	# scenarioPart3.1.py # 4 个声音 Part3.1_CreonCrowd*.wav 4个声音 Part3.1_CreonStage*.wav 与脚本同步（1分45秒）# 4个摄像机: eratoVP_crowd*.path
3.2 音乐 (序列)	用户听到舞台上播放的音乐->观众在倾听->当最后鼓掌->当序列结束到2.0	同上2.0	同上2.0	同上2.0	#4个声音 Part3.2_musicCrowd*.wav 4 #4个声音 Part3.2_musicStage*.wav 与脚本同步（1分02秒）# 4摄像机: eratoVP_crowd*.path

---

算法 9.1：提取脚本序列

```
 1  begin
 2  │   import time
 3  │   #music has started: people listen
 4  │   for i in range(len(agents)) do
 5  │   │   agentName = agents[i]simulationService.setCurrentState(agentName,
    │   │   "State_ListenMStart")
 6  │   end
 7  │   while time.time()-val < 45 do
 8  │   │   #wait for the completion of the music score.vhdYIELD
 9  │   end
10  │   #concert finished: applause
11  │   for i in range(len(agents)) do
12  │   │   agentName = agents[i]simulationService.setCurrentState(agentName,
    │   │   "State_PositiveStart")
13  │   end
14  │   while time.time()-val < 57 do
15  │   │   vhdYIELD #back to idle for i in range(len(agents))
16  │   │   agentName = agents[i]simulationService.setCurrentState(agentName,
    │   │   "State_IdleStart")
17  │   end
18  end
```

图 9.16　左侧是与场景进行交互的窗口部件，允许选择预定义的视点和场景；中间是 3D
视图；右侧是 Python 控制台，设计人员可以在运行时编写脚本

9.5　安全系统

本节旨在介绍人群仿真在安全系统中的应用。描述了在四层建筑中进行的仿真过程，在该场景中模拟人群疏散，并将结果与真正的人群疏散模拟实验进行比较。主要目的是验证人群模拟器的仿真并分析结果。在此实验中，使用由文献〔BBM05〕提出的模拟器。

事实上，验证一个模型（将所提出的模型和真实情况进行比较）仍然是一个相当大的挑战。首先，现实生活中人群实验的可用数据不多。其次，没有明确的标准可能被转换成度量，并指示模拟器在多大程度上再现真实数据。尽管如此，本书认为目前的模型已具备足够的通用性，允许用户校准参数集。

本节介绍仿真模拟与真正的建筑疏散的初步对比。此次演习发生在一座四层楼的建筑物中，其中 191 人主要分布在三层的教室和四层的计算机实验室。由于安全问题，一周前宣布了演习，人们需要在听到警报时立刻从建筑物撤离。在此次撤离中，我们对每个房间的人数进行评估，以便在仿真中重现。我们在建筑物的几个位置对人的运动进行了拍摄以便估计人员的速度、交通拥堵地区和撤离时间。

演习之前，在仿真器上重建建筑结构和演习人员的分布情况。为在 2D 模拟器上模拟 3D 结构，对楼梯进行了规划，并计算人群在这些区域的速度将降低 50%。当人员按照指令冷静退出时，最高速度 v_m^0 设定为 1.3 m/s。此次模拟了报警系统，使 agent 同时开始疏散。利他主义水平 A 和移动力水平 M 设定为 0.95，标准差为 0.05，原因是建筑物中没有残疾人，并且假定建筑物中的所有人都非常熟悉周围环境以及如何离开建筑物。表 9.4 为演习的测量数据和计算机模拟结果之间的对比结果。对比的项目是：

A 没有交通堵塞的通道中的平均速度

B 发生交通堵塞的通道中的平均速度

C 没有交通堵塞的楼梯上的平均速度

D 发生交通堵塞的楼梯上的平均速度

E 密度较高

F 总体疏散时间

表 9.4 演习测量数据与模拟结果的对比

项目	演习测量数据	仿真结果
A	1.25 m/s	1.27 m/s
B	0.5 m/s	1.19 m/s
C	0.6 m/s	0.6 m/s
D	0.5 m/s	0.47 m/s
E	2.3 人/m²	2.4 人/m²
F	190 s	192 s

项目	演习测量数据	仿真结果
A	1.25 m/s	1.27 m/s
B	0.5 m/s	1.19 m/s
C	0.6 m/s	0.6 m/s
D	0.5 m/s	0.47 m/s
E	2.3 人/m²	2.4 人/m²
F	190 s	192 s

由表9.4可观察到，尽管只是适当的变化，标准 B（发生交通堵塞的通道中的平均速度）仍有较大差异。但这种差异不影响总体撤离时间（标准 F）。此差异可解释为空间占有的作用，这在实际和仿真情况下是不同的。事实上，在现实生活中，人们不会像仿真中的粒子一样非常接近，这意味着人们观察到交通拥堵就会停止前进，在仿真中情况中则相反。然而，这种不同的空间占有并不会影响场景仿真的总体结果。无论如何，我们正在努力改进模型，以模仿现实生活中观察到的空间占有现象。

另一个由模拟器再现的关于交通堵塞地区观测道德重要现象，如图9.17所示。在发生拥堵的区域，因为来自多个方向的人群流动，人群必须降低速度。

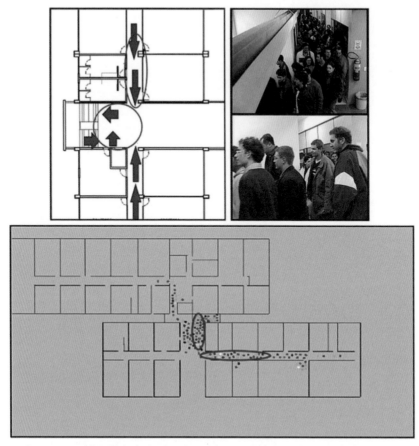

图 9.17　三楼人群流动 方形（左），发生交通堵塞（中），仿真效果（右）

由表 9.4 的数据和图 9.17 可以得出结论：模拟器的性能符合要求。与其他真实数据相关的更加深入的仿真研究正在计划当中，特别是有关人们对危险事件反应的仿真。

9.6　奥林匹克体育场

人群仿真技术在安全应用中具有很高的价值，其主要目标是模拟人群在标准或特定情况下的行为，例如，恐慌或危险情况仿真。此类工具可用来模拟一些环境，如机场、火车站或体育馆。自 2010 年以来，在巴西 Estádio Olímpico Munici-pal João Havelange 进行了名为 Stadium Rio 的人群仿真测试。该体育场因 2007 年泛美运动会而建，实际上是拉丁美洲最现代化的体育场，也是世界第五大体育场[1]。此体育场是 Botafogo[2]（巴西足球队）的场地，可容纳 4.6 万人，后扩建至可容纳 6 万人，以用于 2016 年举办奥运会。

基于 Botafogo 与 PUCRS[3] 的合作，可以对体育场内人群行为进行研究。使用由 VHLab[4] 在 PUCRS 上的开发的工具 CrowdSim 进行仿真。

仿真的主要目标是分析体育场内足球比赛过程中的观众行为，并验证其在体育场内移动的时间和人群在体育场中移动所采取的舒适度（人群密度）。首先，构建一个体育场的 3D 模型，如图 9.18 所示。模型构建是基于真实体育场的所有物理结构。

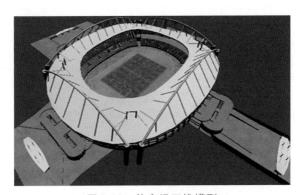

图 9.18　体育场三维模型

此项目中考虑的另一个重要部分是正确划分看台区域。由图 9.19 可以观察这些区域（红色）和观众自由运动的区域（蓝色）。基于这一点，事件发生时，例如，比赛结束，观众可离开座位，以最佳路线离开体育场。

接下来，展示测试用例的简单示例以及仿真输出结果。根据体育场特征，仿真撤离过程，分析两个出口的人员流量，如图 9.20 所示。

通过仿真可以在总体上分析数据以研究所有的体育场入座率。利用该数据，可绘制如图 9.21 所示的不同密度水平的密度图。

1　http://www.bfr.com.br/stadium_rio/historia.asp.

2　http://www.bfr.com.br.

3　Pontifical Catholic University of Rio Grande do Sul—Brazil（http://pucrs.br）.

4　Virtual Humans Simulation Laboratory（http://www.inf.pucrs.br/vhlab/）.

图 9.19　看台区域（1）

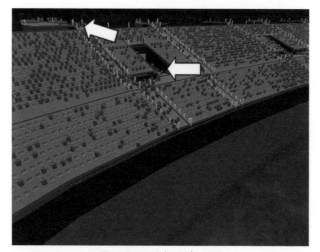

图 9.20　看台区域（2）

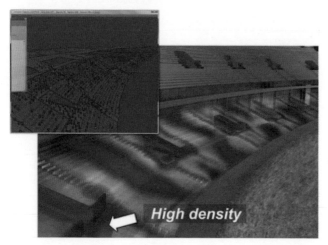

图 9.21　基于颜色的 agent 密度图。可观察到经过仿真一段时间后哪些区域的人员密度高

■ 9.7 总结

本章提出了处理历史情景和实际事件的人群仿真的示例。

参考文献

[ABF*99] ATTARDI G., BETRÒ M., FORTE M., GORI R., GUIDAZZOLI A., IMBODEN S., MAL-LEGNI F.: 3d facial reconstruction and visualization of ancient Egyptian mummies using spiral ct data. In *Proc. ACM SIGGRAPH 1999* (1999).

[Add00] ADDISON A. C.: Emerging trends in virtual heritage. *IEEE Multimedia 2*, 7 (2000), 22–25.

[BBM05] BRAUN A., BODMAN B. J., MUSSE S. R.: Simulating virtual crowds in emergency situations. In *Proceedings of ACM Symposium on Virtual Reality Software and Technology—VRST 2005* (Monterey, California, USA, 2005), ACM, New York.

[DeL99] DELEON V. J.: Vrnd: Notre-dame cathedral: A globally accessible multi-user real-time virtual reconstruction. In *Proc. Virtual Systems and Multimedia 1999* (1999).

[dHCSMT05] DE HERAS CIECHOMSKI P., SCHERTENLEIB S., MAÏM J., THALMANN D.: Reviving the Roman Odeon of Aphrodisias: Dynamic animation and variety control of crowds in virtual heritage. In *Proc. of VSMM 2005* (2005).

[dHSMT05] DE HERAS P., SCHERTENLEIB S., MAÏM J., THALMANN D.: Real-time shader rendering for crowds in virtual heritage. In *Proc. 6th International Symposium on Virtual Reality, Archaeology and Cultural Heritage (VAST 05)* (2005).

[EPO] EPOCH: Excellence in processing open cultural heritage. http://www.epoch-net.org/.

[FLKB01] FRÖHLICH T., LUTZ B., KRESSE W., BEHR J.: The virtual cathedral of Siena. *Computer Graphik Topics 3* (2001), 24–26.

[FO04] GERALD C. F., WHEATLEY P. O.: Optimization. In *Applied Numerical Analysis* (2004), Addison Wesley, Reading.

[Ier03] IERUSALIMSCHY R.: *Programming in Lua*. Lablua, Rio de Janeiro, 2003.

[MHY*07] MAÏM J., HAEGLER S., YERSIN B., MÜLLER P., THALMANN D., GOOL L. J. V.: Populating ancient Pompeii with crowds of virtual Romans. In *VAST* (2007), Arnold D. B., Niccolucci F., Chalmers A. (Eds.), Eurographics Association, Geneve, pp. 109–116.

[MTPM97] MAGNENAT-THALMANN N., PANDZIC I. S., MOUSSALY J.-C.: The making of the terra-cotta Xian soldiers. *Digital Creativity 3*, 8 (1997), 66–73.

[NRC04] NIELSEN M. L., RINDEL J. H., CHRISTENSEN C. L.: Predicting the acoustics of ancient open-air theatres: The importance of calculation methods and geometrical details. In *Baltic-Nordic Acoustical Meeting* (2004).

[PLFMT01] PAPAGIANNAKIS G., L'HOSTE G., FONI A., MAGNENAT-THALMANN N.: Real-time photo realistic simulation of complex heritage edifices. In *Proc. Virtual Systems and Multimedia 2001* (2001), pp. 218–227.

[PPM*03] PONDER M., PAPAGIANNAKIS G., MOLET T., MAGNENAT-THALMANN N., THALMANN D.: Vhd++ development framework: Towards extendible, component based vr/ar simulation engine featuring advanced virtual character technologies. In *Proc. Computer Graphics International 2003* (2003), pp. 96–104.

[PSO*05]　PAPAGIANNAKIS G., SCHERTENLEIB S., O'KENNEDY B., AREVALO-POIZAT M., MAGNENAT-THALMANN N., STODDART A., THALMANN D.: Mixing virtual and real scenes in the site of ancient Pompeii. *Computer Animation and Virtual Worlds 16* (2005), 11–24.

[UdHCT04]　ULICNY B., DE HERAS CIECHOMSKI P., THALMANN D.: Crowdbrush: Interactive authoring of real-time crowd scenes. In *Proc. ACM SIGGRAPH/Eurographics Symposium on Computer Animation (SCA'04)* (2004), pp. 243–252.

[UT01]　ULICNY B., THALMANN D.: Crowd simulation for interactive virtual environments and VR training systems. In *Proceedings of the Eurographic Workshop on Computer Animation and Simulation* (New York, NY, USA, 2001), Springer, New York, pp. 163–170.

[UT02]　ULICNY B., THALMANN D.: Towards interactive real-time crowd behavior simulation. *Computer Graphics Forum 21*, 4 (Dec. 2002), 767–775.

[WDMTT12]　WANG Y., DUBEY R., MAGNENAT-THALMANN N., THALMANN D.: Interacting with the virtual characters of multi-agent systems. In *Proc. Computer Graphics International* (2012).

[ZZ99]　ZHENG J. Y., ZHANG Z. L.: Virtual recovery of excavated relics. *IEEE Computer Graphics and Applications 19*, 3 (1999), 6–11.